高等院校计算机教育系列教材

MATLAB 数据分析教程

由 伟 刘亚秀 编 著

清华大学出版社
北京

内 容 简 介

本书介绍了 MATLAB 在数据分析中的应用，全书共分为 13 章，各章主要内容包括数据分析与 MATLAB 软件、MATLAB 基础、MATLAB 科学计算、数据预处理、绘图与数据可视化、数据的描述性统计与分析、方差分析、数据拟合与回归分析、蒙特卡洛模拟与应用、最优化方法与应用、判别分析与聚类分析、人工神经网络及应用等。

本书注重实用，可以作为高等院校机械、材料、电子、通信等理工类及经济、金融、管理等文科类专业的研究生、本科生的教材，也可以作为教师、科研人员和工程技术人员的自学和参考用书。

图书在版编目(CIP)数据

MATLAB 数据分析教程/由伟，刘亚秀编著. —北京：清华大学出版社，2020.1(2024.7重印)
高等院校计算机教育系列教材
ISBN 978-7-302-53739-7

Ⅰ. ①M… Ⅱ. ①由… ②刘… Ⅲ. ①Matlab 软件—高等学校—教材 Ⅳ. ①TP317

中国版本图书馆 CIP 数据核字(2019)第 195761 号

责任编辑：杨作梅
封面设计：杨玉兰
责任校对：周剑云
责任印制：曹婉颖

出版发行：清华大学出版社
    网 址：https://www.tup.com.cn, https://www.wqxuetang.com
    地 址：北京清华大学学研大厦 A 座   邮 编：100084
    社 总 机：010-83470000   邮 购：010-62786544
    投稿与读者服务：010-62776969, c-service@tup.tsinghua.edu.cn
    质量反馈：010-62772015, zhiliang@tup.tsinghua.edu.cn
    课件下载：https://www.tup.com.cn, 010-62791865
印 装 者：三河市龙大印装有限公司
经 销：全国新华书店
开 本：185mm×260mm 印 张：21   字 数：514 千字
版 次：2020 年 1 月第 1 版   印 次：2024 年 7 月第 4 次印刷
定 价：59.00 元

产品编号：079518-01

前　　言

在科研、生产过程中，人们几乎每天都面对很多数据。这些数据中包含着大量宝贵的信息，如果采用合适的方法和工具，对数据进行有效的分析，就可以获得这些信息，对后续工作起到重要的指导作用。

在数据分析领域，MATLAB 软件是一个有力的工具，功能强大、丰富，受到人们的广泛赞誉。

本书介绍了 MATLAB 在数据分析方面的典型应用，全书共分为 13 章，各章主要内容包括数据分析与 MATLAB 软件、MATLAB 基础、MATLAB 科学计算、数据预处理、绘图与数据可视化、数据的描述性统计和分析、方差分析、数据拟合与回归分析、蒙特卡洛模拟与应用、最优化方法与应用、判别分析与聚类分析、人工神经网络及应用等。本书注重应用，精选了大量实例，这些实例都来自读者熟悉的领域和素材，能引起读者的兴趣。本书为每个实例都编写了 MATLAB 程序，而且程序语句有详细的注释，目的是手把手地教会读者编程，解决实际遇到的问题(注：除了方程与多项式的表示之外，书中与程序或指令直接相关的变量、矩阵、向量等在正文中也用普通正体字母表示，以便与程序或指令中一致)。所以，本书具有较强的实用性和可操作性。

本书具有以下几个特点。

(1) 内容新。介绍了当前最新、最典型的数据分析技术，包括它们的原理、特点、主要应用领域等，使读者对它们有整体的了解。

(2) 精选了大量实例。介绍了每种数据分析技术解决问题的基本思路和具体步骤。这些实例都来自读者熟悉的领域和素材，能引起读者的兴趣。

(3) 对每个实例，提供了详细的 MATLAB 程序，这些程序都是作者编写的，进行了运行。而且程序语句有详细的注释。这样做的目的是手把手地教读者，让他们真正地学会 MATLAB 编程，解决实际遇到的问题。

(4) 全书语句简练，注重实用，引导读者把主要精力用于 MATLAB 编程解决实际问题上，避免浪费读者的宝贵时间。

在写作过程中，作者参考了很多专家和同行的成果和资料，包括书籍、论文以及网络上的程序、实例、交流讨论等，在此对他们表示衷心的感谢。在本书的选题策划、写作和出版过程中，清华大学出版社的编辑老师给予了大力帮助和支持，作者表示衷心感谢。

鉴于作者水平有限，对书中存在的缺点、错误和不足之处，希望读者谅解并提出宝贵意见，以便在将来加以改进和完善。

编　者

目 录

第 1 章　数据分析与 MATLAB 软件

目前，我们正处于"数据时代"，每天都接触大量的数据。"数据里有黄金屋"——无数事实证明：数据是一种重要的资源，里面包含着大量宝贵的信息，采用合适的方法对数据进行分析，就能够发现这些信息。

1.1　数据分析概述

原始数据需要采用一定的方法进行分析，然后才能挖掘出其中蕴含的信息。目前，人们已经开发出多种数据分析方法，在很多行业中都取得了令人满意的效果。

1.1.1　数据时代

科研人员几乎每天都要接触大量的数据：一方面，自己通过实验测量、测试获得数据；另一方面，查阅资料时也能获得很多前人积累的数据。而且，近年来，随着实验测试技术的提高，人们获得数据的数量更多、速度更快。

在这些浩如烟海的数据里，隐含着大量重要的信息，如果能通过数据分析，把这些信息提取、挖掘出来，对下一步的工作就可以起到很好的指导作用。比如，通过分析材料的化学成分、工艺参数、显微结构、性能之间的关系，就可以发现它们之间存在的规律，从而预测新材料的性能，或按照自己预定的性能要求，去有目的地设计新材料和新工艺，这样就能有效地缩短研发周期，降低成本，提高效率。

近年来，数据分析技术在很多行业和领域，如材料、化学、机械、生物、通信、经济、管理、互联网、电子商务等方面获得了广泛应用，对产品研发、市场营销、风险控制、经营管理、规划决策等起到了重要作用。阿里巴巴的马云曾预测：未来的时代将是数据技术(Data Technology，DT)的时代。

所以，对科研和生产来说，数据是最重要的资源之一，它们的价值不可估量。

1.1.2　数据分析的意义和作用

从一个有趣的故事——"啤酒和尿布"，可以看出数据分析的作用。世界著名的沃尔玛公司有一次在分析销售数据时，发现啤酒和尿布的销售额之间存在密切的关系。然后，公司对这个现象进行了详细的研究，发现在很多家庭里，丈夫一般负责给孩子买尿布，买完尿布后再顺便买一些啤酒。

发现这个规律后，沃尔玛公司让自己的连锁店调整了商品布局：把啤酒和尿布放在一起。这个措施使二者的销售额大大增加了！

由于数据的重要性，有人把它们比喻为一座座金矿。但是，金矿要想实现最终的价

值，需要进行开采，开采出来后还要进行深入的加工，最后才能获得真正有价值的产品。

而且，大家知道，金矿的含金量有高有低，开采和加工技术也各有优劣，有的技术能够从含金量很低的矿石里提取出黄金，而有的技术即使从含金量很高的矿石中也提取不到黄金。

对数据"金矿"来说，也是一样的道理。

所以，要想从数据里获得有用的信息，就需要采用合适的方法和技术，对数据进行加工和处理，即数据分析。

1.1.3 数据分析方法

具体的数据分析方法有多种，人们一般把它们分为 3 类，即描述性分析、探索性分析和验证性分析。

(1) 描述性分析一般采用传统的统计学方法，描述数据的一些基本特征，如平均值、最大值、最小值等，这种方法可以使人们了解数据的基本特征。

(2) 探索性分析是进一步揭示数据的内在特征及它们间存在的规律，这种方法通过绘图、列表及一些复杂的分析技术，揭示数据间隐含的信息，对后面的科研和生产会起到重要的指导作用。

(3) 验证性分析是指在探索性分析的基础上，对揭示的规律进行验证，从而确认发现的规律。

不论采用哪种分析技术，使用的具体方法和工具有多种，包括初等数学、统计学等较简单的运算，还经常涉及高等数学、线性代数、复变函数等复杂运算。简单的运算使用一些常规的分析工具就可以进行，而复杂的运算仅依靠它们就不够了，需要更合适的方法和更有力的工具。

1.2 MATLAB 软件

MATLAB 是美国 MathWorks 公司开发的科学计算软件，早于 1984 年推出。经过几十年的完善和推广，在科学研究和工程技术领域得到了广泛应用，应用领域遍及多个行业，得到了人们的广泛认可，被认为是目前最优秀的科学计算软件之一。

1.2.1 功能和应用

MATLAB 的功能全面，主要包括以下几个方面。

- 数值计算。
- 符号计算。
- 绘图与可视化。
- 信号与图像处理。
- 系统设计与仿真等。

MATLAB 的应用领域很多，常见的包括以下几个。

- 科学计算。
- 数据分析。
- 金融与财务分析。
- 信号处理与通信。
- 系统仿真。
- 管理与决策等。

涉及的行业包括教学、科学研究、工程、通信、电气、财务金融、管理等。

1.2.2　特点

MATLAB 软件具有自身的一些特点，主要包括以下几个。

1. 简单易学

MATLAB 软件的用户界面简洁，程序语言自然，用它编写的数学表达式程序语句的形式和人们平常使用的特别像，所以容易学习和使用。

这一点尤其对非计算机专业以及编程基础较差的人来说特别重要。本人在学习 MATLAB 之前，没有编写过程序，一听说"编程"，就感觉那是很专业、很神秘的事情，心里有一种畏惧感。有一天，偶尔看到实验室里放着一本张志涌老师编写的 MATLAB 书籍，封面上的一句话深深吸引了我——"演算纸式的程序设计语言"，从此就开始学习和使用，确实感觉用 MATLAB 编程时，就好像在草稿纸上列算式一样，可以说，后来就不知不觉地迷上了它。

2. 功能强大

MATLAB 中包含很多常用的函数，这些函数有的功能比较简单、很基本，而有的功能很强大，用户可以直接调用这些函数，解决自己的问题，而不需要花费很多时间去编写程序实现这些功能。而且，MATLAB 中还包含一些功能更全面、更专业的"工具箱"，如图像处理工具箱、统计工具箱、优化工具箱、金融工具箱、通信工具箱、神经网络工具箱等，这些工具箱是由相关领域的专家开发的函数集合或子程序库，它们的功能更强大，用户也可以直接调用它们，也可以以它们为基础，进一步开发自己需要的特定功能，解决自己的问题。

MATLAB 的这个优点，使得它的编程工作量大大减少，一些很复杂的问题，可能只需要几十行程序甚至更少就能解决。

这个优势，使得 MATLAB 的使用者可以将自己的主要精力用于对问题本质的思考和解决上，而不需要在编程上花费太多时间和精力。

3. 绘图功能强大、容易实现可视化

MATLAB 软件具有很强的绘图功能，容易实现计算结果的可视化。用它可以绘制普通的二维图形、复杂的三维图形，还可以实现一些高端绘图效果，如四维图形、动画以及图形的光照效果、颜色效果等。用户通过调用相关的函数或使用相关的工具箱，可以方便

地实现上述功能，满足自己的要求。

由于具有上述优点，所以，包括本人在内的很多人，一旦接触 MATLAB 就会深深地被它吸引了。

1.3　MATLAB 在数据分析中的应用

由于具有独特的优点，近年来，MATLAB 在数据分析与处理的多个领域中都获得了应用，包括以下几个方面。

(1) 科学计算，包括数值计算、符号计算等。

(2) 数据归一化、平滑技术、降维技术，包括主成分分析、因子分析等。

(3) 数据绘图与可视化，包括二维图形、三维图形、复杂和特殊图形的绘制、图形修饰与渲染等。

(4) 数据的描述性分析，包括基本特征统计、频数分布、分布特征分析、离散度分析、相关性分析等。

(5) 方差分析，包括单因素一元方差分析、双因素一元方差分析、多因素一元方差分析、单因素多元方差分析等。

(6) 数据拟合与回归分析，包括一元线性回归、多元线性回归、一元非线性回归、多元非线性回归、插值等。

(7) 蒙特卡洛模拟及应用，包括随机数、积分、物体表面微观形貌模拟、产品性能预测与质量控制、股票价格模拟等。

(8) 最优化技术，包括线性规划、二次规划、非线性规划、多目标规划、最小化问题、最大化问题等。

(9) 判别分析、聚类分析，包括朴素贝叶斯判别法、系统聚类法、K 均值聚类法、模糊 C 均值聚类法等。

(10) 人工神经网络，包括人工神经网络模型的设计、材料性能预测、成分设计、影响因素的定性与定量分析、模式识别等。

习　　题

1. 从网上查阅相关的例子，了解数据在互联网、电子商务、体育、管理等领域所起的作用。

2. 从网上查阅数据分析的典型应用案例，了解数据分析的意义。

3. 从网上查阅目前应用较多的数据分析软件，了解它们的特点和应用情况。

4. 从网上查阅 MATLAB 软件的资料，了解它的特点和应用领域。

第 2 章 MATLAB 基础

本章介绍 MATLAB 软件的基础知识，包括基本功能、基本操作等，掌握了这些内容，才能利用 MATLAB 进行更复杂的数据分析。

2.1 MATLAB 基础

本节首先介绍 MATLAB 软件的基础，包括版本、启动和基本结构。

2.1.1 MATLAB 软件的版本

MathWorks 公司每年发布两个 MATLAB 版本：第一个版本在上半年的 3 月发布，称为 a 版；第二个版本在下半年的 9 月发布，称为 b 版。最新的是 MATLAB 2019a，其他比较新的版本包括 MATLAB 2018、MATLAB 2016、MATLAB 2015、MATLAB 2013 等，比较老的有 MATLAB 6.5、MATLAB 7.0 等。多数初学者可能都认为版本越新越好，但实际上并不是这样。从功能上来说，时间比较接近的老版本和新版本的差别并不是特别大，而由于老版本的使用者较多，所以遇到问题时，容易寻求他们的帮助，也容易找到更多的参考资料。

另外，新版本的趋势是容量越来越大，比如，MATLAB 7.0 只有 1GB 左右，而 MATLAB 2012 版有 4GB 左右，MATLAB 2018 版高达 8GB 左右。软件容量大，占用的硬盘空间会增多，运行时占用内存多，会大大拖慢计算机的速度。所以，在很多时候，其实没有必要追求最新的版本。

2.1.2 MATLAB 软件的启动

关于 MATLAB 软件的安装，本书不打算介绍了，因为很多 MATLAB 方面的书籍中都有详细的介绍，从网上也能很容易地找到它的安装方法和步骤。

MATLAB 软件安装完后，双击图标，计算机显示屏上就出现 MATLAB 工作窗口，如图 2-1 所示(本书使用的版本是 MATLAB R2012a)。

在工作窗口里，左右两侧的几个小区域(Current Folder、Workspace、Command History)的用处不大，可以关掉，只保留中间的 Command Window，它叫"指令窗"，如图 2-2 所示。

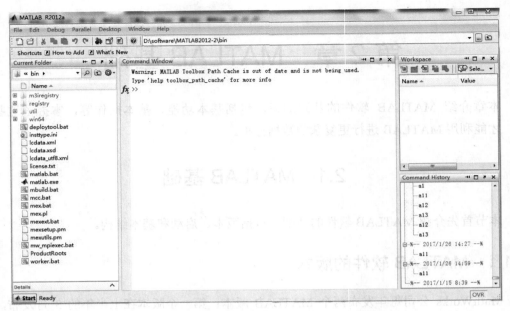

图 2-1　MATLAB 工作窗口

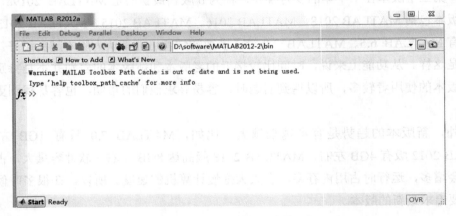

图 2-2　MATLAB 指令窗

2.1.3　指令窗的结构

MATLAB 指令窗的结构和多数软件相同,包括标题栏、菜单栏、常用工具栏、指令区等。

(1) 标题栏:即最上方的 MATLAB R2012a。

(2) 菜单栏:有 7 组菜单,即 File、Edit、Debug、Parallel、Desktop、Window、Help。

单击每组菜单,可以弹出它包含的命令及功能。

菜单里的命令和功能的具体含义,这里先不介绍,后面使用时再介绍。这样做的目的是让读者尽快对 MATLAB 的整体有个了解,避免纠缠在一些琐碎的细节里。

高等院校计算机教育系列教材

(3) 指令区：也叫工作区，即指令窗的空白区域。用户可以在提示符号"≫"的后面输入指令，MATLAB 软件可以执行。

2.2　编写第一个 MATLAB 程序

了解了 MATLAB 指令窗的结构后，现在就可以利用它编写自己的第一个 MATLAB 程序了，相信读者马上就能领略到 MATLAB 的魅力了。

2.2.1　第一个 MATLAB 程序

第一个 MATLAB 程序很简单，如计算 1+3。

在指令区里输入：1+3

这就是我们编写的第一个 MATLAB 程序！就是这么简单。

2.2.2　程序的正确性

很多读者会想：经常听别人说，他们编程时动不动要花几个星期的时间，语句有几百行甚至几千行。

这个程序这么简单，会不会有毛病呢？

这个程序到底有问题吗？或者，有人会嘀咕：这就是计算机程序吗？所以，我们下一步就用 MATLAB 运行它，看看能不能得到结果、结果是不是正确？

用 MATLAB 运行程序也很简单——只需要按回车键(即 Enter 键)就可以。

程序的运行结果(省略了空行及一些空格，后同)为：

```
ans=4
```

第一个程序及其运行结果如图 2-3 所示。

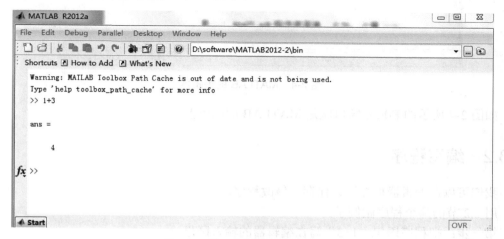

图 2-3　第一个程序及其运行结果

可以看到：这个程序可以运行，而且结果也正确。

这就说明，编写的这个程序没问题。

现在，我们可以发现，用 MATLAB 编写程序并不神秘，每个人都可以学会。

当然，这个程序的功能很简单。在后面还要进一步提高自己的编程水平，学习编写一些功能比较复杂的程序，解决一些更复杂、更困难的问题。

2.3　编辑器的使用

在很多时候，人们编写完一个程序后，希望把它保存起来，留着以后继续使用。但是如果像上节那样，直接在 MATLAB 的指令窗里编写程序、运行，程序是不能被保存的：因为如果关闭 MATLAB 软件，原来写在指令窗里的程序就找不到了！

为了保存以及将来能够方便地修改、使用程序，就需要使用 MATLAB 软件的编辑器(Editor)。

2.3.1　打开编辑器

第一步：打开 MATLAB 的指令窗。

第二步：选择 File 菜单中的 New 命令。

第三步：在弹出的子菜单中选择 Script 命令。计算机显示屏上会弹出一个新窗口，如图 2-4 所示。

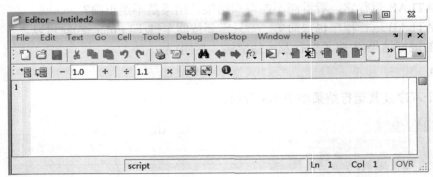

图 2-4　MATLAB 的编辑器

如图 2-4 所示的 Editor 窗口就是 MATLAB 的编辑器。

2.3.2　编写程序

我们可以在编辑器里编写、保存、修改程序。

用 2.2 节的那个程序做例子。

第一步：把程序语句"1+3"写在编辑器的输入区里。

第二步：程序写完后，选择 File 菜单里的 Save(保存)命令，或直接单击常用工具栏里的"Save(保存)"命令的图标，会弹出一个对话框，在该对话框里选择自己喜欢的保存位置，比如桌面上"我的 MATLAB"文件夹，然后输入文件名，比如 u1.m(".m"是文件的扩展名，表示它是一个 MATLAB 文件)，单击"保存"按钮就可以了。

2.3.3　运行程序

运行 MATLAB 程序时，需要回到指令窗。

第一步：刚才在编辑器里编写程序时，编辑器是活动窗口，所以现在需要单击指令窗，把它变成活动窗口。

第二步：看一下指令窗的"当前路径"是什么。"当前路径"在常用工具栏里面。如果程序保存在"当前路径"的位置，就可以直接运行了；如果程序保存在其他位置，就需要把"当前路径"改为程序的保存位置，如果二者不一致，程序就无法运行！

第三步：运行程序。

现在，在指令窗里输入程序文件名称 u1，然后按回车键。指令窗里就会出现如下运行结果：

```
ans=4
```

2.3.4　程序的编辑和修改

如果需要对现有的程序进行编辑、修改，可以直接在它的基础上进行，但最好另存一份，在这份新文件里修改，原来的留着以后使用。

还是以刚才那个文件为例。

第一步：在编辑器里打开文件 u1.m。

第二步：单击编辑器的 File 菜单。

第三步：选择 File 菜单中的 Save As (另存为)命令，又弹出一个对话框，和保存对话框基本一样。

第四步：在该对话框里选择自己喜欢的保存路径，比如还是刚才的"桌面\我的 MATLAB"，然后输入新的文件名，如 u2，再单击"保存"按钮就行了。

第五步：修改程序。比如，把原程序里的 3 改成 12。

第六步：程序修改完后，再保存。

第七步：运行程序。单击指令窗，把它变为活动窗口，然后输入新文件名 u2，按回车键，可以看到运行结果：

```
ans=13
```

为了巩固，读者自己可以再编写几个稍微复杂一点的程序，修改并运行，以进一步熟悉 MATLAB 的基本操作。

第二个 MATLAB 程序：计算 4×6。

程序语句为：

```
4*6
```

第三个程序：计算 20÷(2+3)。

程序语句为：

```
20/(2+3)
```

2.4 MATLAB 的查询和帮助功能

在编写程序时，经常会遇到一些问题，比如某个指令或函数不会用，或者在运行时提示出错了，或者想使用某种功能，但是不知道该用哪个函数。所以，就需要问别人或查资料，但很多时候，可能问的人也不知道，或者查不到相关的资料。

在这方面，可以说，MATLAB 的开发者比较善解人意：他们在软件里提供了这方面的功能——求助功能。它包括两个具体的功能，即帮助和查询。这两个功能的使用很方便，常用的指令分别是 help 和 lookfor。

2.4.1 help 指令

这个功能可以使用户了解某个指令或某个函数的信息。例如，想知道函数 sin 的信息，就可以在 MATLAB 的指令窗里输入：help sin，然后按回车键，屏幕上就会出现关于 sin 的信息，如图 2-5 所示。

```
>> help sin
sin    Sine of argument in radians.
    sin(X) is the sine of the elements of X.

    See also asin, sind.

    Overloaded methods:
    codistributed/sin

    Reference page in Help browser
    doc sin
```

图 2-5　用 help 指令查阅关于 sin 的信息

2.4.2 lookfor 指令

lookfor 指令的作用是：用户可以根据关键词查询 MATLAB 中和某个指令或函数相关的信息。由它获得的结果比 help 指令要多，但是有的可能不是用户想要的，这就需要用户从中进行筛选。

比如，想了解和函数 sin 相关的信息，可以在 MATLAB 的指令窗里输入：lookfor sin，然后按回车键，屏幕上就出现图 2-6 所示的相关信息。

```
>> lookfor sin
BioIndexedFile        - class allows random read access to text files using an index file.
mbcinline             - replacement version of inline using anonymous functions
cgslblock             - Constructor for calibration Generation Simulink block parsing manager
xregaxesinput         - Constructor for the axes input object for a ListCtrl
ExhaustiveSearcher    - Neighbor search object using exhaustive search.
KDTreeSearcher        - Neighbor search object using a kd-tree.
tscollection          - Create a tscollection object using time or time series objects.
setParamAsInt         - resets the value of an integer parameter in the current
```

图 2-6　用 lookfor 指令查阅的关于 sin 的信息(部分)

常言说：求人不如求己。大多数 MATLAB 用户在编程序时经常使用上述两个功能，效果很好。相信它们将来也会给本书读者提供很大帮助。

2.5　MATLAB 的运算单元及基本操作

MATLAB 软件以矩阵为基本运算单元，这是它和其他科学计算软件相比最突出的一个特点，由于这个特点，也使得它具有其他相关的优点。本节将介绍 MATLAB 的这个基本运算单元及常用的操作方法。

2.5.1　MATLAB 的数据类型

MATLAB 的数据包括常量和变量两种类型。常量的表示方法和平时使用的基本相同，如 8、0.2、0.16、−28 等。指数的表示方法为 4.0000e+14、6.0000e-08 等，分别表示 $4×10^{14}$、$6×10^{-8}$。

变量用字母或字母与数字结合的形式表示，如 $a=36$、$m_2=-8.5$ 等。

2.5.2　矩阵

矩阵是 MATLAB 进行运算的基本单元，这种方式使得利用 MATLAB 编程和运算都很方便、简单，关于这一点，在后面的内容里和读者将来的实践中都会详细地体会到。

1. 矩阵的输入方法

在 MATLAB 里输入矩阵时，有以下 3 个规定。

(1) 整个矩阵要用方括号"[ ]"括起来。

(2) 矩阵的行与行之间用分号";"隔离，或者通过按回车键分行。

(3) 各个元素之间用空格或逗号","分开。

所以，输入矩阵时，常见的有以下两种方法。

(1) 分行输入。就是把矩阵的每行通过按回车键分开，比如：

```
a=[ 1 2 3
   4 5 6
   7 8 9 ]
```

然后保存为 a1.m 文件。

在指令窗里运行，可以看到输出结果如下：

```
a = 1      2      3
    4      5      6
    7      8      9
```

注意：用 MATLAB 编程时，如果某个语句后面加了分号 "；"，程序运行时，这个语句的运行结果就不会在屏幕上显示；如果想让它显示，语句后面就不加分号。刚才的矩阵 a 的后面没有分号(在数学中一般变量用斜体，矩阵和向量用加粗斜体表示，但本书介绍 MATLAB 的应用，为与程序或指令中的一致，与程序或指令直接相关的变量及矩阵、向量均用正体字母表示，不加粗，只有方程与多项式仍用正常方式表示)，所以就可以在指令窗里显示出来。读者可以试试，在矩阵 a 的后面加上分号，然后在指令窗里运行，就显示不出这个矩阵。

这种输入法的优点是，矩阵的形式和线性代数里的完全一样，符合日常习惯。

(2) 连续输入。就是把矩阵的所有元素在一行里连续输入，元素之间用空格或逗号分隔，不同的行用分号分隔。比如：

```
a=[ 1,2,3;4,5,6;7,8,9]
```

然后保存为 a2.m 文件。

在指令窗里运行，可以看到输出结果如下：

```
a = 1      2      3
    4      5      6
    7      8      9
```

可见，输出结果和第一种方法一样。

2. 向量的输入方法

在 MATLAB 编程时，也经常使用向量，包括行向量和列向量。大家都知道，实际上，向量也属于矩阵，即单行或单列矩阵，它们的输入方法和矩阵一样，包括分行输入和连续输入。

(1) 行向量。比如：输入行向量 a=[1 2 3 4 5]或 a=[1, 2, 3, 4, 5]。

分别保存、运行，可以看到，输出结果相同，都是：

```
a=1      2      3      4      5
```

(2) 列向量。分别输入列向量：

```
a=[ 1
2
3
4]
```

或：

```
=[1;2;3;4]
```

分别保存、运行，输出结果也相同，都是：

```
a=1
   2
   3
   4
```

2.5.3　矩阵的操作

在很多时候，人们需要对矩阵进行操作，如转置、从里面提取元素、压缩等。

1. 转置

矩阵的转置可以理解为就是把它的行变成列、把列变成行。有时，为了便于运算、观察矩阵的结构或其他目的，需要对矩阵进行转置。

在 MATLAB 中，矩阵转置的指令为：a'。

调用格式：b=a'。

例 2-1　对向量 a= [1 2 3 4]进行转置。

MATLAB 程序代码如下：

```
a=[1 2 3 4 ];
b=a'
```

保存后运行，结果如下：

```
b = 1
    2
    3
    4
```

例 2-2　对矩阵 a 进行转置。

MATLAB 程序代码如下：

```
a=[1 2 3 4 5
   6 7 8 9 10];
b=a'
```

运行结果如下：

```
b = 1    6
    2    7
    3    8
    4    9
    5    10
```

2. 元素提取

元素提取指从矩阵中提取部分元素。在编程时经常使用这种操作。

(1) 提取单个元素。

从矩阵里提取单个元素的 MATLAB 指令为：a(i,j)。

调用格式：b=a(i,j)。作用是将矩阵 a 中第 i 行、第 j 列的元素提取出来。

例 2-3 提取矩阵：

```
a=[1 2 3 4
5 6 7 8 ]
```

中第二行第三列的元素。

MATLAB 程序代码如下：

```
a=[1 2 3 4
   5 6 7 8 ];
b=a(2,3)
```

保存后运行，结果如下：

```
b = 7
```

(2) 提取多个元素。

从矩阵中提取元素时也可以同时提取多个元素，使用的指令为：a(m,n)。

调用格式：b=a(m,n)。其中，m 和 n 都是向量。m 和 n 可以取冒号 "："，m 为冒号时表示提取所有的行，n 为冒号时表示提取所有的列。

例 2-4 分别提取矩阵：

```
a=[ 1   2   3   4   5   6
7   8   9   10  11  12
13  14  15  16  17  18];
```

中第 1 行的第 2、3 列，第 2 行的第 3～5 列，第 2 列的所有行，第 1～3 行的第 1、5、6 列，第 3、1 行的所有列，第 2、3 行的第 1～3 列的元素。

MATLAB 程序代码如下：

```
a=[ 1   2   3   4   5   6
7   8   9   10  11  12
  13  14  15  16  17  18];
a1=a(1,[2 3])          % 提取第 1 行的第 2、3 列的元素
a2=a(2,[3:5])          % 提取第 2 行的第 3～5 列的元素
a3=a(:,2)              % 提取第 2 列的所有行的元素
a4=a(1:3, [1 5 6])     % 提取第 1～3 行的第 1、5、6 列的元素
a5=a([3 1],:)          % 提取矩阵第 3、1 行的所有列的元素
a6=a(2:3,1:3)          % 提取矩阵第 2、3 行的第 1～3 列的元素
```

运行结果如下：

```
a1 = 2      3
a2 = 9     10      11
a3 = 2
     8
    14
a4 = 1      5      6
     7     11     12
    13     17     18
a5 = 13    14     15     16     17     18
```

```
        1       2       3       4       5       6
a6 =    7       8       9
        13      14      15
```

3. 矩阵的压缩

矩阵的压缩也就是压缩矩阵的规模，一般通过删除矩阵的某些行或某些列来实现。

在 MATLAB 里，进行矩阵压缩的指令为：[ ]。

调用格式：a(m,:)=[ ] 或 a(:,n)=[ ]。其中 m 和 n 都是向量，其中之一取为冒号"："，m 为冒号时表示所有的行，n 为冒号时表示所有的列。

例 2-5 对矩阵：

```
a=[ 1   2   3   4   5   6
7   8   9   10  11  12
13  14  15  16  17  18];
```

分别进行以下操作：删除第 2 行所有列的元素；删除第 1、2 行所有列的元素；删除第 1 列所有行的元素；删除第 2、3 列所有行的元素。

MATLAB 程序代码如下：

```
a(2,:)=[ ]          %   删除第 2 行所有列的元素
a([1 2],:)=[ ]      %   删除第 1、2 行所有列的元素
a(:,1)=[ ]          %   删除第 1 列所有行的元素
a(:,[2 3])=[ ]      %   删除第 2、3 列所有行的元素
```

运行结果如下：

```
a = 1       2       3       4       5       6
    13      14      15      16      17      18
a = 13      14      15      16      17      18
a = 2       3       4       5       6
    8       9       10      11      12
    14      15      16      17      18
A = 1       4       5       6
    7       10      11      12
    13      16      17      18
```

2.5.4　特殊向量

在解决一些问题时，需要使用一些特殊的向量。这些向量有的可以用前面叙述的方法直接输入，有的可以用 MATLAB 特有的功能产生，这种操作会极大地提高工作效率。

1. 间隔相同的向量

间隔相同的向量指相邻元素之差相同。在 MATLAB 里，生成间隔相同的向量有以下几种方法。

(1) 第一种方法：利用冒号"："。

调用方法：a=a1:d:a2。a1 是向量的第一个元素，a2 是最后一个元素，d 是向量中相邻两个元素的间隔值。当间隔值为 1 时，d 可以省略。

例 2-6　分别生成以下的向量：

从 1 到 10，间隔为 2；

从 1 到 10，间隔为 1；

从 1 到 10，间隔为 3；

从 10 到 1，间隔为–1；

从 10 到 1，间隔为–3。

MATLAB 程序代码如下：

```
a1=1:2:10    % 生成从 1 到 10，间隔为 2 的向量
a2=1:10      % 生成从 1 到 10，间隔为 1 的向量
a3=1:3:10    % 生成从 1 到 10，间隔为 3 的向量
a4=10:-1:1   % 生成从 10 到 1，间隔为–1 的向量
a5=10:-3:1   % 生成从 10 到 1，间隔为–3 的向量
```

运行结果如下：

```
a1 = 1    3    5    7    9
a2 = 1    2    3    4    5    6    7    8    9    10
a3 = 1    4    7    10
a4 = 10   9    8    7    6    5    4    3    2    1
a5 = 10   7    4    1
```

(2) 第二种方法：利用线性等分指令 linspace。

调用方法：a=linspace(al,a2,d)。生成(1×d)维行向量，a1 是向量的第一个元素，a2 是向量的最后一个元素。即在 a1～a2 间，生成 d 个间距相同的数据。

例 2-7　分别生成以下向量：

1 到 10 间，2 个间距相同的数据；

1 到 10 间，3 个间距相同的数据；

10 到 1 间，2 个间距相同的数据；

10 到 1 间，3 个间距相同的数据。

MATLAB 程序代码如下：

```
a1=linspace(1,10,2)
a2=linspace(1,10,3)
a3=linspace(10,1,2)
a4=linspace(10,1,3)
```

运行结果如下：

```
a1 = 1    10
a2 = 1.0000    5.5000    10.0000
a3 = 10   1
a4 = 10.0000    5.5000    1.0000
```

2. 对数间隔相等的向量

对数间隔相等的向量指相邻元素的对数之差相同。在 MATLAB 里，生成这种向量使用的指令是对数等分指令 logspace。

调用方法：a=logspace(m,n,d)。生成(1×d)维对数等分行向量，向量的第一个元素 a1=10^m，向量的最后一个元素 ax=10^n。

例 2-8　生成(1×5)维对数等分行向量，向量的第一个元素 $a1=10^1$，向量的最后一个元素 $ax=10^5$。

MATLAB 程序为：

```
a=logspace(1,5,5)
```

运行结果如下：

```
a=10        100      1000      10000     100000
```

例 2-9　生成(1×3)维对数等分行向量，向量的第一个元素 $a1=10^1$，向量的最后一个元素 $ax=10^5$。

MATLAB 程序代码如下：

```
a=logspace(1,5,3)
```

运行结果如下：

```
a=10        1000      100000
```

例 2-10　生成(1×10)维对数等分行向量，向量的第一个元素 $a1=10^1$，向量的最后一个元素 $ax=10^5$。

MATLAB 程序代码如下：

```
a=logspace(1,5,10)
```

运行结果如下：

```
a = 1.0e+05 *
0.0001    0.0003    0.0008    0.0022    0.0060    0.0167    0.0464    0.1292
0.3594    1.0000
```

3. 与其他计算或函数相结合的向量

在编程时，向量经常和其他计算或函数相结合；也有的时候，生成一些新向量时，需要与其他计算或函数相结合。

例 2-11　在 0～pi(圆周率π)间，生成一个向量，间隔为 0.1pi。

MATLAB 程序代码如下：

```
a=(0:0.1:1)*pi
```

运行结果如下：

```
a=0      0.3142    0.6283    0.9425    1.2566    1.5708    1.8850    2.1991
2.5133    2.8274    3.1416
```

例 2-12　在 0～2*pi 间，生成一个向量，间隔为 0.1pi，计算 sin(x)的值，并绘制 x-y 的图形。

MATLAB 程序代码如下：

```
x=0:0.1*pi:2*pi
y=sin(x)
plot(x,y)
```

运行结果如下：

```
x= 0        0.3142     0.6283     0.9425     1.2566      1.5708     1.8850
2.1991     2.5133     2.8274     3.1416     3.4558      3.7699     4.0841
4.3982     4.7124     5.0265     5.3407     5.6549      5.9690     6.2832
y= 0        0.3090     0.5878     0.8090     0.9511      1.0000     0.9511
0.8090     0.5878     0.3090     0.0000     -0.3090     -0.5878    -0.8090
-0.9511    -1.0000    -0.9511    -0.8090    -0.5878      -0.3090    -0.0000
```

函数图形如图 2-7 所示。

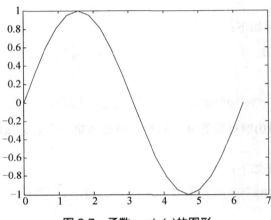

图 2-7　函数 y=sin(x)的图形

2.5.5　向量的操作

同样，人们也需要对向量进行一些操作，如元素提取、生成新向量等。

1. 元素提取

例 2-13　已知向量 a=[1 2 3 4 5 6]，分别提取向量 a 的以下元素：第 2 个；第 1 到第 3 个；第 6、2、1 个；第 6、5、4、3 个。

MATLAB 程序代码如下：

```
a=[1 2 3 4 5 6];
b1=a(2)          % 提取向量 a 的第 2 个元素
b2=a(1:3)        % 提取向量 a 的第 1 到第 3 个元素
b3=a([6 2 1])    % 提取向量 a 的第 6、2、1 个元素
b4=a(6:-1:3)     % 提取向量 a 的第 6、5、4、3 个元素
```

运行结果如下：

```
b1 = 2
b2 = 1       2       3
b3 = 6       2       1
b4 = 6       5       4       3
```

2．生成新向量

可以利用现有的向量进行多种组合，生成新的向量。

例 2-14　已知向量 a 和 b，先将它们连接成一个新向量，然后提取：a 的第 4 个元素、b 的第 3、1 个元素，和 7 组成一个新向量。

MATLAB 程序代码如下：

```
a=[1 2 3 4 5 ];
b=[6 7 8];
c=[a b]                 % 向量 a 和 b 连接成一个新向量
d=[a(4) b([3 1]) 7]     % 提取 a 的第 4 个元素、b 的第 3、1 个元素，和 7 组成一个新向量
```

运行结果如下：

```
c = 1    2    3    4    5    6    7    8
d = 4    8    6    7
```

习　　题

1．在指令窗的指令区里输入"1+2+3+4+5"，然后按回车键，观看运行结果。

2．在 MATLAB 的编辑器里输入"1+2+3+4+5"并保存，然后运行，观看结果。

3．分别用 help 指令和 lookfor 指令查询函数 cos 的信息。

4．分别用不同的方法输入矩阵：

```
a=[1 2 3 4 5
  6 7 8 9 10]
```

并保存，然后运行，观看结果是否一致。

5．对矩阵：

```
a=[1 2 3
  4 5 6
  7 8 9]
```

进行转置。

6．分别提取矩阵：

```
a=[1 2 3 4 5
  6 7 8 9 10
  11 12 13 14 15]
```

第三行第四列、第二行、第五列、第一行的第三列至第五列的元素。

7．生成从 0 到 2、间隔为 0.1 的向量。

8．生成从 0～2*pi、间隔为 0.1 的向量，并计算对应的余弦函数值，绘制出图形。

9．已知向量 a=[1 2 3 4 5]、b=[6 7 8 9 10]，先提取 a 的第 2～4 个元素、b 的第 5 个元素，然后和向量 c=[15 12]以及 24 组成一个新向量。

第 3 章　MATLAB 科学计算

MATLAB 软件具有非常强大的科学计算功能，这是它最突出的优势之一，所以，人们公认，MATLAB 是最优秀的科学计算软件之一。本章将介绍它的科学计算功能及应用。

3.1　数 值 计 算

科学计算包括两类，即数值计算和符号计算。在数值计算中，表达式里的变量都有确定的值，计算机处理的对象是数值，得到的结果也是数值。

数值计算的优点是可以把一些复杂的问题简化，在一些工程应用领域，人们经常利用这一点。但它也存在缺点，就是有时得到的解是近似解，具有一定的误差。

3.1.1　基本运算

基本运算包括加、减、乘、除、幂、平方根、对数、三角函数等。

1. 加运算

在 MATLAB 里，进行加运算的指令是符号"+"。

1) 标量相加

例 3-1　计算 4+5。

MATLAB 程序为：

```
4+5
```

运行结果为：

```
9
```

例 3-2　计算变量 a、b 之和。

MATLAB 程序代码如下：

```
a=4;
b=5;
c=a+b
```

运行结果如下：

```
c = 9
```

2) 矩阵相加

调用格式为：a+b

例 3-3　计算矩阵 a、b 之和。

MATLAB 程序代码如下：

```
a=[1 2 3];
b=[4 5 6];
c=a+b
```

运行结果为：

```
c = 5    7    9
```

3) 标量和矩阵相加

调用格式：n+A 或 A+ n。其中，n 为标量，A 为矩阵。

例 3-4　计算标量 2 与矩阵 A 之和。

MATLAB 程序代码如下：

```
A=[ 1 2 3
    4 5 6];
B=2+A
```

运行结果如下：

```
B = 3    4    5
    6    7    8
```

2. 减运算

在 MATLAB 里，进行减运算的指令是符号 "-"。

1) 标量相减

例 3-5　计算 4-5。

MATLAB 程序为：

```
4-5
```

运行结果为：

```
-1
```

例 3-6　计算变量 a、b 之差。

MATLAB 程序代码如下：

```
a=4;
b=5;
c=a-b
```

运行结果如下：

```
c = -1
```

2) 矩阵相减

调用格式为：a-b

例 3-7　求矩阵 a-b。

MATLAB 程序代码如下：

```
a=[1 2 3];
b=[4 5 6];
c=a-b
```

运行结果如下：

```
c = -3    -3    -3
```

3) 标量和矩阵相减

调用格式为：n-A 或 A-n。其中 n 为标量，A 为矩阵。

例 3-8　求标量 2 与矩阵 A 之差。

MATLAB 程序代码如下：

```
A=[ 1 2 3
    4 5 6];
B=2-A
C=A-2
```

运行结果如下：

```
B = 1     0    -1
   -2    -3    -4
C = -1     0     1
    2     3     4
```

3. 乘运算

在 MATLAB 里，进行乘运算的指令是符号"*"。

1) 标量相乘

例 3-9　计算 4*5。

MATLAB 程序为：

```
4*5
```

运行结果为：

```
20
```

2) 标量与矩阵相乘

指令调用格式为：n*A 或 A*n。

例 3-10　计算 2 与矩阵 A 之积。

MATLAB 程序代码如下：

```
A=[1 2 3
   4 5 6];
B=2*A
C=A*2
```

运行结果如下：

```
B = 2     4     6
    8    10    12
```

高等院校计算机教育系列教材

```
C = 2      4      6
    8      10     12
```

3）矩阵相乘

指令调用格式为：A.*B 或 B.*A。表示矩阵中对应元素相乘作为积矩阵的相应元素。

例 3-11　计算矩阵 A、B 之积。

MATLAB 程序代码如下。

```
A=[1 2 3
   4 5 6];
B=[2 3 4
   5 6 7];
C=A.*B
D=B.*A
```

运行结果如下：

```
C = 2      6      12
    20     30     42
D = 2      6      12
    20     30     42
```

4. 除运算

在 MATLAB 里，进行除运算的指令是符号"/"。

1）标量相除

例 3-12　计算 4/5。

MATLAB 程序为：

```
4/5
```

运行结果为：

```
0.8000
```

2）矩阵相除

调用格式：A./B。表示 A 的元素被 B 的对应元素除。

例 3-13　计算矩阵 A 被矩阵 B 相除的值。

MATLAB 程序代码如下：

```
A=[10 20 30
   40 50 60];
B=[1 2 3
   4 5 6];
C=A./B
```

运行结果如下：

```
C = 10     10     10
    10     10     10
```

3) 标量与矩阵相除

调用格式有以下两种。

① A/n。表示 A 的元素都除以 n。

② n. /A，A.\ n。表示 n 分别被 A 的元素除。

例 3-14 计算标量与矩阵 A 相除。

MATLAB 程序代码如下：

```
A=[1 2 3
   4 5 6];
n=10;
B=A/n
C=10./A
D=A.\10
```

运行结果如下：

```
B = 0.1000    0.2000    0.3000
    0.4000    0.5000    0.6000
C = 10.0000   5.0000    3.3333
     2.5000   2.0000    1.6667
D = 10.0000   5.0000    3.3333
     2.5000   2.0000    1.6667
```

5. 幂运算

在 MATLAB 里，进行幂运算的指令是符号"^"。

1) 矩阵元素的幂运算

进行矩阵元素的幂运算的调用格式有以下两种。

① A.^n。指矩阵 A 的每个元素的 n 次幂。

② A.^B 。指分别以矩阵 B 的每个元素为指数，求矩阵 A 的对应元素的幂。

例 3-15 计算矩阵 A 的平方。

MATLAB 程序代码如下：

```
A=[1 2 3
   4 5 6];
B=A.^2
```

运行结果如下：

```
B = 1     4     9
   16    25    36
```

例 3-16 分别计算矩阵 A 的 B 次幂和 B 的 A 次幂。

MATLAB 程序代码如下：

```
A=[1 2 3
   4 5 6];
B=[6 5 4
   3 2 1];
```

```
C=A.^B
D=B.^A
```

运行结果如下：

```
C = 1    32    81
    64    25     6
D = 6    25    64
    81    32     1
```

2）以矩阵元素为指数的幂运算

以矩阵元素为指数进行的幂运算的调用格式为：n.^A。作用是分别以矩阵 A 的每个元素为指数，求 n 的幂。

例 3-17　分别以矩阵 A 的每个元素为指数，求 2 的幂。

MATLAB 程序代码如下：

```
A=[1 2 3
 4 5 6];
B=2.^ A
```

运行结果如下：

```
B= 2     4     8
   16    32    64
```

3）自然常数 e 的幂运算

对自然常数 e 进行幂运算，使用的指令为：exp。

调用格式包括以下两种。

① exp(n)。作用是求自然常数 e 的 n 次幂。

② exp(A)。作用是分别以矩阵 A 的每个元素为指数，求自然常数 e 的幂。

例 3-18　求自然常数 e 的 3 次幂。

MATLAB 程序代码如下：

```
n=3;
a=exp(n)
```

运行结果如下：

```
a = 20.0855
```

例 3-19　分别以矩阵 A 的每个元素为指数，求自然常数 e 的幂。

MATLAB 程序代码如下：

```
A=[1 2 3
  4 5 6];
B=exp(A)
```

运行结果如下：

```
B = 2.7183    7.3891   20.0855
   54.5982  148.4132  403.4288
```

6. 求平方根

在 MATLAB 中，求平方根的指令是：sqrt。

调用格式有以下两种。

① sqrt(n)。作用是求标量 n 的平方根。

② sqrt(A)。作用是求矩阵 A 的各元素的平方根。

例 3-20 求 16 的平方根。

MATLAB 程序代码如下：

```
n=16;
a=sqrt(n)
```

运行结果如下：

```
a = 4
```

例 3-21 求矩阵 A 的各元素的平方根。

MATLAB 程序代码如下：

```
A=[1 2 3
   4 5 6];
B=sqrt(A)
```

运行结果如下：

```
B = 1.0000    1.4142    1.7321
    2.0000    2.2361    2.4495
```

7. 对数运算

在 MATLAB 里，进行对数运算使用的指令是：log。

1) 求常用对数

求常用对数的调用格式有以下两种。

① log10(n)。作用是求标量 n 的常用对数。

② log10(A)。作用是求矩阵 A 的各元素的常用对数。

例 3-22 求 150 的常用对数。

MATLAB 程序代码如下：

```
n=150;
a=log10(n)
```

运行结果如下：

```
a = 2.1761
```

例 3-23 求矩阵 A 的各元素的常用对数。

MATLAB 程序代码如下：

```
A=[1 2 3
 4 5 6];
B=log10(A)
```

运行结果如下：

```
B =      0      0.3010     0.4771
      0.6021    0.6990     0.7782
```

2）求自然对数

求自然对数的指令调用格式有以下两种。

① log(n)。求标量 n 的自然对数。

② log(A)。求矩阵 A 的各元素的自然对数。

例 3-24　求 150 的自然对数。

MATLAB 程序代码如下：

```
n=150;
a=log(n)
```

运行结果如下：

```
a=5.0106
```

例 3-25　求矩阵 A 的各元素的自然对数。

MATLAB 程序代码如下：

```
A=[1 2 3
   4 5 6];
B=log(A)
```

运行结果如下：

```
B =     0      0.6931     1.0986
     1.3863    1.6094     1.7918
```

3）求一般对数

求一般对数的指令调用格式有以下两种。

① logn(m)。求以 n 为底、m 的对数。

② logn(A)。求以 n 为底、矩阵 A 的各元素的对数。

例 3-26　求以 2 为底、10 的对数。

MATLAB 程序为：

```
a=log2(10)
```

运行结果为：

```
a=3.3219
```

例 3-27　求以 2 为底、矩阵 A 的各元素的对数。

MATLAB 程序代码如下：

```
A=[1 2 3
   4 5 6];
B=log2(A)
```

运行结果如下：

```
B =    0       1.0000    1.5850
       2.0000  2.3219    2.5850
```

8. 求三角函数

在 MATLAB 中，求三角函数的指令分别为 sin、cos、tan 等。

调用格式有以下两种。

① sin(n)、cos(n)、tan(n)等，作用是求标量 n 的三角函数。

② sin(A)、cos(A)、tan(A)等，作用是求矩阵 A 的各元素的三角函数。

例 3-28 求 n=pi/6 的三角函数。

MATLAB 程序代码如下：

```
n=pi/6;
a=sin(n)
b=cos(n)
c=tan(n)
```

运行结果如下：

```
a=0.5000
b=0.8660
c=0.5774
```

例 3-29 求矩阵 A 的各元素的三角函数。

MATLAB 程序代码如下：

```
A=[1 2 3
   4 5 6];
B=sin(A)
C=cos(A)
D=tan(A)
```

运行结果如下：

```
B = 0.8415    0.9093    0.1411
   -0.7568   -0.9589   -0.2794
C = 0.5403   -0.4161   -0.9900
   -0.6536    0.2837    0.9602
D = 1.5574   -2.1850   -0.1425
    1.1578   -3.3805   -0.2910
```

3.1.2　求解多项式

求解多项式包括求多项式的根、根据根的值求多项式以及多项式的运算。

1. 求多项式的根

在 MATLAB 里，求多项式的根主要包括以下两步。

1) 多项式的表示方法

在 MATLAB 中，多项式一般使用它的系数行向量来表示。具体方法是，先把多项式的各项按次数由高到低的顺序写出来，然后把各项的系数写成一个行向量。

比如，多项式：$a_0+a_1x+a_2x^2+\cdots+a_{n-1}x^{n-1}+a_nx^n$。

先按次数由高到低的顺序重新排列，得到 $a_nx^n+a_{n-1}x^{n-1}+\cdots+a_2x^2+a_1x+a_0$。

把各项的系数提取出来，组成一个行向量：$[a_n\ a_{n-1}\ \cdots a_2\ a_1\ a_0]$。

对多项式 x^2+5x+6 来说，它的系数行向量为[1 5 6]。

2) 求多项式的根

求多项式的根的指令为：roots。

调用格式：s=roots(a)。a 表示多项式的系数行向量。

例 3-30　求多项式方程 $x^2+5x+6=0$ 的根。

MATLAB 程序代码如下：

```
a=[1 5 6];
s=roots(a)
```

运行结果如下：

```
s = -3.0000
    -2.0000
```

表示此多项式方程有两个解：−3 和−2。

2. 根据根的值求多项式

在 MATLAB 里，还可以根据已有的根反求多项式。使用的指令为：poly(s)。s 是多项式的根的值，运行此指令后会得到一个向量，就是多项式的系数行向量。

例 3-31　根据多项式方程的根 s，求多项式的系数行向量。

MATLAB 程序代码如下：

```
s=[-3 -2];
a=poly(s)
```

运行结果如下：

```
a = 1    5    6
```

所以，要求的多项式是：x^2+5x+6。

MATLAB 中提供了一个指令 poly2str，可以利用它直接得到多项式的表达式。调用格式为：p=poly2str(a,'x')。其中 a 表示系数行向量，x 表示自变量符号。

上面例子的 MATLAB 程序代码可改写为以下形式：

```
s=[-3 -2];
a=poly(s)
p=poly2str(a,'x')
```

运行结果如下：

```
a = 1    5    6
p = x^2 + 5 x + 6
```

3. 多项式的运算

1) 加、减运算

在 MATLAB 中，由于多项式用系数行向量表示，所以可以利用向量的加、减运算规则进行多项式的加、减运算。

例 3-32　$p_1 = x^2 + 5x + 6$，$p_2 = 3x^2 + 6x + 2$。求 $p_3 = p_1 + p_2$。

MATLAB 程序代码如下：

```
a1=[1 5 6];
a2=[3 6 2];
a3=a1+a2
p3=poly2str(a3,'x')
```

运行结果如下：

```
a3 =    4    11    8
p3 = 4 x^2 + 11 x + 8
```

即 p_1 和 p_2 两个多项式之和为：$p_3 = 4x^2 + 11x + 8$

```
p3=4 x^2 + 11 x + 8
```

多项式的减运算和加运算相似，这里就不再多说了。

2) 乘运算

在 MATLAB 中，进行多项式的乘运算的指令为：conv。

调用格式：a3=conv(a1,a2)。其中 a1 和 a2 分别是两个多项式的系数行向量，a3 是两个多项式相乘得到的新多项式的系数行向量。

例 3-33　$p_1 = x^2 + 5x + 6$，$p_2 = 5x^2 + 3x + 6$。求 $p_3 = p_1 * p_2$。

MATLAB 程序代码如下：

```
a1=[1 5 6];
a2=[5 3 6];
a3=conv(a1,a2)
p3=poly2str(a3,'x')
```

运行结果如下：

```
a3 = 5    28    51    48    36
p3 = 5 x^4 + 28 x^3 + 51 x^2 + 48 x + 36
```

所以，p_1 和 p_2 两个多项式之积为：$p_3 = 5x^4 + 28x^3 + 51x^2 + 48x + 36$。重复使用该指令，可以计算多个多项式的乘积。

3) 除运算

在 MATLAB 中，进行多项式的除运算的指令为：deconv。

调用格式：[q,r]=deconv(a1,a2)。其中 a1 和 a2 分别是两个多项式的系数行向量，q 是二者相除得到的商，r 是余项。

以上面的例子为例，求 $5x^4 + 28x^3 + 51x^2 + 48x + 36$ 除以 $x^2 + 5x + 6$ 的结果。

MATLAB 程序代码如下：

```
a1=[ 5    28    51    48    36];
a2=[1 5 6];
[q,r]=deconv(a1,a2)
```

运行结果如下：

```
q = 5    3    6
r = 0    0    0    0    0
```

所以，两者相除的结果为：

```
p2 = 5x^2+3x+6
```

3.1.3　求导数

MATLAB 可以方便、快速地进行求导运算。使用的指令为：polyder。

调用格式：b=polyder(a)。其中 a 为多项式的系数行向量，b 为所求得的多项式的系数行向量。

例 3-34　求 x^4 的导数。

MATLAB 程序代码如下：

```
a=[1 0 0 0 0];
b=polyder(a)
P=poly2str(b,'x')
```

运行结果如下：

```
b = 4    0    0    0
P = 4 x^3
```

例 3-35　求 $6x^3 + 3x^2 + 2$ 的导数。

MATLAB 程序代码如下：

```
a=[6 3 0 2];
b=polyder(a)
P=poly2str(b,'x')
```

运行结果如下：

```
b = 18    6    0
P = 18 x^2 + 6 x
```

3.1.4　求方程的近似解

方程求解有时特别麻烦，尤其是没有精确解时。MATLAB 提供了一系列指令，可以很方便地解决这个问题。

使用的指令为：polyval。

调用格式：s=polyval(a,'x')。其中 a 是方程的系数行向量，x 是自变量。

例 3-36　求方程 $x^2-4x-3=0$ 的近似解。

MATLAB 程序代码如下：

```
x=linspace(-1,5)      % 估计解的范围在(-1,5)之间，产生 100 个等距的数值
a=[1 -4 -3];
s=polyval(a,x);       % 对 x 的每个值，计算出对应的 s=x^2-4x-3 的值
y=[x' s]              % 将 x 的值和对应的 s 值列出来，可以看出 s=0 时 x 的近似值
plot(x,s)             % 绘制 x-s 图形，也可以看出 s=0 时 x 的近似值，见图 3-1
```

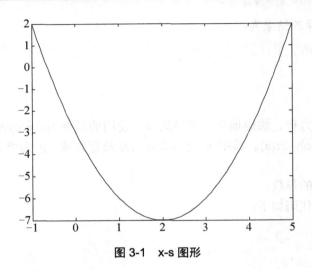

图 3-1　x-s 图形

运行结果如下：

```
y = -0.6970    0.2736
    -0.6364   -0.0496
    -0.5758   -0.3655
    ...
     4.5758   -0.3655
     4.6364   -0.0496
     4.6970    0.2736
```

(由于篇幅所限，只列出部分数据)

从 y 的数据和 x-s 图形可以看出，此方程的近似解分别为-0.6364 和 4.6364。

3.1.5　求数值积分

很多函数的定积分不能根据积分公式计算得到精确值，这就需要采用一些数值计算方法获得其近似解，称为数值积分。

MATLAB 中提供了几种求数值积分的函数。

(1) f=trapz(y)。用梯形法求数值积分。

(2) f=quad('fun',a,b)。用 Simpson 法求数值积分。fun 是函数名称，a 和 b 分别是积分的下限和上限。

(3) f=quadgk(y,a,b)。用 Gauss-Kronrod 法求数值积分。y 是函数句柄，函数句柄是 MATLAB 的一种数据类型，用@符号来创建。

(4) f=cumsum(y)。用欧拉法求数值积分。

例 3-37　分别用不同的方法，求解函数 y=sin(x)在[0,pi]上的数值积分。

MATLAB 程序代码如下：

```
x=0:pi/1000:pi;
y=sin(x);
f1=trapz(y)*(pi/1000)      % 用 trapz 函数求数值积分时，要乘以步长
f2=quad('sin(x)',0,pi)
f=@(x) sin(x);             % 创建函数句柄 y，用@(x)表示
f3=quadgk(f,0,pi)
nt=length(x);
y=sin(x);
eu=cumsum(y)*(pi/1000);
f4=eu(nt)
```

运行结果如下：

```
f1 = 2.0000
f2 = 2.0000
f3 = 2.0000
f4 = 2.0000
```

例 3-38　求函数 y=6*x^2+sqrt(3+x)+exp(2*x).*sin(0.8*x+pi/3)在[0,2*pi]上的数值积分。

MATLAB 程序代码如下：

```
x=0:pi/1000:2*pi;
y=6*x.^2+sqrt(3+x)+exp(2*x).*sin(0.8*x+pi/3);
f1=trapz(y)*(pi/1000)
f2=quad('6*x.^2+sqrt(3+x)+exp(2*x).*sin(0.8*x+pi/3)',0,2*pi)
f=@(x) 6*x.^2+sqrt(3+x)+exp(2*x).*sin(0.8*x+pi/3);
f3=quadgk(f,0,2*pi)
nt=length(x);
y=6*x.^2+sqrt(3+x)+exp(2*x).*sin(0.8*x+pi/3);
eu=cumsum(y)*(pi/1000);
f4=eu(nt)
```

运行结果如下：

```
f1 = -7.3546e+04
f2 = -7.3546e+04
f3 = -7.3546e+04
f4 = -7.3639e+04
```

3.1.6　求函数最小值

在 MATLAB 中，求函数最小值的指令为：fminbnd。

调用格式：[xmin,ymin]=fminbnd(@(x) f,a,b)。其中 xmin 是函数 f 取最小值时的自变量 x 的值，ymin 是函数最小值，@(x)f 是函数句柄，a 和 b 分别是自变量的下限值和上限值。

例 3-39　求函数 $y=x^3+3x^2-8x+2$ 在 $-2<x<2$ 间的最小值。

MATLAB 程序代码如下：

```
x=-2:0.1:2;
y=@(x) x.^3+3*x.^2-8*x+2;
[xmin,ymin]=fminbnd(@(x) x.^3+3*x.^2-8*x+2,-2,2)
y=x.^3+3*x.^2-8*x+2;
plot(x,y)
```

运行结果如下：

```
xmin = 0.9149
ymin = -2.0423
```

图 3-2 所示为 x-y 值的对应图形。

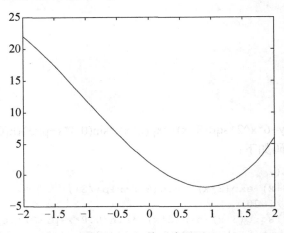

图 3-2　x-y 值对应图形

3.1.7　求函数的零点

求函数的零点有时也很费时间，而 MATLAB 可以方便地解决这个问题。在 MATLAB 里，求函数零点使用的指令为：fzero。

调用格式：y0=fzero(@(x) f,a)。其中@(x)fun 是函数句柄，a 是设定的搜索起始值。当函数有多个零点时，只输出距 a 最近的。

例 3-40　求例 3-39 中的函数 $y=x^3+3x^2-8x+2$ 在 0 附近的零点。

MATLAB 程序代码如下：

```
x=-2:0.1:2;
y=@(x) x.^3+3*x.^2-8*x+2;
x0=fzero(@(x) x.^3+3*x.^2-8*x+2,0)
```

运行结果如下：

```
x0 = 0.2828
```

例 3-41　求函数 y=x^2+sqrt(3+x)+exp(2*x).*sin(0.8*x+pi/3)在 2.5 附近的零点。

高等院校计算机教育系列教材

MATLAB 程序代码如下：

```
x=0:pi/1000:pi;
y=@(x) x.^2+sqrt(3+x)+exp(2*x).*sin(0.8*x+pi/3);
x0=fzero(@(x) x.^2+sqrt(3+x)+exp(2*x).*sin(0.8*x+pi/3),2.5)
y=x.^2+sqrt(3+x)+exp(2*x).*sin(0.8*x+pi/3);
plot(x,y)
```

运行结果如下：

```
x0 = 2.6747
```

图 3-3 所示为 x-y 值的对应图形。

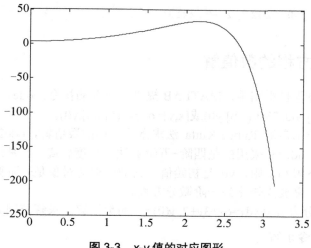

图 3-3　x-y 值的对应图形

3.1.8　解非线性方程组

手动求解非线性方程组，一般需要耗费大量时间，有时很难解出来。MATLAB 提供了求解非线性方程组的指令：fsolve。

调用格式：x=fsolve(@(x) f,a)。其中 f 是函数名称，a 是设定的初始值。

例 3-42　求方程组 $\begin{cases} 3x_1 + 2x_2 = 2.6 \\ 2(x_1)^2 - 3(x_2)^2 = 6.7 \end{cases}$ 的数值解。

x_1、x_2 在 MATLAB 中用 x(1)、x(2)表示。

MATLAB 程序代码如下：

```
f=@(x)([ 3*x(1)+2*x(2)-2.6;2*x(1).^2-3*x(2).^2-6.7;])
x=fsolve(f,[0 0])
```

运行结果如下：

```
x = 2.0745   -0.9220
```

例 3-43　求方程组 $\begin{cases} x^2 + \exp y + 0.3z = 8 \\ \ln x + 6y + \cos z = 2.6 \\ \sin x + y^3 - 2^z = 5 \end{cases}$ 的数值解。

首先，把 x、y、z 分别用 x(1)、x(2)、x(3)表示，这是函数 fsolve 的要求。MATLAB 程序代码如下：

```
f=@(x)([ x(1).^2+exp(x(2))+0.3*x(3)-8;log(x(1))+6*x(2)+cos(x(3))-
2.6;sin(x(1))+x(2).^3-2^x(3)-5]);
x=fsolve(f,[1 1 1])
```

运行结果如下：

```
x = 2.5147    y=0.6252    z=-3.2213
```

3.1.9　求微分方程的数值解

手动求解微分方程也很困难，MATLAB 提供了相关的指令：ode。

调用格式：[x,y]=ode23(f,[a,b],y0)或[x,y]=ode45(f,[a,b],y0)。

注：这两个指令都是用 Runge-Kutta 法求微分方程的数值解，ode23 采用的是二阶-三阶算法，精度较低，ode45 采用的是四阶-五阶算法，精度较高。f 是函数文件名，a 和 b 分别是求解范围的下限和上限，y0 是初始值。它们的求解对象是一阶微分方程，如果要求求解高阶微分方程，需要先转化为一阶微分方程。

例 3-44　求微分方程 $dy/dx=6x+3y+2$, $y(0)=5$ 的数值解，求解范围为[0,1]。

1. 用 ode23 指令求解

MATLAB 程序代码如下：

```
f=inline('6*x+3*y+2','x','y');
[x,y]=ode23(f,[0,1],5);
a=[x y]
plot(x,y,'o-')
```

运行结果如下：

```
a =    0      5.0000
    0.0235    5.4161
    0.1135    7.3393
    0.2053    9.9757
    0.2981   13.5505
    0.3918   18.3846
    0.4863   24.9091
    0.5815   33.7024
    0.6772   45.5404
    0.7734   61.4641
    0.8699   82.8702
    0.9668  111.6328
    1.0000  123.6027
```

图 3-4 所示为 x-y 值对应的图形。

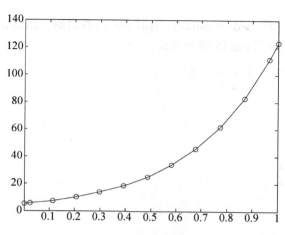

图 3-4　*x-y* 值的对应图形

2. 用 ode45 指令求解

MATLAB 程序代码如下：

```
fun=inline('6*x+3*y+2','x','y');
[x,y]=ode45(fun,[0,1],5);
a=[x y]
plot(x,y,'o-')
```

运行结果如下：

```
a =       0    5.0000
     0.0148    5.2575
     0.0296    5.5280
     0.0443    5.8121
     0.0591    6.1105
     0.0841    6.6494
     0.1091    7.2343
```

(注：以上只列出部分数据)

图 3-5 所示为 *x-y* 值的对应图形。

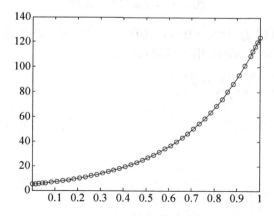

图 3-5　*x-y* 值的对应图形

例 3-45   求微分方程 dy/dx = 2sin(x)，y(0)=0.6 的数值解，求解范围为[0,10]。
MATLAB 程序代码(用 ode45 指令求解)如下：

```
f=inline('2*sin(x)+1','x','y');
[x,y]=ode45(f,[0,10],0.6);
a=[x y]
plot(x,y,'o-')
```

运行结果如下：

```
a =        0    0.6000
      0.0301    0.6311
      0.0603    0.6639
      0.0904    0.6986
      0.1206    0.7351
      0.2713    0.9444
      0.4220    1.1975
```

(注：以上只列出部分数据)

图 3-6 所示为 x-y 值的对应图形。

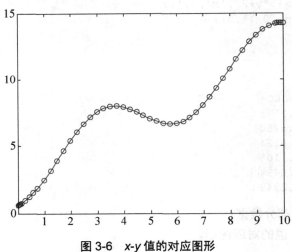

图 3-6 x-y 值的对应图形

例 3-46   求微分方程 dy/dx=y^2+2y-1，y(0)=0 的数值解，求解范围为区间[0,10]。
MATLAB 程序代码(用 ode45 指令求解)如下：

```
f=inline('y^2+2*y-1','x','y');
[x,y]=ode45(f,[0,10],0);
a=[x y]
plot(x,y,'o-')
```

运行结果如下：

```
a =        0         0
      0.0001   -0.0001
      0.0001   -0.0001
      0.0002   -0.0002
```

高等院校计算机教育系列教材

```
       0.0002    -0.0002
       0.0005    -0.0005
       0.0007    -0.0007
       0.0010    -0.0010
       0.0012    -0.0012
0.0025    -0.0025
```

(注：以上只列出部分数据)

图 3-7 所示为 *x-y* 值的对应图形。

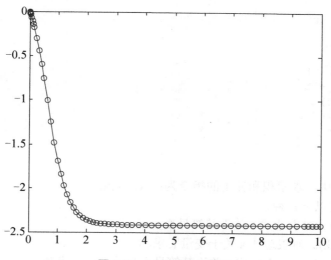

图 3-7　*x-y* 值的对应图形

3.2　符　号　计　算

符号计算指表达式中存在符号，这些符号表示没有被赋值的变量，属于未知量，计算机的处理对象包括符号，运算结果中也包括符号。所以，有人说，符号计算就是用计算机推导数学公式。

与数值计算相比，符号计算可以得到问题的精确解。但有时计算量比较大，需要的时间较长。

MATLAB 也具有强大的符号计算功能，主要包括基本的代数运算、多项式运算、求解代数方程、微分运算、积分运算、求解常微分方程等。

3.2.1　基本运算

基本运算包括加、减、乘、除、幂、累积和等运算。

1. 加、减、乘、除、幂运算

在符号计算中，基本运算的指令和数值计算一样，如+、−、*、/、^等。

例 3-47　令 A=cos(t)，B=t。

求 C1=A+B，C2=A–B，C3=A*B，C4=A/B，C5=A^B。

MATLAB 程序代码如下：

```
syms t;        % 把 t 设为符号变量
A=cos(t);
B=t;
C1=A+B
C2=A-B
C3=A*B
C4=A/B
C5=A^B
```

运行结果如下：

```
C1 = t + cos(t)
C2 = cos(t) - t
C3 = t*cos(t)
C4 = cos(t)/t
C5 = cos(t)^t
```

2. 求累积和

在 MATLAB 中，求累积和使用的指令为：symsum。

调用格式包括以下几种。

① symsum(s)。对表达式 s 关于其符号变量求和。

② symsum(s,k)。对表达式 s 关于变量 k 求和。

③ symsum(s, a,b)。对表达式 s 关于其符号变量从 a 到 b 求和。

④ symsum(s,k,a,b)。对表达式 s 关于其变量 k 从 a 到 b 求和。

例 3-48　求 $y=\sin(x)$ 的累积和。

MATLAB 程序代码如下：

```
syms x;
y=sin(x);
a1=symsum(y)
a2=symsum((y),x)
a3=symsum((y), 1,5)
a4=symsum((y),x,1,5)
```

运行结果如下：

```
a1 = (exp(-i)^x*i)/(2*(exp(-i) - 1)) - (exp(i)^x*i)/(2*(exp(i) - 1))
a2 = (exp(-i)^x*i)/(2*(exp(-i) - 1)) - (exp(i)^x*i)/(2*(exp(i) - 1))
a3 = sin(1) + sin(2) + sin(3) + sin(4) + sin(5)
a4 = sin(1) + sin(2) + sin(3) + sin(4) + sin(5)
```

例 3-49　求 $y=1/(x*(x+1))$ 的累积和。

MATLAB 程序代码如下：

```
syms x;
y=1/(x*(x+1));
a1=symsum(y)
```

高等院校计算机教育系列教材

```
a2=symsum((y),x)
a3=symsum((y), 1,5)
a4=symsum((y),x,1,5)
```

运行结果如下：

```
a1 = -1/x
a2 = -1/x
a3 = 5/6
a4 = 5/6
```

3.2.2　多项式运算

多项式运算包括多项式的化简、合并、因式分解、展开等。

1．多项式的化简

在 MATLAB 中，进行多项式化简使用的指令为：simplify。

调用格式：simplify(p)。

例 3-50　化简$(a^2-b^2)/(a+b)$。

MATLAB 程序代码如下：

```
syms a;
syms b;
p=(a^2-b^2)/(a+b);
q=simplify(p)
```

运行结果如下：

```
q = a - b
```

2．多项式的合并

在 MATLAB 中，合并多项式使用的指令为：collect。

调用格式：collect(p)。

例 3-51　合并$p=x^2+3x^2+6x-2x+5-8$。

MATLAB 程序代码如下：

```
syms x;
p=x^2+3*x^2+6*x-2*x+5-8;  %只含有一个变量的多项式
q=collect(p)
```

运行结果如下：

```
q = 4*x^2 + 4*x - 3
```

例 3-52　合并$p=x^2+3x^2+6y+2y$。

MATLAB 程序代码如下：

```
syms x;
syms y;
```

```
p=x^2+3*x^2+6*y+2*y;   % 含两个变量的多项式
q=collect(p)
```

运行结果如下：

```
q = 4*x^2 + 8*y
```

3. 因式分解

在 MATLAB 中，进行因式分解的指令为：factor。

调用格式：factor(p)。

例 3-53 对 $p=a^3+b^3$ 进行因式分解。

MATLAB 程序代码如下：

```
syms a;
syms b;
p=a^3+b^3;
q=factor (p)
```

运行结果如下：

```
q = (a + b)*(a^2 - a*b + b^2)
```

4. 展开运算

在 MATLAB 里，展开多项式使用的指令为：expand。

调用格式：expand(p)。

例 3-54 展开$(1+a)(1+b)$。

MATLAB 程序代码如下：

```
syms a;
syms b;
p=(1+a)*(1+b);
q=expand(p)
```

运行结果如下：

```
q = a + b + a*b + 1
```

例 3-55 展开 $\sin(a+b)$。

MATLAB 程序代码如下：

```
syms a;
syms b;
p=sin(a+b);
q=expand(p)
```

运行结果如下：

```
q = cos(a)*sin(b) + cos(b)*sin(a)
```

3.2.3　解方程和方程组

MATLAB 在解符号方程和方程组时，功能也很强大，只需要简单的几个指令就可以求解复杂的方程和方程组。

1. 解方程

MATLAB 解符号方程使用的指令为：solve。

调用格式：solve(e)。

例 3-56　解方程 $3x=9$。

MATLAB 程序代码如下：

```
syms x;
e=3*x-9;
r=solve(e)
```

运行结果如下：

```
r = 3
```

有的方程得不到有理解，可以利用 vpa 指令求近似解。

例 3-57　解方程 $x^2-2x-1=0$。

MATLAB 程序代码如下：

```
syms x;
e=x^2-2*x-1;
r1=solve(e)        % 精确解
r2=vpa(r1)         % 按 MATLAB 的默认值求出近似解
r3=vpa(r1,4)       % 求包含 4 位有效数字的近似解
```

运行结果如下：

```
r1 = 2^(1/2) + 1
     1 - 2^(1/2)
r2 = 2.4142135623730950488016887242097
     -0.4142135623730950488016887242097
r3 = 2.414
     -0.4142
```

例 3-58　求符号方程 $ax^2+bx+c=0$ 的解。

MATLAB 程序代码如下：

```
syms x;
syms a;
syms b;
syms c;
e=a*x^2+b*x+c;
r=solve(e)
```

运行结果如下：

```
r = -(b + (b^2 - 4*a*c)^(1/2))/(2*a)
    -(b - (b^2 - 4*a*c)^(1/2))/(2*a)
```

2. 解方程组

MATLAB 解符号方程组使用的指令为：solve。

调用格式：[x,y]=solve(e1,e2,e3,...,en)。

例 3-59 求方程组 $\begin{cases} 2x + 5y = 6 \\ 3x + 4y = 16 \end{cases}$ 的解。

MATLAB 程序代码如下：

```
syms x;
syms y;
e1=2*x+5*y-6;
e2=3*x+4*y-16;
[x,y]=solve(e1,e2)
```

运行结果如下：

```
x = 8
y = -2
```

例 3-60 求方程组 $\begin{cases} 3ax + 2by = 6 \\ ax + 8by = 16 \end{cases}$ 的解。

MATLAB 程序代码如下：

```
syms x;
syms y;
syms a;
syms b;
e1=3*a*x+2*b*y-6;
e2=a*x+8*b*y-16;
[x,y]=solve(e1,e2)
```

运行结果如下：

```
x = 8/(11*a)
y = 21/(11*b)
```

3.2.4 求微积分

求微积分包括求导数、求积分、泰勒级数等。

1. 求导数

在符号计算中，MATLAB 求导数的指令为：diff。

调用格式有以下几种。

① diff(y)。求 y 的一阶导数。

② diff(y,n)。求 y 的 n 阶导数。

③ diff(y,a)。求 y 对 a 的偏导数。

④ diff(y,n,a)。求 y 对 a 的 n 阶偏导数。

例 3-61　分别求函数 $y=4x^3$ 的一阶、二阶、三阶导数。

MATLAB 程序代码如下：

```
syms x;
y=4*x^3;
d1=diff(y)
d2=diff(y,2)
d3=diff(y,3)
```

运行结果如下：

```
d1 = 12*x^2
d2 = 24*x
d3 = 24
```

例 3-62　分别求函数 $y=\sin^2(x)$ 的一阶和二阶导数。

MATLAB 程序代码如下：

```
syms x;
y=(sin (x))^2;
d1=diff(y)
d2=diff(y,2)
```

运行结果如下：

```
d1 = 2*cos(x)*sin(x)
d2 = 2*cos(x)^2 - 2*sin(x)^2
```

例 3-63　分别求函数 $y=4a^4b+2a^2b$ 对 a 的一阶和二阶偏导数。

MATLAB 程序代码如下：

```
syms a b;  % 将a、b同时设为符号变量，等价于 syms a、syms b
y=4*a^4*b+2*a^2*b;
d1=diff(y,a)
d2=diff(y,2,a)
```

运行结果如下：

```
d1 = 16*b*a^3 + 4*b*a
d2 = 48*b*a^2 + 4*b
```

2. 求函数的导数在某个点的值

求导数在某个点的值，使用的 MATLAB 指令为：subs。

调用格式：subs(y,x,'a')。其中'a'的意思是令函数 y 中的变量 x=a。

例 3-64　求函数 $y=x^3$ 在 $x=3$ 处的一阶导数值。

MATLAB 程序代码如下：

```
syms x;
y=x^3;
```

```
d=diff(y)
d1=subs(d,x,'3')
```

运行结果如下：

```
d = 3*x^2
d1 = 27
```

例 3-65 求函数 $y=\sin^2(x)$ 在 $x=pi/3$ 处的一阶导数值。

MATLAB 程序代码如下：

```
syms x;
y=sin(x)^2;
d=diff(y)
d1=subs(d,x,'pi/3')
```

运行结果如下：

```
d = 2*cos(x)*sin(x)
d1 = 3^(1/2)/2
```

3. 求积分

在符号计算中，MATLAB 求积分的指令为：int。

调用格式有以下两种。

① int(f)。求 f 的不定积分。

② int(f,a,b)。求 f 从 a 到 b 的定积分。

例 3-66 求 $y=2x+1$ 的不定积分。

MATLAB 程序代码如下：

```
syms x
y=2*x+1;
s=int(y)
```

运行结果如下：

```
s = x*(x + 1)
```

例 3-67 求 $f=2x+1$ 在[0,2]的定积分。

MATLAB 程序代码如下：

```
syms x
y=2*x+1;
s=int(y,0,2)
```

运行结果如下：

```
s = 6
```

例 3-68 分别求 $y=ax+b$ 的不定积分和[1,2]间的定积分。

MATLAB 程序代码如下：

```
syms x a b
y=a*x+b;
```

```
s1=int(y)
s2=int(y,1,2)
```

运行结果如下：

```
s1 = (a*x^2)/2 + b*x
s2 = (3*a)/2 + b
```

4. 求泰勒级数

在符号计算中，MATLAB 求泰勒级数的指令为：taylor。

调用格式：t=taylor(f)。

例 3-69　求 $y=\sin(x)$ 在 $x=0$ 处的泰勒级数。

MATLAB 程序代码如下：

```
syms x;
f=sin(x);
t1=taylor(f)
```

运行结果如下：

```
t1 = x^5/120 - x^3/6 + x
```

3.2.5　常微分方程

在符号计算中，MATLAB 也可以求解多种形式的常微分方程，且编程简单、容易实现。使用的指令为：dsolve。

调用格式：dsolve(e1,e2,…,en)。

例 3-70　求解一阶微分方程 $dy/dx =ay+2b$。

MATLAB 程序代码如下：

```
syms y(x) a b;
y=dsolve('Dy=a*y+2*b','x')   % MATLAB 的默认自变量符号是 t，本语句将自变量符号变
为 x。D 表示一阶微分，即 d/dx，D² 表示二阶微分，即 d²/dx²，……，初始条件用 y(a)=b 或
Dy(a)=b 形式表示
```

运行结果如下：

```
y = -(2*b - C7*exp(a*x))/a
```

例 3-71　求解有初始条件的一阶微分方程 $dy/dx =ay+2b$，$y(0)=3a+b$。

MATLAB 程序代码如下：

```
syms y(x) a b;
y=dsolve('Dy=a*y+2*b','y(0)=3*a+b','x')
```

运行结果如下：

```
y = -(2*b - exp(a*x)*(3*a^2 + b*a + 2*b))/a
```

例 3-72　求解一阶微分方程 $dy/dx=\sin(ax) +by/2$。

MATLAB 程序代码如下：

```
syms y(x) a b;
y=dsolve('Dy=sin(a*x)+b*y/2','x')
```

运行结果如下：

```
y = C15*exp((b*x)/2) - (a*cos(a*x) + (b*sin(a*x))/2)/(a^2 + b^2/4)
```

例 3-73 求解一阶微分方程$(\mathrm{d}y/\mathrm{d}x)^2 = ay^2 - 3b$。

MATLAB 程序代码如下：

```
syms y(x) a b;
y=dsolve('Dy^2=a*y^2-3*b','x')
```

运行结果如下：

```
y = (3^(1/2)*b^(1/2))/a^(1/2)
 -(3^(1/2)*b^(1/2))/a^(1/2)
 (exp(a^(1/2)*(C22 + x)) + 3*b*exp(-a^(1/2)*(C22 + x)))/(2*a^(1/2))
 (exp(a^(1/2)*(C18 - x)) + 3*b*exp(-a^(1/2)*(C18 - x)))/(2*a^(1/2))
```

例 3-74 求解二阶微分方程 $\mathrm{d}^2y/\mathrm{d}x^2 = 2 + ay + bx/3$。

MATLAB 程序代码如下：

```
syms y(x) a b;
y=dsolve('D2y=2+a*y+b*x/3','x')
```

运行结果如下：

```
y = C25*exp(a^(1/2)*x) - (6*a^(1/2) - b + a^(1/2)*b*x)/(6*a^(3/2)) +
C26*exp(-a^(1/2)*x) - (b + 6*a^(1/2) + a^(1/2)*b*x)/(6*a^(3/2))
```

习　题

1. 已知矩阵 a=[1 2 3]、b=[4 5 6]，计算 a+b+10 的值(注：在程序中矩阵用 a、b、c 等表示)。

2. 已知矩阵

a=[10 15 5

　2　6　12]，

b=[21 5 18

　3　9　11]，

分别计算 a-b、b-a、a-6、10-b 的值。

3. 已知矩阵

a=[5 3 6

　12 18 4

　-5 0 7]，

计算 4*a 的值。

4. 已知矩阵

a=[3 6 2

　10 5 8],

b=[-3 0 4

　　11 9 6],

计算 *a*、*b* 之积。

5. 已知矩阵

a=[6 3 8

　24 15 20];

b=[3 4 8

　　10 2 5],

计算 *c*= *a*./*b* 的值。

6. 已知矩阵

A=[-3 4 -6

　　2 -5 3],

计算它的 3 次幂。

7. 分别求自然数 e 的 5、1/3、-2/5 次幂。

8. 求 256、49、361 的平方根。

9. 已知矩阵

A=[25 81 36

　　49 64 9],

求它的平方根。

10. 求 360 的常用对数。

11. 已知矩阵

A=[2 5

　　3 16],

求矩阵 *A* 各元素的常用对数。

12. 已知矩阵

A=[3 1 6

　　5 8 2],

分别求它的各元素的正弦和余弦值。

13. 求多项式 $x^2-7x+10=0$ 的根。

14. 分别求多项式 $3x^2+2x+6$ 与 x^2-3x+2 的和与积。

15. 求 $x^3+ 3\sin(x)+2x$ 的导数。

16. 求方程 $2x^2-5x-13=0$ 的近似解。

17. 求函数 $y=\sin(x)+x^2$ 在[0,pi]上的数值积分。

18. 求函数 $y=2*\exp(2*x)+ \mathrm{sqrt}(3+5*x) *\cos(2*x+2*pi) -x^2$ 在[0, pi]上的数值积分。

19. 求函数 $y=2x^3+3x^2-6x+1$ 在-5<*x*<5 间的最小值。

20. 求方程组 $\begin{cases} -2x_1 + 7x_2 = 4 \\ 3(x_1)^2 + (x_2)^2 = 9 \end{cases}$ 的数值解。

21. 求方程组 $\begin{cases} x^2 + 6y + \cos(z) = 12 \\ \ln(x) + y^3 + 0.3z = -6 \\ \sin(x) + \exp(y) - 2^z = 5 \end{cases}$ 的数值解。

22. 求微分方程 dy/dx=x+4y+6，y(1)=2 的数值解，求解范围为[0,1]。

23. 求微分方程 dy/dx = 6cos(x)，y(0)=1 的数值解，求解范围为[0,10]。

24. 求微分方程 dy/dx=y²-3y+2，y(0)=2 的数值解，求解范围为[0,10]。

25. 已知 A=2t，B=sin(t)，分别求 A+B、A−B、A*B、A/B、A^B 的值。

26. 化简多项式 $(a^3-b^3)/(a-b)$。

27. 合并多项式 $x^2-2x^2-2x+8x-3-6$。

28. 展开多项式 (a+x)(1+2b-5y)+sin(2a+b)。

29. 解方程 $x^2+3x-6=0$。

30. 求符号方程 $ax^2+2bx+c-2=0$ 的解。

31. 求方程组 $\begin{cases} 6x - y = 2 \\ 5x - 2y = 3 \end{cases}$ 的解。

32. 分别求函数 $y=a*x^3+\sin(ax)-b*2^x*\ln(2x)$ 的一阶、二阶、三阶导数。

33. 求 $f=x^2+ax-3$ 在[1,2]上的定积分。

34. 求解一阶微分方程 dy/dx=ax+cos(by)-2。

第 4 章　数据预处理

在很多时候，研究者获得的原始数据经常会含有一些缺陷，如异常值、噪声、维数太大等。这些缺陷会影响数据分析的效果和效率。所以，人们开发了一些预处理技术，如归一化、平滑去噪、降维等，对原始数据进行预处理，以便于后面的分析。本章就来介绍常用的一些数据预处理方法。

4.1　数据归一化

对多元数据来说，当各变量的量纲不同时，经常使得数据的数量级不一致，有时会相差比较大。人们发现，这种情况经常会影响最后的分析结果，所以需要进行归一化处理，将不同变量的数据转换到相同的范围内。

归一化处理常用的方法包括标准化变换和极差归一化变换。

4.1.1　标准化变换

标准化变换的公式为

$$Xb = [X-E(X)]/S(X)$$

式中：Xb 为转换后的值；X 为原始值；$E(X)$ 为向量 X 中各元素的平均值；$S(X)$ 为向量 X 的标准差。

进行标准化变换的指令为：zscore。

调用格式：[z,mu,sigma]=zscore(x)。其中 x 是原始数据，z 是变换后的数据，mu 是 x 的均值，sigma 是标准差。

例 4-1　下面的数据是钢中的化学元素含量、冷却速度和对应的硬度值。

可以看到，不同变量对应的数据取值范围相差较大，需要对它们进行标准化变换。

MATLAB 程序代码如下：

```
C=[ 0.42 0.42 0.42 0.42 0.42 0.42 0.42 0.42 0.30 0.30 0.30 0.30 0.30
0.30 0.30 0.42  0.42 0.42 0.42 0.42 0.42 0.42 0.41 0.41 0.41 0.41 0.41
0.41 0.41 0.69 0.69 0.69];
Si=[ 1.39 1.39 1.39 1.39 1.39 1.39 1.39 1.39 0.86 0.86 0.86 0.86 0.86
0.86 0.86 0.79 0.79 0.79 0.79 0.79 0.79 0.79 0.88 0.88 0.88 0.88 0.88
0.88 0.88 0.94 0.94 0.94];
Cr=[ 0 0 0 0 0 0 0 0.77 0.77 0.77 0.77 0.77 0.77 0.77 0 0 0 0 0 0 0
1.02 1.02 1.02  1.02 1.02 1.02 1.02 0 0 0];
B=[ 0 0 0 0 0 0 0 0 0 0 0 0 0 0.002 0.002 0.002 0.002 0.002 0.002
0.002 0.003 0.003 0.003 0.003 0.003 0.003 0.003 0 0 0 ];
CV=[ 2400 40 30 20 15 10 6 4 2400 25 10 8 6 4 2.5 300 100 60 25 7 5 2.5
1700 40 25 15 10 8 6 2400 80 40];
```

```
H=[ 718 669 662 654 634 614 442 329 577 555 553   540 534 529 481 708 650
623 589 460 339 299 688 642 613 608 582 553 317   755 748 727];
x=[ C'  Si'  Cr'  B'  CV'  H'  ];
[z,mu,sigma]=zscore(x)
z1max=max(z(:,1))
z1min=min(z(:,1))
z1mean=mean(z(:,1))
z2max=max(z(:,2))
z2min=min(z(:,2))
z2mean=mean(z(:,2))
z3max=max(z(:,3))
z3min=min(z(:,3))
z3mean=mean(z(:,3))
z4max=max(z(:,4))
z4min=min(z(:,4))
z4mean=mean(z(:,4))
z5max=max(z(:,5))
z5min=min(z(:,5))
z5mean=mean(z(:,5))
z6max=max(z(:,6))
z6min=min(z(:,6))
z6mean=mean(z(:,6))
plot(z,'.','markersize',20)
```

运行结果如下：

```
z = 0.0308    1.6777    -0.8534    -0.8387     2.8038    1.1461
    0.0308    1.6777    -0.8534    -0.8387    -0.3567    0.7541
    0.0308    1.6777    -0.8534    -0.8387    -0.3701    0.6981
    0.0308    1.6777    -0.8534    -0.8387    -0.3835    0.6341
    0.0308    1.6777    -0.8534    -0.8387    -0.3902    0.4740
    0.0308    1.6777    -0.8534    -0.8387    -0.3969    0.3140
    0.0308    1.6777    -0.8534    -0.8387    -0.4023   -1.0621
    0.0308    1.6777    -0.8534    -0.8387    -0.4049   -1.9662
   -1.1505   -0.5401     0.8248    -0.8387     2.8038    0.0180
   -1.1505   -0.5401     0.8248    -0.8387    -0.3768   -0.1580
   -1.1505   -0.5401     0.8248    -0.8387    -0.3969   -0.1740
   -1.1505   -0.5401     0.8248    -0.8387    -0.3996   -0.2780
   -1.1505   -0.5401     0.8248    -0.8387    -0.4023   -0.3260
   -1.1505   -0.5401     0.8248    -0.8387    -0.4049   -0.3660
   -1.1505   -0.5401     0.8248    -0.8387    -0.4069   -0.7501
    0.0308   -0.8330    -0.8534     0.6949    -0.0085    1.0661
    0.0308   -0.8330    -0.8534     0.6949    -0.2764    0.6021
    0.0308   -0.8330    -0.8534     0.6949    -0.3299    0.3860
    0.0308   -0.8330    -0.8534     0.6949    -0.3768    0.1140
    0.0308   -0.8330    -0.8534     0.6949    -0.4009   -0.9181
    0.0308   -0.8330    -0.8534     0.6949    -0.4036   -1.8862
    0.0308   -0.8330    -0.8534     0.6949    -0.4069   -2.2062
   -0.0677   -0.4564     1.3696     1.4618     1.8663    0.9061
   -0.0677   -0.4564     1.3696     1.4618    -0.3567    0.5381
   -0.0677   -0.4564     1.3696     1.4618    -0.3768    0.3060
   -0.0677   -0.4564     1.3696     1.4618    -0.3902    0.2660
```

```
  -0.0677    -0.4564     1.3696      1.4618    -0.3969     0.0580
  -0.0677    -0.4564     1.3696      1.4618    -0.3996    -0.1740
  -0.0677    -0.4564     1.3696      1.4618    -0.4023    -2.0622
   2.6887    -0.2053    -0.8534     -0.8387     2.8038     1.4421
   2.6887    -0.2053    -0.8534     -0.8387    -0.3032     1.3861
   2.6887    -0.2053    -0.8534     -0.8387    -0.3567     1.2181
mu = 0.4169    0.9891     0.3916     0.0011   306.3750   574.7500
sigma = 0.1016    0.2390     0.4588     0.0013   746.7214   124.9875
z1max = 2.6887
z1min = -1.1505
z1mean = 4.7184e-16
z2max = 1.6777
z2min = -0.8330
z2mean = 1.2334e-15
z3max = 1.3696
z3min = -0.8534
z3mean = 1.9429e-16
z4max = 1.4618
z4min = -0.8387
z4mean = -1.5959e-16
z5max = 2.8038
z5min = -0.4069
z5mean = -1.9082e-17
z6max = 1.4421
z6min = -2.2062
z6mean = 2.7756e-17
```

各变量数据的分布如图 4-1 所示。

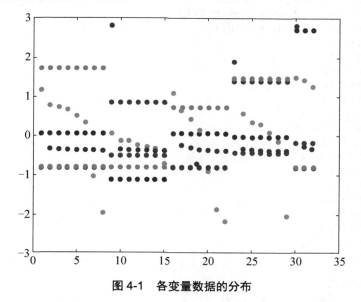

图 4-1　各变量数据的分布

可以看到，各变量的数据范围基本一致了。

4.1.2 极差归一化变换

极差归一化变换的公式为

$$x_z=(x-x_{min})/(x_{max}-x_{min})$$

式中：x_z 为转换后的值；x 为原始值；x_{max} 和 x_{min} 分别为向量 x 的最大值和最小值。

例 4-2 用极差归一化法对例 4-1 中的数据进行变换。

MATLAB 程序代码如下：

```
C=[ 0.42 0.42 0.42 0.42 0.42 0.42 0.42 0.42 0.30 0.30 0.30 0.30 0.30
0.30 0.30 0.42 0.42 0.42 0.42 0.42 0.42 0.41 0.41 0.41 0.41 0.41
0.41 0.41 0.69 0.69 0.69];
Si=[ 1.39 1.39 1.39 1.39 1.39 1.39 1.39 1.39 0.86 0.86 0.86 0.86 0.86
0.86 0.86 0.79  0.79 0.79 0.79 0.79 0.79 0.79 0.88 0.88 0.88 0.88 0.88
0.88 0.88 0.94 0.94 0.94];
Cr=[ 0 0 0 0 0 0 0 0 0.77 0.77 0.77 0.77 0.77 0.77 0.77 0 0 0 0 0 0 0
1.02 1.02 1.02 1.02 1.02 1.02 1.02 0 0 0];
B=[ 0 0 0 0 0 0 0 0 0 0 0 0 0 0 0 0.002 0.002 0.002 0.002 0.002 0.002
0.002 0.003 0.003 0.003 0.003 0.003 0.003 0.003 0 0 0 ];
CV=[ 2400 40 30 20 15 10 6 4 2400 25 10 8 6 4 2.5 300 100 60 25 7 5 2.5
1700 40 25 15 10 8 6 2400 80 40];
H=[ 718 669 662 654 634 614 442 329 577 555 553 540 534 529 481 708 650
623 589 460 339 299 688 642 613 608 582 553 317 755 748 727];
Cz=(C-min(C))/ (max(C)-min(C))
Siz=(Si-min(Si))/ (max(Si)-min(Si))
Crz=(Cr-min(Cr))/ (max(Cr)-min(Cr))
Bz=(B-min(B))/ (max(B)-min(B))
CVz=(CV-min(CV))/ (max(CV)-min(CV))
Hz=(H-min(H))/ (max(H)-min(H))
Cz1max=max(Cz)
Cz1min=min(Cz)
Cz1mean=mean(Cz)
Siz1max=max(Siz)
Siz1min=min(Siz)
Siz1mean=mean(Siz)
Crz1max=max(Crz)
Crz1min=min(Crz)
Crz1mean=mean(Crz)
Bz1max=max(Bz)
Bz1min=min(Bz)
Bz1mean=mean(Bz)
CVz1max=max(CVz)
CVz1min=min(CVz)
CVz1mean=mean(CVz)
Hz1max=max(Hz)
Hz1min=min(Hz)
Hz1mean=mean(Hz)
plot(Cz,'r.','markersize',20)
hold on
plot(Siz,'g.','markersize',20)
hold on
plot(Crz,'b.','markersize',20)
hold on
```

```
plot(Bz,'y.','markersize',20)
hold on
plot(CVz,'k.','markersize',20)
hold on
plot(Hz,'ro','markersize',5)
hold on
```

运行结果如下：

```
Cz = 0.3077    0.3077    0.3077    0.3077    0.3077    0.3077    0.3077
0.3077         0         0         0         0         0         0
0.3077    0.3077    0.3077    0.3077    0.3077    0.3077    0.3077    0.2821
0.2821    0.2821    0.2821    0.2821    0.2821    0.2821    1.0000    1.0000
1.0000
Siz = 1.0000    1.0000    1.0000    1.0000    1.0000    1.0000    1.0000
1.0000    0.1167    0.1167    0.1167    0.1167    0.1167    0.1167    0.1167
0         0         0         0         0         0         0    0.1500    0.1500
0.1500    0.1500    0.1500    0.1500    0.1500    0.2500    0.2500    0.2500
Crz =     0         0         0         0         0         0         0
0.7549    0.7549    0.7549    0.7549    0.7549    0.7549    0.7549         0
0         0         0         0         0         0    1.0000    1.0000    1.0000
1.0000    1.0000    1.0000    1.0000         0         0         0
Bz =      0         0         0         0         0         0
0         0         0         0         0         0         0         0
0.6667    0.6667    0.6667    0.6667    0.6667    0.6667    0.6667
1.0000    1.0000    1.0000    1.0000    1.0000    1.0000    1.0000         0
0         0
CVz = 1.0000    0.0156    0.0115    0.0073    0.0052    0.0031    0.0015
0.0006    1.0000    0.0094    0.0031    0.0023    0.0015    0.0006         0
0.1241    0.0407    0.0240    0.0094    0.0019    0.0010         0    0.7080
0.0156    0.0094    0.0052    0.0031    0.0023    0.0015    1.0000
0.0323    0.0156
Hz =  0.9189    0.8114    0.7961    0.7785    0.7346    0.6908    0.3136
0.0658    0.6096    0.5614    0.5570    0.5285    0.5154    0.5044    0.3991
0.8969    0.7697    0.7105    0.6360    0.3531    0.0877         0    0.8531
0.7522    0.6886    0.6776    0.6206    0.5570    0.0395    1.0000
0.9846    0.9386
Cz1max = 1
Cz1min = 0
Cz1mean = 0.2997
Siz1max = 1
Siz1min = 0
Siz1mean = 0.3318
Crz1max = 1
Crz1min = 0
Crz1mean = 0.3839
Bz1max = 1
Bz1min = 0
Bz1mean = 0.3646
CVz1max = 1
CVz1min = 0
CVz1mean = 0.1267
Hz1max = 1
Hz1min = 0
Hz1mean = 0.6047
```

转换后数据的分布如图 4-2 所示。

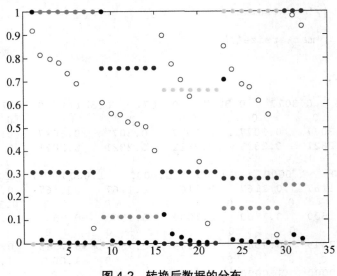

图 4-2　转换后数据的分布

可以看到，各变量的数据范围基本一致了。

4.2　数据的平滑处理

通信信号、股票价格、X 射线衍射数据、红外光谱等数据中经常含有噪声信号，导致曲线很不规则，如图 4-3 所示。

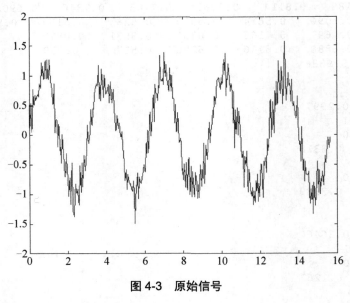

图 4-3　原始信号

为了便于分析，人们经常对它们进行平滑去噪处理。

在 MATLAB 中，进行平滑处理的指令有 smooth、smoothts、medfilt1 等，下面分别进行介绍。

4.2.1 smooth 指令

smooth 指令是利用移动平均滤波器对向量 y 进行平滑处理，采用的平滑数据的方法有 moving 移动平均法(默认方法)、lowess 局部回归法、loess 局部回归法等。

它有以下两种调用格式。

① y1=smooth(y)。y 是列向量。

② y1=smooth(y,span,method)。其中 span 是滤波器的窗宽，method 指平滑方法，默认方法是移动平均法。

例 4-3 对图 4-3 所示的信号进行平滑去噪处理。

MATLAB 程序代码如下：

```
x=[   0      0.0394   0.0787   0.1181   0.1575   0.1968   0.2362   0.2756
0.3149   0.3543   0.3937   0.4331   0.4724   0.5118   0.5512   0.5905
0.6299   0.6693   0.7086   0.7480   0.7874   0.8267   0.8661   0.9055
0.9448   0.9842   1.0236   1.0629   1.1023   1.1417   1.1810   1.2204
1.2598   1.2992   1.3385   1.3779   1.4173   1.4566   1.4960   1.5354
1.5747   1.6141   1.6535   1.6928   1.7322   1.7716   1.8109   1.8503
1.8897   1.9290   1.9684   2.0078   2.0472   2.0865   2.1259   2.1653
2.2046   2.2440   2.2834   2.3227   2.3621   2.4015   2.4408   2.4802
2.5196   2.5589   2.5983   2.6377   2.6770   2.7164   2.7558   2.7952
2.8345   2.8739   2.9133   2.9526   2.9920   3.0314   3.0707   3.1101
3.1495   3.1888   3.2282   3.2676   3.3069   3.3463   3.3857   3.4250
3.4644   3.5038   3.5431   3.5825   3.6219   3.6613   3.7006   3.7400
3.7794   3.8187   3.8581   3.8975   3.9368   3.9762   4.0156   4.0549
4.0943   4.1337   4.1730   4.2124   4.2518   4.2911   4.3305   4.3699
4.4093   4.4486   4.4880   4.5274   4.5667   4.6061   4.6455   4.6848
4.7242   4.7636   4.8029   4.8423   4.8817   4.9210   4.9604   4.9998
5.0391   5.0785   5.1179   5.1573   5.1966   5.2360   5.2754   5.3147
5.3541   5.3935   5.4328   5.4722   5.5116   5.5509   5.5903   5.6297
5.6690   5.7084   5.7478   5.7871   5.8265   5.8659   5.9052   5.9446
5.9840   6.0234   6.0627   6.1021   6.1415   6.1808   6.2202   6.2596
6.2989   6.3383   6.3777   6.4170   6.4564   6.4958   6.5351   6.5745
6.6139   6.6532   6.6926   6.7320   6.7714   6.8107   6.8501   6.8895
6.9288   6.9682   7.0076   7.0469   7.0863   7.1257   7.1650   7.2044
7.2438   7.2831   7.3225   7.3619   7.4012   7.4406   7.4800   7.5194
7.5587   7.5981   7.6375   7.6768   7.7162   7.7556   7.7949   7.8343
7.8737   7.9130   7.9524   7.9918   8.0311   8.0705   8.1099   8.1492
8.1886   8.2280   8.2673   8.3067   8.3461   8.3855   8.4248   8.4642
8.5036   8.5429   8.5823   8.6217   8.6610   8.7004   8.7398   8.7791
8.8185   8.8579   8.8972   8.9366   8.9760   9.0153   9.0547   9.0941
9.1335   9.1728   9.2122   9.2516   9.2909   9.3303   9.3697   9.4090
9.4484   9.4878   9.5271   9.5665   9.6059   9.6452   9.6846   9.7240
9.7633   9.8027   9.8421   9.8815   9.9208   9.9602   9.9996  10.0389
10.0783  10.1177  10.1570  10.1964  10.2358  10.2751  10.3145  10.3539
10.3932  10.4326  10.4720  10.5113  10.5507  10.5901  10.6294  10.6688
10.7082  10.7476  10.7869  10.8263  10.8657  10.9050  10.9444  10.9838
11.0231  11.0625  11.1019  11.1412  11.1806  11.2200  11.2593  11.2987
11.3381  11.3774  11.4168  11.4562  11.4956  11.5349  11.5743  11.6137
11.6530  11.6924  11.7318  11.7711  11.8105  11.8499  11.8892  11.9286
```

```
11.9680   12.0073   12.0467   12.0861   12.1254   12.1648   12.2042   12.2436
12.2829   12.3223   12.3617   12.4010   12.4404   12.4798   12.5191   12.5585
12.5979   12.6372   12.6766   12.7160   12.7553   12.7947   12.8341   12.8734
12.9128   12.9522   12.9915   13.0309   13.0703   13.1097   13.1490   13.1884
13.2278   13.2671   13.3065   13.3459   13.3852   13.4246   13.4640   13.5033
13.5427   13.5821   13.6214   13.6608   13.7002   13.7395   13.7789   13.8183
13.8577   13.8970   13.9364   13.9758   14.0151   14.0545   14.0939   14.1332
14.1726   14.2120   14.2513   14.2907   14.3301   14.3694   14.4088   14.4482
14.4875   14.5269   14.5663   14.6057   14.6450   14.6844   14.7238   14.7631
14.8025   14.8419   14.8812   14.9206   14.9600   14.9993   15.0387   15.0781
15.1174   15.1568   15.1962   15.2355   15.2749   15.3143   15.3536   15.3930
15.4324   15.4718   15.5111   15.5505   15.5899   15.6292   15.6686   15.7080 ];
y=[-0.0904    0.2353    0.4043    0.4495    0.3028    0.2828    0.2102
0.5474    0.7810    0.5826    0.6738    0.8851    0.9832    0.5706    0.9322
0.9642    0.9218    1.1517    0.9154    0.8320    1.0552    1.0885    0.9435
1.1305    0.6460    0.7070    0.2742    0.9541    0.6076    0.7061    0.9048
0.6550    0.4946    0.3473    0.3999    0.4969   -0.0010    0.2127    0.3055
-0.2133    0.1260    0.0501   -0.3410   -0.5426   -0.2306   -0.2292    -
0.3463   -0.3778   -0.8318   -0.5400   -0.8300   -0.8792   -1.1262   -0.6380
-0.8608   -0.7272   -0.6522   -1.2024   -0.8608   -1.0003   -0.8171    -
0.7744   -0.8216   -1.1329   -0.9724   -0.8661   -0.2533   -0.6004   -0.3370
-0.6686   -0.6549   -0.5161   -0.6818   -0.2619   -0.4725   -0.6437    -
0.1206   -0.5324   -0.5101   -0.0053   -0.1744   -0.0878    0.1400    0.1515
0.2801    0.4525    0.2353    0.2922    0.1818    0.5846    0.8524    0.6315
0.9198    0.9701    1.0974    1.1287    0.8190    0.8053    1.0002    0.8653
1.2904    1.2711    1.0034    0.8820    1.0467    0.7845    0.8563    0.7354
0.8175    0.9720    0.8401    0.8614    0.3869    0.5394    0.2372    0.4386
0.3524    0.4703    0.3533    0.1857   -0.1246   -0.1974   -0.5904   -0.3466
-0.6424   -0.2193   -0.2956   -0.5160   -0.6837   -0.6399   -0.4040   -0.5071
-0.9137   -0.8323   -1.1268   -0.8536   -0.8112   -0.7983   -1.2978   -0.8978
-1.1725   -1.0697   -0.8253   -0.9058   -0.9747   -0.7912   -0.5507   -0.9619
-1.0616   -0.9735   -0.8748   -0.7608   -0.4480   -0.9137   -0.3796   -0.5100
-0.0598   -0.3744   -0.1241   -0.2347   -0.1048    0.0580    0.1421    0.1596
0.5652    0.5225    0.8539    0.4948    0.8275    0.2545    0.8581    0.8561
0.7536    1.0090    1.0816    1.1432    1.0451    1.1001    0.8578    0.7800
0.9458    1.0308    1.1716    0.8052    0.8413    1.5042    0.7493    1.2169
0.9789    0.6242    0.6589    0.5774    0.6515    0.7629    0.0921    0.7517
0.4277    0.0858    0.0926    0.0993    0.0199    0.1223    0.0225   -0.3438
-0.3729   -0.2729   -0.4657   -0.3295   -0.7578   -0.5858   -0.6781   -0.5083
-1.1019   -0.8736   -0.8986   -1.4076   -0.7137   -0.4196   -1.0399   -0.9420
-1.0920   -0.9157   -1.0559   -0.9815   -0.6129   -1.0755   -0.9851   -0.8436
-0.8083   -0.4425   -0.2681   -0.8099   -0.6784   -0.3788   -0.4886    0.0590
0.0627   -0.0760    0.0027   -0.0992    0.2000    0.3511    0.2316    0.6653
0.4884    0.4048    0.5708    0.7826    0.5469    0.6688    1.2157    0.6968
1.0264    1.0412    1.2304    1.0471    0.4724    0.8124    1.0967    1.0512
1.3912    1.2728    1.0777    0.9756    0.6240    1.2753    0.8928    0.5148
0.8636    0.7456    0.5545    0.7066    0.4021    0.2063    0.0544    0.2594
0.1315    0.2681   -0.1983   -0.0180   -0.3561    0.2285   -0.2344   -0.0420
-0.2627   -0.2522   -0.7342   -0.3183   -0.3422   -1.1070   -0.7816   -0.9268
-0.8101   -1.0514   -0.8600   -0.8251   -0.9185   -1.0080   -1.2530   -0.9883
-1.1024   -1.2463   -0.9879   -0.9987   -0.8925   -0.7008   -0.7468   -0.5584
-0.9178   -0.8924   -0.6817   -0.3251   -0.2763   -0.4942   -0.5175   -0.6288
-0.1149   -0.1678   -0.3299   -0.0827   -0.3029    0.2272    0.1839    0.6210
0.0971    0.6351    0.5389    0.5928    0.7821    0.9360    0.5373    1.0649
0.6037    0.6702    0.7844    1.0944    0.7554    1.0526    1.0783    1.0308
1.1087    0.7548    1.1764    0.9771    1.0740    0.6991    0.8685    0.9905
0.9697    0.6972    0.2860    0.3760    0.5741    0.6209    0.4835    0.1947
0.6905    0.1791    0.2596   -0.0753   -0.2938   -0.0120   -0.0188    0.0622
```

```
-0.4821    -0.7736    -0.1935    -0.5299    -0.8702    -0.8148    -0.9185    -0.5736
-0.7314    -0.8401    -0.8739    -1.1139    -0.7727    -0.9177    -1.0488    -1.0369
-1.0176    -1.1656    -0.8249    -0.6736    -0.4302    -0.7915    -1.0185    -0.7702
-0.9632    -0.8311    -0.7826    -0.7557    -0.4480    -0.6781    -0.2501    -0.1507
-0.0265    -0.1609     0.0451     0.3606  ];
plot(x,y)
y10=smooth(y,10);
figure(2)
plot(x,y10)
y30=smooth(y,30);
figure(3)
plot(x,y30)
y100=smooth(y,100);
figure(4)
plot(x,y100)
```

运行结果如图 4-4(a)～(c)所示。

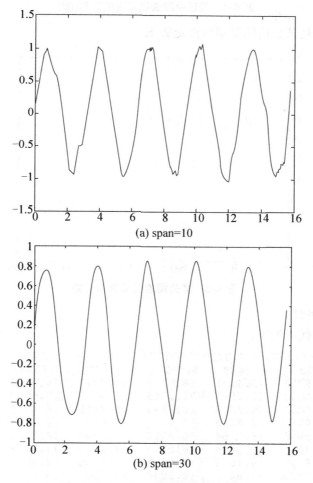

(a) span=10

(b) span=30

图 4-4 经过平滑去噪处理的波形

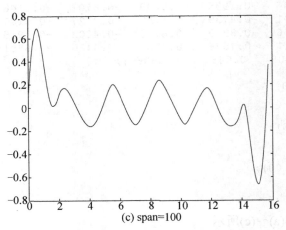

(c) span=100

图 4-4　经过平滑去噪处理的波形(续)

例 4-4　图 4-5 是某公司的股票价格走势图。

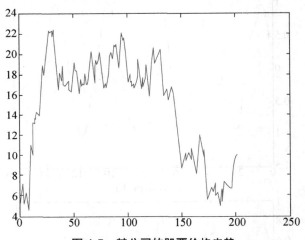

图 4-5　某公司的股票价格走势

对它进行平滑处理。

MATLAB 程序代码如下：

```
p=[  5.0000     5.5377     7.3716     5.1127     5.9749     6.2936     4.9860     4.5524
   4.8950     9.4734    11.2428     9.8929    12.9279    13.6533    13.5902    14.3050
  14.1000    13.9758    15.4655    16.8746    18.2918    18.9633    17.7558
  18.4730    20.1032    20.5921    21.6268    22.3537    22.0503    22.3442
  21.5569    22.4453    21.2982    20.2293    19.4198    16.4755    17.9139
  18.2391    17.4842    18.8545    17.1430    17.0407    16.7993    17.1185
  17.4313    16.5665    16.5364    16.3715    16.9992    18.0925    19.2018
  18.3381    18.4155    17.2014    16.0879    16.0810    17.6136    16.8440
  17.2154    16.9898    18.1071    17.0181    17.0506    17.6032    18.7038
  20.2480    20.3339    18.8423    18.1000    17.0384    19.3889    18.7733
  19.5214    19.3289    20.2176    19.4527    18.0504    16.6281    17.1163
  16.9389    16.7428    18.1621    18.4537    18.6515    20.2392    19.4348
  20.1314    20.9665    20.7228    20.9384    19.7726    18.6246    18.7295
  19.4518    22.0373    21.3704    21.5577    21.4752    19.5422    19.1032
  17.3085    18.1489    17.2609    17.3610    16.8164    17.1200    16.5196
```

```
17.0096    17.7490    19.4609    19.2667    17.1284    16.2888    17.6434
16.5712    17.5322    17.6562    19.0929    17.1320    16.9343    15.7265
18.6345    19.4597    20.8387    19.7805    19.3119    19.0394    20.1378
19.8600    20.5615    18.5097    18.1558    17.3323    15.7552    16.2632
16.5452    16.5786    15.2450    16.3725    16.7226    16.4236    16.4465
16.1845    14.4342    14.1486    13.3172    12.3380    11.1816    10.6481
8.6454     9.6097     10.1297    10.1097    10.0749    9.2768     10.2954    10.1622
9.4477     10.7991    10.5743    9.9853     9.6915     8.8436     7.7235     10.2495
11.9050    12.2125    10.9554    10.0899    9.9134     10.7048    9.3728     7.0429
5.5938     5.9273     6.3187     6.7704     6.6401     6.8238     6.3476     7.2096
5.8480     6.3030     5.4543     5.1194     5.6722     6.7113     5.5936     6.8543
7.5144     7.4466     7.2513     7.0337     6.7306     6.7537     6.8050     7.6310
9.1580     9.6249     9.4152     10.0404 ];
plot(p)
y10=smooth(p,10);
figure(2)
plot(y10)
y30=smooth(p,30);
figure(3)
plot(y30)
y50=smooth(p,50);
figure(4)
plot(y50)
y500=smooth(p,500);
figure(4)
plot(y500)
```

运行结果分别如图 4-6(a)～(d)所示。

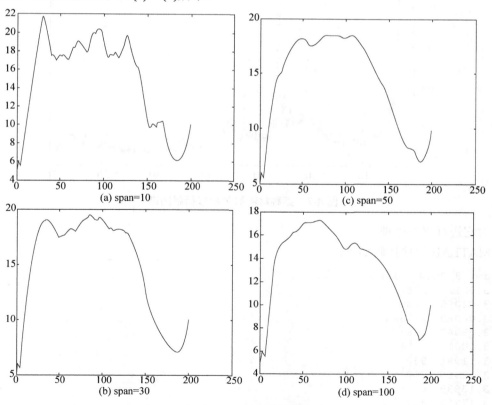

图 4-6　经过平滑处理后的股票价格走势

4.2.2　smoothts 指令

smoothts 指令是另一个数据平滑处理的指令，它采用的数据平滑方法和 smooth 指令不同，主要包括盒子法(默认情况)、高斯窗方法和指数法。它有以下几种调用格式。

① output=smoothts(input)。

② output=smoothts(input,'b',wsize)。其中 b 指平滑方法——盒子法，wsize 指窗宽，默认值是 5。

③ output=smoothts(input,'g',wsize,stdev)。其中 g 指高斯窗法，stdev 指高斯窗法的标准差，默认值是 0.65。

④ output=smoothts(input,'e',n)。其中 e 指指数法，n 指窗宽或指数因子。

例 4-5　图 4-7 是某种材料的 X 射线衍射图谱。

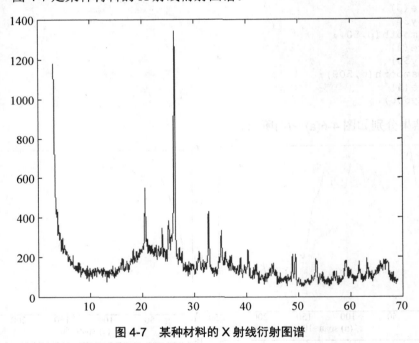

图 4-7　某种材料的 X 射线衍射图谱

对它进行平滑处理。

MATLAB 程序代码如下：

```
a=[ 3.00147  1185
3.02121  1185
3.04095  1185
3.06069  1138
3.08043  1083
3.10017  1004
3.11991  930
3.13965  880
3.15939  841
3.17913  807
```

```
   3.19887   773
   3.21861   742
   3.23835   700
   3.25809   659
   3.27783   626
   3.29757   606
   3.31731   597
   3.33705   584
   3.35679   560
   3.37653   527
   3.39627   486
   3.41601   452
   3.43575   429
   3.45549   421
   3.47523   428
   3.49497   440
   3.51471   450
   3.53445   450
   3.55419   438
   3.57393   425
   3.59367   413
   3.61341   404
   3.63315   405
   3.65289   417
   3.67263   428
   3.69237   434
   3.71211   426
   5.07416   259
   5.0939    251
   5.11364   240
   5.13338   240
   5.15312   244
   5.17286   241
   5.1926    232
   5.21234   225
   5.23207   221
   …           ];      % 部分数据
x=a(:,1);
y=a(:,2);
plot(x,y)
out1=smoothts(y,'b',20)
out2=smoothts(y,'b',50)
out3=smoothts(y,'g',5);
figure(2)
plot(x,out1)
figure(3)
plot(x,out2)
figure(4)
plot(x,out3)
```

运行结果如图 4-8 所示。

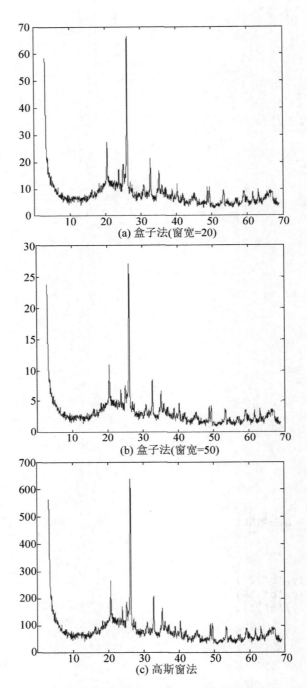

图 4-8　平滑处理后的 X 射线衍射图谱

可以看出，平滑效果不理想。

改用 smooth 进行平滑处理，MATLAB 程序代码如下：

```
a=[...
68.99184 72
```

```
69.01158 73
69.03133 75
69.05106 79
69.0708  83
69.09055 83
69.11028 83  ];    % 部分数据
x=a(:,1);
y=a(:,2);
plot(x,y)
y10=smooth(y,10);
figure(2)
plot(x,y10)
y30=smooth(y,30);
figure(3)
plot(x,y30)
y100=smooth(y,100);
figure(4)
plot(x,y100)
```

运行结果如图 4-9(a)~(c)所示。

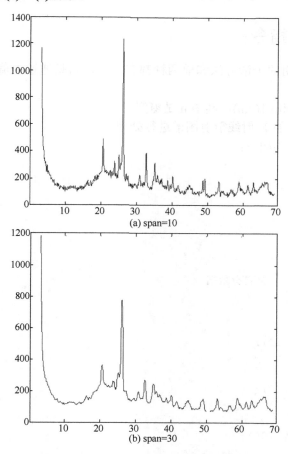

图 4-9　用 smooth 处理的 X 射线衍射图谱

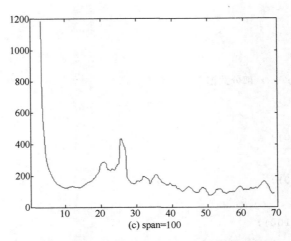

(c) span=100

图 4-9　用 smooth 处理的 X 射线衍射图谱(续)

可以看出，这种方法效果比较好。

4.2.3　medfilt1 指令

medfilt1 指令采用的平滑方法和前两种都有区别，它是通过中值滤波对数据进行平滑处理。

调用格式：y=medfilt1(x,n)。其中 n 是窗宽。

例 4-6　对例 4-5 的 X 射线衍射图谱进行处理。

MATLAB 程序代码如下：

```
a=[......
68.99184 72
69.01158 73
69.03133 75
69.05106 79
69.0708  83
69.09055 83
69.11028 83  ];    % 部分数据
x=a(:,1);
y=a(:,2);
plot(x,y)
y10=medfilt1(y,10);
figure(2)
plot(x,y10)
y30=medfilt1(y,30);
figure(3)
plot(x,y30)
y100=medfilt1(y,100);
figure(4)
plot(x,y100)
```

运行结果如图 4-10(a)～(d)所示。

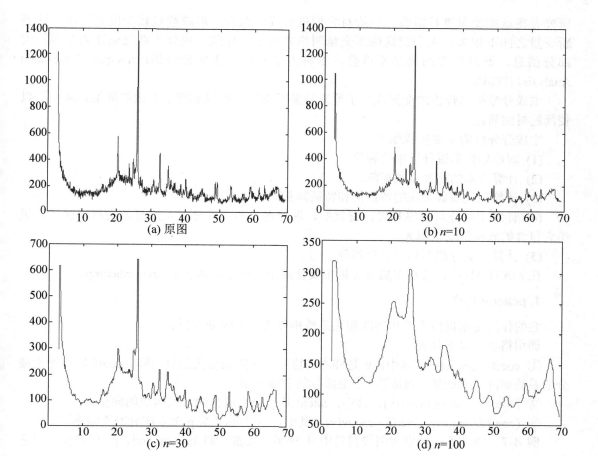

图 4-10 对 X 射线衍射图谱的处理结果

4.3 数据降维

进行数据分析时,数据的维数对整个分析过程影响特别大,包括分析的难度、花费时间以及分析结果的准确性等。在前面介绍的绘图、方差分析、回归分析、最优化、人工神经网络、聚类分析等很多领域中,研究者得出的结果都受到了它的维数影响。所以,人们提出了一个著名的现象——"维数灾难"(Curse of Dimensionality),指随着维数的增加,很多数据分析技术会变得异常困难,它成为多种数据分析技术的瓶颈。

基于这一点,研究者提出了相应的解决办法——数据的降维技术,即设法减少数据的维数,用较少的变量代替原来较多的变量,使问题得到简化。

目前,常用的降维技术有两种,即主成分分析和因子分析。

4.3.1 主成分分析

有的问题的变量(或影响因素)之间存在一定的相关性,它们包含的信息就有所重叠,

研究者将这些变量进行组合，一般对它们进行线性组合，形成数量较少的新变量，这些新变量之间不相关，人们把这些新变量叫作主成分。这些主成分能够反映原来变量的大部分信息，而且所含的信息不重叠，这种方法就叫作主成分分析(Principal Component Analysis，PCA)。

主成分分析用较少的变量代替了原来较多的变量，所以实现了有效的降维，从而可以使问题得到简化。

主成分分析的主要步骤如下。

(1) 对原始数据进行标准化转换。

(2) 计算样本的相关系数矩阵。

(3) 计算相关系数矩阵的特征值和特征向量。

(4) 计算主成分贡献率和累计贡献率，选择重要的主成分。主成分的贡献率越大，说明它包含的原始信息量越大。

(5) 计算主成分载荷和主成分得分。

在 MATLAB 中，进行主成分分析主要使用两个指令，即 pcacov、princomp。

1. pcacov 指令

它的作用是根据协方差矩阵或相关系数矩阵进行主成分分析。

调用格式有以下几种。

① coeff=pcacov(v)。其中，v 是样本的协方差矩阵或相关系数矩阵。coeff 是 p 个主成分的系数矩阵，它的第 i 列是第 i 个主成分的系数向量。

② [coeff,latent]=pcacov(v)。其中，latent 是 p 个主成分的方差构成的向量。

③ [coeff,latent,explained]=pcacov(v)。其中，explained 是 p 个主成分的贡献率。

例 4-7　测试了一批电池阴极材料中 4 种稀有元素，即 la、ce、nd、pr 的含量。对它们进行主成分分析。

MATLAB 程序代码如下：

```
x=[ 0.3170      0.1350      0.2230      0.3250
    0.1760      0.2060      0.1240      0.4940
    0.5280      0.0290      0.3720      0.0710
    0.4330      0.0400      0.4330      0.0950
    0.2700      0.1350      0.2700      0.3250
    0.1500      0.2060      0.1500      0.4940
    0.4500      0.0290      0.4500      0.0710
    0.4050      0.1350      0.1350      0.3250
    0.2250      0.2060      0.0750      0.4940
    0.6750      0.0290      0.2250      0.0710
    0.2880      0.0400      0.5770      0.0950
    0.1000      0.2060      0.2000      0.4940
    0.3000      0.0290      0.6000      0.0710
    0.7940      0.0660      0.1090      0.0310
    0.2770      0.0230      0.5450      0.1550
    0.2720      0.2720      0.3550      0.1010
    0.4300      0.4300      0.1090      0.0310 ];
[r,p]=corrcoef(x)     % 计算样本的相关系数矩阵
[coeff,latent,explained]=pcacov(r)
```

运行结果如下：

```
r = 1.0000    -0.3703    -0.0564    -0.7086
   -0.3703     1.0000    -0.6115     0.3379
   -0.0564    -0.6115     1.0000    -0.5274
   -0.7086     0.3379    -0.5274     1.0000
p = 1.0000     0.1435     0.8299     0.0015
    0.1435     1.0000     0.0091     0.1846
    0.8299     0.0091     1.0000     0.0296
    0.0015     0.1846     0.0296     1.0000
coeff = -0.4474     0.6684    -0.2324     0.5469
         0.5054     0.3135     0.7285     0.3399
        -0.4619    -0.6238     0.3417     0.5298
         0.5753    -0.2565    -0.5463     0.5520
latent = 2.2713
         1.1508
         0.5779
         0.0000
explained = 56.7826
            28.7708
            14.4466
             0.0000
```

从结果可以看出，第 1 个和第 2 个主成分的累积贡献率达到了 85.5534%，所以可以用它们作为新变量，代替原来的 4 个变量，从而实现降维。

2. princomp 指令

它的作用是根据样本的观测值矩阵进行主成分分析。

调用格式有以下几种。

① [coeff,score]=princomp(x)。其中 coeff 是主成分的系数矩阵，它的第 i 列是第 i 个主成分的系数向量；score 是主成分得分矩阵，每行代表一个样本，每列代表一个主成分的得分。

② [coeff,score,latent]=princomp(x)。其中 latent 指样本协方差矩阵的特征值向量。

③ [coeff,score,latent,tsquare]=princomp(x)。其中 tsquare 是样本的 Hotelling T^2 统计值，表示某样本和样本观测矩阵中心间的距离，可以利用它寻找远离中心的极端数据。

例 4-8 对例 4-7 中的数据用 princomp 指令进行主成分分析。

MATLAB 程序代码如下：

```
x=[ 0.3170     0.1350     0.2230     0.3250
    0.1760     0.2060     0.1240     0.4940
    0.5280     0.0290     0.3720     0.0710
    0.4330     0.0400     0.4330     0.0950
    0.2700     0.1350     0.2700     0.3250
    0.1500     0.2060     0.1500     0.4940
    0.4500     0.0290     0.4500     0.0710
    0.4050     0.1350     0.1350     0.3250
    0.2250     0.2060     0.0750     0.4940
    0.6750     0.0290     0.2250     0.0710
    0.2880     0.0400     0.5770     0.0950
```

```
             0.1000      0.2060      0.2000      0.4940
             0.3000      0.0290      0.6000      0.0710
             0.7940      0.0660      0.1090      0.0310
             0.2770      0.0230      0.5450      0.1550
             0.2720      0.2720      0.3550      0.1010
             0.4300      0.4300      0.1090      0.0310 ];
[coeff,score,latent,tsquare]=princomp(x)
per=100*latent/sum(latent)          % 主成分的贡献率
plot(score(:,1),score(:,2),'ko');      % 前两个主成分得分的散点图
```

运行结果如下：

```
coeff = -0.5430    -0.6118    -0.2844     0.5000
         0.2645    -0.1981     0.8004     0.5001
        -0.4070     0.7644     0.0114     0.4999
         0.6852     0.0457    -0.5276     0.5000
score = 0.1232    -0.0231    -0.0406    -0.0000
         0.3747    -0.0189    -0.0340     0.0000
        -0.2541    -0.0289    -0.0498    -0.0001
        -0.2079     0.0748    -0.0259     0.0004
         0.1296     0.0416    -0.0267    -0.0000
         0.3782     0.0169    -0.0263     0.0000
        -0.2434     0.0784    -0.0267    -0.0001
         0.1113    -0.1442    -0.0667    -0.0000
         0.3680    -0.0863    -0.0485     0.0000
        -0.2741    -0.2312    -0.0933    -0.0000
        -0.1878     0.2736     0.0170    -0.0001
         0.3850     0.0857    -0.0115     0.0000
        -0.2230     0.2849     0.0177    -0.0001
        -0.3091    -0.4018    -0.0777    -0.0000
        -0.1322     0.2619    -0.0255    -0.0001
        -0.0233     0.0679     0.2015    -0.0000
        -0.0151    -0.2513     0.3172     0.0000
latent = 0.0658
         0.0349
         0.0108
         0.0000
tsquare=0.4250
         2.2548
         1.4645
        15.0588
         0.4045
         2.2489
         1.4099
         1.2109
         2.4969
         3.6483
         3.0125
         2.4768
         3.4566
         6.7497
```

```
    2.5693
    3.9456
   11.1669
per=59.0270
   31.3160
    9.6570
    0.0000
```

从结果中可以看到，第 1 个和第 2 个主成分的累积贡献率为 90.3430%，所以只用它们两个就可以取代原来的 4 个变量了，实现了降维。

前两个主成分得分的散点图如图 4-11 所示。

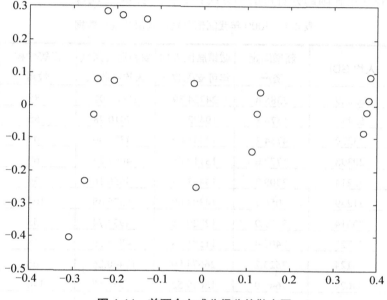

图 4-11　前两个主成分得分的散点图

4.3.2　因子分析

因子分析是另一种常用的降维技术，它的目的是寻找隐含在现有变量里的若干更基本的有代表性的变量并提取出来。这些更基本的变量也叫作公共因子或共性因子。

1. 主要步骤

和主成分分析相反，因子分析是把现有的变量表示为各因子的线性组合，主要步骤如下。

(1) 求样本的相关矩阵。

(2) 求特征值和特征向量。

(3) 计算方差贡献率和累积方差贡献率。

(4) 确定因子。

(5) 进行因子旋转，使因子变量更具有可解释性。

(6) 计算因子得分。

2. 指令

在 MATLAB 中，进行因子分析的指令是 factoran。

调用格式有以下几种。

① [lambda,psi,T]=factoran(x,m,param1,val1,param2,val2,…)。其中，lambda 是因子载荷值；psi 是方差值构成的向量；T 是旋转矩阵；x 是样本数据；m 指公共因子的数量，由用户设置。

② [lambda,psi,T,stats,F]=factoran(x,m)。其中，stats 是相关信息统计；F 是因子得分矩阵。

例 4-9 2009 年我国部分省市的部分统计数据如表 4-1 所示。

表 4-1　2009 年我国部分省市的部分统计数据

省　市	人均 GDP	新增固定资产	城镇居民人均年可支配收入	农村居民家庭人均纯收入	高等学校数量	卫生机构数量
北京	63029	2385.8	24724.89	10661.92	85	6497
天津	55473	1676.8	19422.53	7910.78	55	2784
河北	23239	4734.2	13441.09	4795.46	105	15632
山西	20398	1772.6	13119.05	4097.24	69	9431
内蒙古	32214	3309.3	14432.55	4656.18	39	7162
辽宁	31259	5056.7	14392.69	5576.48	104	14627
吉林	23514	3279.9	12829.45	4932.74	55	9659
黑龙江	21727	2405.4	11581.28	4855.59	78	7928
上海	73124	2523.2	26674.90	11440.26	66	2822
江苏	39622	7645.9	18679.52	7356.47	146	13357
浙江	42214	3434.8	22726.66	9257.93	98	15290
安徽	14485	2849.5	12990.35	4202.49	104	7837
福建	30123	1768.3	17961.45	6196.07	81	4478
江西	14781	2962.5	12866.44	4697.19	82	8229
山东	33083	6852.5	16305.41	5641.43	125	14973
河南	19593	6414	13231.11	4454.24	94	11683
湖北	19860	3053.4	13152.86	4656.38	118	10305
湖南	17521	2478.2	13821.16	4512.46	115	14455
广东	37589	5529.2	19732.86	6399.79	125	15819
广西	14966	1419	14146.04	3690.34	68	10427

对它们进行因子分析。

MATLAB 程序代码如下：

```
x=[ 63029   2385.8  24724.89     10661.92 85 6497
55473    1676.8  19422.53      7910.78 55  2784
```

高等院校计算机教育系列教材

```
23239     4734.2    13441.09      4795.46 105 15632
20398     1772.6    13119.05      4097.24 69  9431
32214     3309.3    14432.55      4656.18 39  7162
31259     5056.7    14392.69      5576.48 104 14627
23514     3279.9    12829.45      4932.74 55  9659
21727     2405.4    11581.28      4855.59 78  7928
73124     2523.2    26674.9       11440.26 66 2822
39622     7645.9    18679.52      7356.47 146 13357
42214     3434.8    22726.66      9257.93 98  15290
14485     2849.5    12990.35      4202.49 104 7837
30123     1768.3    17961.45      6196.07 81  4478
14781     2962.5    12866.44      4697.19 82  8229
33083     6852.5    16305.41      5641.43 125 14973
19593     6414      13231.11      4454.24 94  11683
19860     3053.4    13152.86      4656.38 118 10305
17521     2478.2    13821.16      4512.46 115 14455
37589     5529.2    19732.86      6399.79 125 15819
14966     1419      14146.04      3690.34 68  10427 ];
r=corrcoef(x)
[lambda,psi,T]=factoran(r,3,'xtype','covariance','delta',0,'rotate','non
e')    % 设 3 个公共因子
ctb=100*sum(lambda.^2)/size(x,2)    % 计算贡献率
cumctb=cumsum(ctb)  % 计算累积贡献率
```

运行结果如下：

```
r = 1.0000     -0.0106      0.9247       0.9482      -0.1347     -0.3716
   -0.0106      1.0000     -0.0192      -0.0275       0.6731      0.6449
    0.9247     -0.0192      1.0000       0.9621       0.0114     -0.2433
    0.9482     -0.0275      0.9621       1.0000      -0.0243     -0.2990
   -0.1347      0.6731      0.0114      -0.0243       1.0000      0.6929
   -0.3716      0.6449     -0.2433      -0.2990       0.6929      1.0000
lambda = 0.9742   -0.0107   -0.1460
    0.0000      1.0000    -0.0000
    0.9690     -0.0192     0.1361
    0.9831     -0.0275     0.0660
   -0.0472      0.6731     0.5495
   -0.3091      0.6449     0.4462
psi = 0.0295
    0.0000
    0.0421
    0.0285
    0.2428
    0.2894
T = 1      0      0
    0      1      0
    0      0      1
ctb = 49.2056    31.1700     9.0874
cumctb = 49.2056    80.3755    89.4630
```

设为两个公共因子，运行结果如下：

```
lambda = 0.9582   -0.0716
   -0.0350    0.7609
    0.9691    0.0600
    0.9914    0.0186
   -0.0455    0.8667
   -0.3152    0.8041
psi = 0.0768
    0.4198
    0.0572
    0.0168
    0.2468
    0.2541
T = 1       0
    0       1
ctb = 49.0459    33.0939
cumctb=49.0459    82.1397
```

计算因子得分矩阵 F，MATLAB 程序代码如下：

```
x=[ 63029    2385.8  24724.89      10661.92      85  6497
55473  1676.8  19422.53   7910.78  55  2784
23239  4734.2  13441.09   4795.46  105  15632
20398  1772.6  13119.05   4097.24  69  9431
32214  3309.3  14432.55   4656.18  39  7162
31259  5056.7  14392.69   5576.48  104  14627
23514  3279.9  12829.45   4932.74  55  9659
21727  2405.4  11581.28   4855.59  78  7928
73124  2523.2  26674.9   11440.26  66  2822
39622  7645.9  18679.52   7356.47  146  13357
42214  3434.8  22726.66   9257.93  98  15290
14485  2849.5  12990.35   4202.49  104  7837
30123  1768.3  17961.45   6196.07  81  4478
14781  2962.5  12866.44   4697.19  82  8229
33083  6852.5  16305.41   5641.43  125  14973
19593  6414   13231.11   4454.24  94  11683
19860  3053.4  13152.86   4656.38  118  10305
17521  2478.2  13821.16   4512.46  115  14455
37589  5529.2  19732.86   6399.79  125  15819
14966  1419   14146.04   3690.34  68  10427 ];
r=corrcoef(x)
[lambda,psi,T,stats,F]=factoran(x,3)
ctb=100*sum(lambda.^2)/size(x,2)
cumctb=cumsum(ctb)
```

运行结果如下：

```
lambda = 0.9570   -0.1934     0.1337
    0.0338    0.7078    0.7020
    0.9760   -0.0009   -0.0735
    0.9835   -0.0572   -0.0290
    0.0237    0.8656    0.0849
   -0.2470    0.7958    0.1282
psi = 0.0289
    0.0050
    0.0420
    0.0286
```

```
      0.2430
      0.2892
T = 0.9961   -0.0695    0.0544
    0.0123    0.7199    0.6940
    0.0874    0.6906   -0.7179
stats = loglike: -0.0164
      dfe: 0
F = 2.0258   -0.3329   -0.6858
    0.8551   -2.1202    0.6315
   -0.5207    0.6413    0.2857
   -0.8420   -0.7774   -0.5727
   -0.5371   -1.7984    1.6285
   -0.1821    0.3520    0.8148
   -0.6829   -0.9321    0.7363
   -0.7848   -0.8426   -0.0182
    2.4164   -1.1497    0.2205
    0.7119    1.7285    1.3793
    1.3715    1.4779   -1.6762
   -0.8554    0.2174   -0.7492
    0.0950   -0.4109   -1.0072
   -0.8057   -0.0605   -0.3915
    0.0527    1.1148    1.4211
   -0.7126    0.4464    1.7719
   -0.6269    0.4368   -0.8090
   -0.6130    0.8827   -1.7022
    0.5502    1.4406    0.0419
   -0.9155   -0.3136   -1.3195
ctb = 48.3080   32.0705    9.0100
cumctb = 48.3080   80.3785   89.3885
```

设为两个公共因子，运行结果如下：

```
lambda=0.9506   -0.1395
    0.0192    0.7614
    0.9709   -0.0090
    0.9902   -0.0520
    0.0162    0.8677
   -0.2572    0.8245
psi=0.0768
    0.4198
    0.0572
    0.0168
    0.2468
    0.2541
T=0.9975   -0.0711
    0.0711    0.9975
stats=loglike: -0.4025
      dfe: 4
      chisq: 5.9702
       p: 0.2014
F=2.0527   -0.4390
    0.8380   -1.6906
   -0.5206    0.9140
   -0.8700   -0.8071
   -0.5718   -1.3999
```

```
     -0.1730      0.8337
     -0.6024     -0.8186
     -0.6868     -0.7390
      2.4286     -1.1330
      0.7126      1.9512
      1.4202      0.9100
     -0.8460     -0.1513
      0.0756     -0.9486
     -0.7204     -0.4683
     -0.0057      1.5382
     -0.6787      0.5445
     -0.6263      0.3662
     -0.6502      0.7025
      0.4157      1.5465
     -0.9917     -0.7112
ctb=48.2287    33.9110
cumctb=48.2287    82.1397
```

习　　题

1. 对下述数据进行标准化变换：

a=[0.002 0.005 0.001 0.008 0.003];

b=[324　545　269　871　136];

c=[0.3　0.5 0.2　0.8　0.4]。

2. 对上题的数据进行极差归一化变换。

3. 用 smooth 指令对下面的图谱(见图 4-12)进行平滑去噪处理。

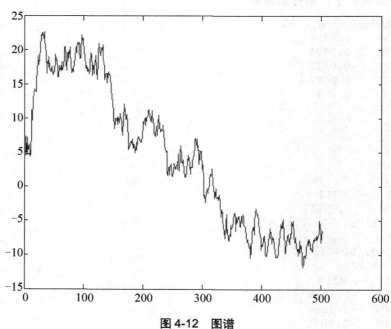

图 4-12　图谱

注：在图 4-12 中，x=[1:1:500]。

```
y=[0.5377   1.8339    -2.2588    0.8622     0.3188     -1.3077    -0.4336    0.3426
3.5784     2.7694    -1.3499    3.0349     0.7254     -0.0631    0.7147     -0.2050
-0.1241    1.4897     1.4090     1.4172     0.6715     -1.2075    0.7172     1.6302
0.4889     1.0347     0.7269     -0.3034    0.2939     -0.7873    0.8884     -1.1471
-1.0689    -0.8095    -2.9443    1.4384     0.3252     -0.7549    1.3703     -1.7115
-0.1022    -0.2414    0.3192     0.3129     -0.8649    -0.0301    -0.1649    0.6277
1.0933     1.1093     -0.8637    0.0774     -1.2141    -1.1135    -0.0068    1.5326
-0.7697    0.3714     -0.2256    1.1174     -1.0891    0.0326     0.5525     1.1006
1.5442     0.0859     -1.4916    -0.7423    -1.0616    2.3505     -0.6156    0.7481
-0.1924    0.8886     -0.7648    -1.4023    -1.4224    0.4882     -0.1774    -0.1961
1.4193     0.2916     0.1978     1.5877     -0.8045    0.6966     0.8351     -0.2437
0.2157     -1.1658    -1.1480    0.1049     0.7223     2.5855     -0.6669    0.1873
-0.0825    -1.9330    -0.4390    -1.7947    0.8404     -0.8880    0.1001     -0.5445
0.3035     -0.6003    0.4900     0.7394     1.7119     -0.1941    -2.1384    -0.8396
1.3546     -1.0722    0.9610     0.1240     1.4367     -1.9609    -0.1977    -1.2078
2.9080     0.8252     1.3790     -1.0582    -0.4686    -0.2725    1.0984     -0.2779
0.7015     -2.0518    -0.3538    -0.8236    -1.5771    0.5080     0.2820     0.0335
-1.3337    1.1275     0.3502     -0.2991    0.0229     -0.2620    -1.7502    -0.2857
-0.8314    -0.9792    -1.1564    -0.5336    -2.0026    0.9642     0.5201     -0.0200
-0.0348    -0.7982    1.0187     -0.1332    -0.7145    1.3514     -0.2248    -0.5890
-0.2938    -0.8479    -1.1201    2.5260     1.6555     0.3075     -1.2571    -0.8655
-0.1765    0.7914     -1.3320    -2.3299    -1.4491    0.3335     0.3914     0.4517
-0.1303    0.1837     -0.4762    0.8620     -1.3617    0.4550     -0.8487    -0.3349
0.5528     1.0391     -1.1176    1.2607     0.6601     -0.0679    -0.1952    -0.2176
-0.3031    0.0230     0.0513     0.8261     1.5270     0.4669     -0.2097    0.6252
0.1832     -1.0298    0.9492     0.3071     0.1352     0.5152     0.2614     -0.9415
-0.1623    -0.1461    -0.5320    1.6821     -0.8757    -0.4838    -0.7120    -1.1742
-0.1922    -0.2741    1.5301     -0.2490    -1.0642    1.6035     1.2347     -0.2296
-1.5062    -0.4446    -0.1559    0.2761     -0.2612    0.4434     0.3919     -1.2507
-0.9480    -0.7411    -0.5078    -0.3206    0.0125     -3.0292    -0.4570    1.2424
-1.0667    0.9337     0.3503     -0.0290    0.1825     -1.5651    -0.0845    1.6039
0.0983     0.0414     -0.7342    -0.0308    0.2323     0.4264     -0.3728    -0.2365
2.0237     -2.2584    2.2294     0.3376     1.0001     -1.6642    -0.5900    -0.2781
0.4227     -1.6702    0.4716     -1.2128    0.0662     0.6524     0.3271     1.0826
1.0061     -0.6509    0.2571     -0.9444    -1.3218    0.9248     0.0000     -0.0549
0.9111     0.5946     0.3502     1.2503     0.9298     0.2398     -0.6904    -0.6516
1.1921     -1.6118    -0.0245    -1.9488    1.0205     0.8617     0.0012     -0.0708
-2.4863    0.5812     -2.1924    -2.3193    0.0799     -0.9485    0.4115     0.6770
0.8577     -0.6912    0.4494     0.1006     0.8261     0.5362     0.8979     -0.1319
-0.1472    1.0078     -2.1237    -0.5046    -1.2706    -0.3826    0.6487     0.8257
-1.0149    -0.4711    0.1370     -0.2919    0.3018     0.3999     -0.9300    -0.1768
-2.1321    1.1454     -0.6291    -1.2038    -0.2539    -1.4286    -0.0209    -0.5607
2.1778     1.1385     -2.4969    0.4413     -1.3981    -0.2551    0.1644     0.7477
-0.2730    1.5763     -0.4809    0.3275     0.6647     0.0852     0.8810     0.3232
-0.7841    -1.8054    1.8586     -0.6045    0.1034     0.5632     0.1136     -0.9047
-0.4677    -0.1249    1.4790     -0.8608    0.7847     0.3086     -0.2339    -1.0570
-0.2841    -0.0867    -1.4694    0.1922     -0.8223    -0.0942    0.3362     -0.9047
-0.2883    0.3501     -1.8359    1.0360     2.4245     0.9594     -0.3158    0.4286
```

```
-1.0360    1.8779    0.9407    0.7873   -0.8759    0.3199   -0.5583   -0.3114
-0.5700   -1.0257   -0.9087   -0.2099   -1.6989    0.6076   -0.1178    0.6992
 0.2696    0.4943   -1.4831   -1.0203   -0.4470    0.1097    1.1287   -0.2900
 1.2616    0.4754    1.1741    0.1269   -0.6568   -1.4814    0.1555    0.8186
-0.2926   -0.5408   -0.3086   -1.0966   -0.4930   -0.1807    0.0458   -0.0638
 0.6113    0.1093    1.8140    0.3120    1.8045   -0.7231    0.5265   -0.2603
 0.6001    0.5939   -2.1860   -1.3270   -1.4410    0.4018    1.4702   -0.3268
 0.8123    0.5455   -1.0516    0.3975   -0.7519    1.5163   -0.0326    1.6360
-0.4251    0.5894   -0.0628   -2.0220   -0.9821    0.6125   -0.0549   -1.1187
-0.6264    0.2495   -0.9930    0.9750   -0.6407    1.8089   -1.0799    0.1992
-1.5210   -0.7236   -0.5933    0.4013    0.9421    0.3005   -0.3731    0.8155
 0.7989    0.1202    0.5712    0.4128   -0.9870    0.7596   -0.6572   -0.6039
 0.1769   -0.3075   -0.1318    0.5954    1.0468   -0.1980    0.3277   -0.2383
 0.2296    0.4400   -0.6169    0.2748    0.6011    0.0923    1.7298   -0.6086
-0.7371   -1.7499    0.9105    0.8671]。
```

4. 用 smoothts 指令对第 3 题中的图谱进行平滑处理。

5. 用 medfilt1 指令对第 3 题中的图谱进行平滑处理。

6. 湖泊营养化的 5 个指标包括：表 4-2 所列出的数据。

表 4-2　湖泊营养化指标

总 N/(mg/L)	总 P/(mg/L)	叶绿素/(mg/L)	COD/(mg/L)	透明度	富营养化类型
0.5	0.876	0.0098	4.5	0.3	重度
0.034	0.348	0.005	3.3	2.9	中度
0.12	0.789	0.0078	5.6	0.1	重度
0.02	0.467	0.0075	3.6	1.9	中度
0.085	0.666	0.0089	1.3	5.9	轻度
0.67	0.9	0.0075	5	0.8	重度
0.00035	0.0346	0.003	2	7	轻度
0.8	0.899	0.01	3.9	1.1	重度
0.00047	0.0456	0.005	2.1	6.9	轻度
0.00023	0.0125	0.001	1.2	8.5	轻度
0.027	0.232	0.003	4.2	2.2	中度
0.9	0.856	0.0065	4.9	0.6	重度
0.003	0.445	0.0067	4.8	1	中度
0.0005	0.101	0.0012	1.7	7.4	轻度
0.025	0.578	0.008	2.345	2.7	中度

对它们进行主成分分析。

7. 对第 6 题中的 5 个指标进行因子分析。

第5章　绘图与数据可视化 I——二维绘图

很多人经常遇到这样的情况：自己搜集了一些实验数据，但看不出它们间存在的规律。这是因为，在多数时候，数据本身比较枯燥，尤其当数量很多时，人们不容易从中看出太多的信息。而如果把数据绘制成图形，实现数据的可视化，就能比较容易地发现它们间蕴含的信息了，这就是常说的"一图胜千言"的意思。

MATLAB 的绘图功能强大、丰富，可以方便地绘制多种图形，包括二维、三维以及一些特殊图形，如四维、动画等。还可以对图形的要素进行调整和控制，如线型、颜色、标注、视角、光线等，从而对图形进行丰富的处理和渲染，增强它们的表现效果，因而能够更好地表现数据包含的信息。

本章介绍 MATLAB 的二维绘图功能。

5.1　二　维　曲　线

二维曲线是最常用的图形，能够很直接、方便地表达数据信息，所以应用十分广泛。

5.1.1　二维曲线的绘制

在 MATLAB 中，绘制二维曲线常使用的指令是 plot 指令，它有多种调用格式。

① plot(x)。如果 x 是向量，则以各元素为纵坐标、以每个元素的下标为横坐标绘制曲线；如果 x 是一个 m×n 矩阵，则按列绘制 n 条曲线，纵坐标分别是每列元素的值，横坐标是每个元素对应的下标。

② plot(x,y)。如果 x、y 是同维向量，则分别以 x、y 的元素为横、纵坐标绘制曲线。如果 x 是向量，y 是有一维与 x 相等的矩阵，则绘制多条不同颜色的曲线，曲线的数目等于 y 的另一个维数，x 是这些曲线的共同横坐标。如果 x 是矩阵，y 是向量，情况和上面相反。如果 x、y 是同维矩阵，就以 x、y 对应的列元素分别为横、纵坐标绘制多条曲线，曲线的数目等于矩阵的行数。

③ plot(x1,y1,x2,y2,…)。用于绘制多条曲线。

例 5-1　研究者测试周一至周日的气温变化情况，如表 5-1 所示。

表 5-1　周一至周日的气温变化

日期	周一	周二	周三	周四	周五	周六	周日
温度/°C	21	22	21	23	22	24	24

绘制温度-日期曲线。

MATLAB 程序代码如下：

```
a=[21 22 21 23 22 24 24];
plot(a)
```

运行结果如图 5-1 所示。

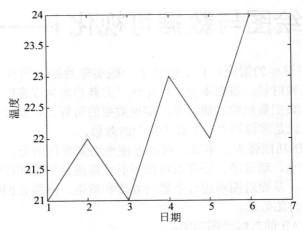

图 5-1　温度-日期曲线

例 5-2　为研究材料的碳含量对硬度的影响，某研究者测出了一组实验数据，如表 5-2 所示。

表 5-2　碳含量对硬度的影响

碳含量	0.1	0.2	0.3	0.4	0.5	0.6
硬度	22	26	35	46	52	58

绘制碳含量与硬度的关系曲线。

MATLAB 程序代码如下：

```
x=[0.1 0.2 0.3 0.4 0.5 0.6];
y=[22 26 35 46 52 58];
plot(x,y)
```

运行结果如图 5-2 所示。

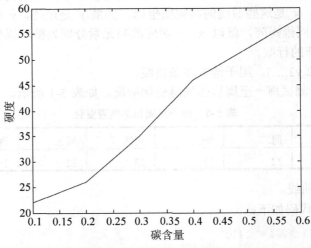

图 5-2　碳含量~硬度曲线

例 **5-3** 为了研究某种材料的硅含量对硬度、强度、韧性的影响，某研究者测出了表 5-3 中的实验数据。

表 5-3 硅含量对硬度、强度、韧性的影响

硅含量	0.1	0.2	0.3	0.4	0.5	0.6
硬度	22	26	35	46	52	58
强度	152	161	184	220	245	263
韧性	67	75	63	56	48	45

绘制它们的曲线图。

MATLAB 程序代码如下：

```
x=[0.1 0.2 0.3 0.4 0.5 0.6];
y=[22 26 35 46 52 58
152 161 184 220 245 263
67 75 63 56 48 45];
plot(x,y)
```

运行结果如图 5-3 所示。

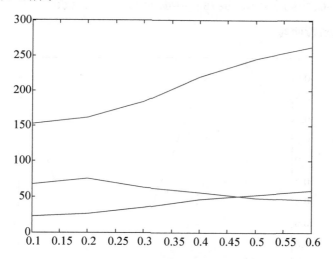

图 5-3 硅含量对硬度、强度、韧性的影响

或者使用 plot 的第三种调用方式编程，MATLAB 程序代码如下。

```
x=[0.1 0.2 0.3 0.4 0.5 0.6];
h=[22 26 35 46 52 58];
s=[152 161 184 220 245 263];
d=[67 75 63 56 48 45];
plot(x,h,x,s,x,d)
```

得到的图形与图 5-3 相同。

5.1.2 函数图形的绘制

有时人们需要把一些函数表达式绘制成图形，绘制方法有下面几种。

1. 使用 plot 指令

例 5-4 绘制函数 $y=\sin x$ 的图形。

MATLAB 程序代码如下：

```
x=0:pi/10:2*pi        % 在 0-2pi 范围内，每隔 pi/10 取一个值
y=sin(x)              % 把所取的 x 值对应的 y 值计算出来
plot(x,y)             % 以 x 为横坐标、y 为纵坐标，绘制曲线
```

运行结果如下：

```
x = 0      0.3142     0.6283     0.9425     1.2566     1.5708     1.8850     2.1991
2.5133     2.8274     3.1416     3.4558     3.7699     4.0841     4.3982     4.7124
5.0265     5.3407     5.6549     5.9690     6.2832
y = 0      0.3090     0.5878     0.8090     0.9511     1.0000     0.9511     0.8090
0.5878     0.3090     0.0000     -0.3090    -0.5878    -0.8090    -0.9511    -1.0000
-0.9511    -0.8090    -0.5878    -0.3090    -0.0000
```

图 5-4 所示为函数曲线。

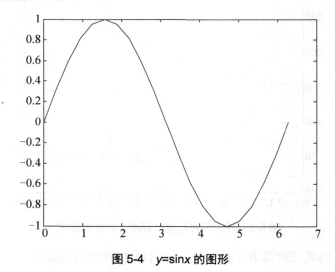

图 5-4 $y=\sin x$ 的图形

例 5-5 把 $y_1=\sin x$、$y_2=\cos x$、$y_3=\ln x$ 的曲线绘制在一张图中。

MATLAB 程序代码如下：

```
x=0:pi/10:2*pi
y1=sin(x)
y2=cos(x)
y3=log(x)
y=[y1
y2
```

```
y3];
plot(x,y)
```

运行结果如下：

```
x = 0      0.3142    0.6283    0.9425    1.2566    1.5708    1.8850    2.1991
2.5133    2.8274    3.1416    3.4558    3.7699    4.0841    4.3982    4.7124
5.0265    5.3407    5.6549    5.9690    6.2832
y1= 0      0.3090    0.5878    0.8090    0.9511    1.0000    0.9511    0.8090
0.5878    0.3090    0.0000    -0.3090   -0.5878   -0.8090   -0.9511   -1.0000
-0.9511   -0.8090   -0.5878   -0.3090   -0.0000
y2 =  1.0000    0.9511    0.8090    0.5878    0.3090    0.0000    -0.3090
-0.5878   -0.8090   -0.9511   -1.0000   -0.9511   -0.8090   -0.5878   -
0.3090    -0.0000    0.3090    0.5878    0.8090    0.9511    1.0000
y3 =     -Inf   -1.1579   -0.4647   -0.0592    0.2284    0.4516    0.6339
0.7881    0.9216    1.0394    1.1447    1.2400    1.3271    1.4071    1.4812
1.5502    1.6147    1.6754    1.7325    1.7866    1.8379
```

图 5-5 所示为曲线图。

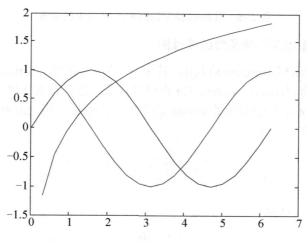

图 5-5　y_1=sin$x$、y_2=cos$x$、y_3=ln$x$ 的曲线

2. 用 fplot 指令绘制函数曲线

与 plot 指令相比，fplot 指令的优点是它的绘图数据点是自适应产生的，包括自变量和因变量。当不需要过多的数据点时，比如在曲线比较平坦的位置，这条指令取的数据点比较稀疏，而在曲线变化剧烈的位置，它就会自动取较密的数据点。

fplot 指令的调用格式有以下两种。

① fplot(f,[xmin,xmax])。作用是绘制函数 f 的曲线图，xmin、xmax 是 x 轴的坐标范围。

② fplot(f,[xmin xmax ymin ymax])。作用是绘制函数 f 的曲线图，xmin、xmax、ymin、ymax 分别是 x 轴和 y 轴的坐标范围。

例 5-6　用 fplot 指令绘制函数 sin$x$ 的曲线，横坐标范围为[0 2*pi]，纵坐标范围为[-2 2]。

MATLAB 程序代码如下：

```
fplot('sin(x)',[0 2*pi -2 2])
```

运行结果如图 5-6 所示。

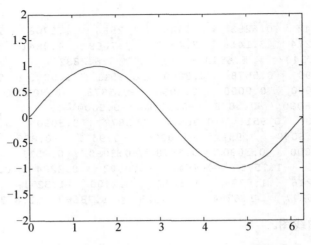

图 5-6　用 fplot 指令绘制的函数 sinx 的曲线

3. 用 ezplot 指令绘制符号函数的曲线图

调用格式：ezplot(f,[xmin,xmax],fig)。其中 f 是符号函数，xmin、xmax 是自变量范围，fig 是指定图形窗口(xmin、xmax、fig 也可以省略，程序按 MATLAB 的默认值绘图)。

例 5-7　用 ezplot 指令绘制函数 $y=\sin x$ 的图形，自变量范围为[0 4*pi]。

MATLAB 程序代码如下：

```
syms x;
y=sin(x);
ezplot(y,[0 4*pi])
```

运行结果如图 5-7 所示。

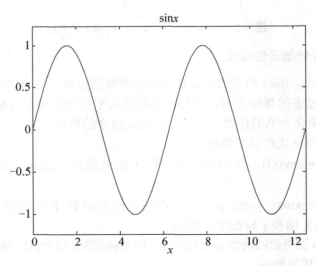

图 5-7　用 ezplot 指令绘制的函数 $y=\sin x$ 的图形

5.2　二　维　图　形

除了二维曲线外，二维图形还包括其他一些形式，如直方图、饼形图、阶梯图、误差棒图等，它们在一些领域中应用很多，能够很好地表达相关的信息。

5.2.1　直方图

在统计领域，经常使用直方图表示一些数据，看起来很直观、漂亮，容易看出数据的变化趋势。

绘制直方图的指令为 bar 和 barh。bar 的作用是绘制垂直直方图，barh 的作用是绘制水平直方图。具体调用格式如下。

①　bar(x,y)或 barh(x,y)。分别以向量 x、y 的值为横、纵坐标，绘制直方图。

②　bar(y) 或 barh(y)。以 y 向量的值为纵坐标，以每个值对应的下标为横坐标，绘制直方图。

例 5-8　某企业 1—6 月份的利润如表 5-4 所示。

表 5-4　某企业 1—6 月份的利润

月份	1	2	3	4	5	6
利润/百万元	2.3	2.6	2.8	3.2	3.6	3.9

绘制其垂直直方图。

MATLAB 程序代码如下：

```
y=[2.3 2.6 2.8 3.2 3.6 3.9];
bar(y)
```

运行结果如图 5-8 所示。

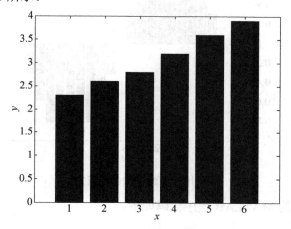

图 5-8　垂直直方图

还可以绘制水平直方图。MATLAB 程序代码如下：

```
y=[2.3 2.6 2.8 3.2 3.6 3.9];
barh(y)
```

运行结果如图 5-9 所示。

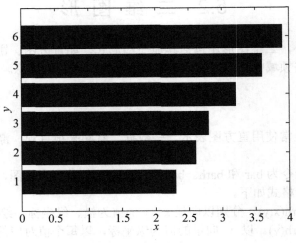

图 5-9　水平直方图

例 5-9　绘制 $y=\sin x$ 的直方图。

绘制垂直直方图的 MATLAB 程序代码如下：

```
x=0:pi/10:2*pi;
y=sin(x);
bar(x,y)
```

运行结果如图 5-10 所示。

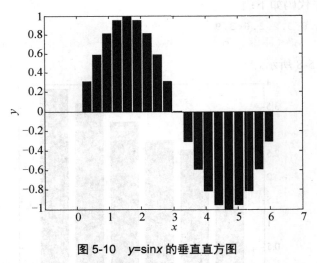

图 5-10　$y=\sin x$ 的垂直直方图

绘制水平直方图的 MATLAB 程序代码如下：

```
x=0:pi/10:2*pi;
y=sin(x);
barh(x,y)
```

运行结果如图 5-11 所示。

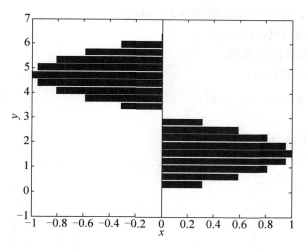

图 5-11 *y*=sin*x* 的水平直方图

5.2.2 饼形图

在统计领域里，饼形图是另一种常用的图形，经常用来表示不同要素的构成比例。

绘制饼形图的指令为：pie。

调用格式：pie(x)。

例 5-10 某单位员工的年龄构成情况为：50 岁及以上的两名，40～49 岁之间的 3 名，30～39 岁之间的两名，29 岁及以下的一名。用饼形图表示其年龄构成情况。

MATLAB 程序代码如下：

```
a=[2 3 2 1];
pie(a)
```

运行结果如图 5-12 所示。

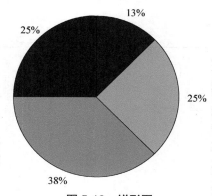

图 5-12 饼形图

5.2.3 阶梯图

阶梯图的形状和直方图有些类似，但形式更简单。

在 MATLAB 中，绘制阶梯图的指令为：stairs。

调用格式：stairs(y)或 stairs(x,y)。

例 5-11 绘制数据的阶梯图。

MATLAB 程序代码如下：

```
y=[2.3 2.6 2.8 3.2 3.6 3.9];
stairs(y)
```

运行结果如图 5-13 所示。

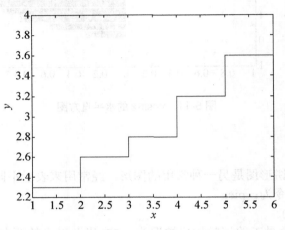

图 5-13 阶梯图

例 5-12 绘制 y=sinx 的阶梯图。

MATLAB 程序代码如下：

```
x=0:pi/10:2*pi;
y=sin(x);
stairs(x,y)
```

运行结果如图 5-14 所示。

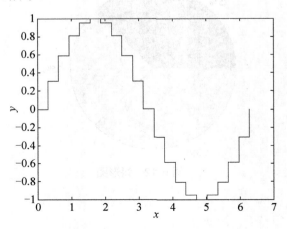

图 5-14 y=sinx 的阶梯图

5.2.4　频数分布直方图

频数分布直方图可以表示样本中元素的频数分布情况，在统计领域里，这种图经常使用。

在 MATLAB 中，绘制频数分布直方图的指令为：hist。

调用格式：hist(x,n)。其中，x 是向量，n 表示分组数目，默认值为 10。

例 5-13　绘制向量 x 的频数分布直方图。

MATLAB 程序代码如下：

```
x=[27 23 25 27 29 31 27 30 32 21 28 26 27 29 28 24 26 27 28
30];
hist(x,5)
```

运行结果如图 5-15 所示。

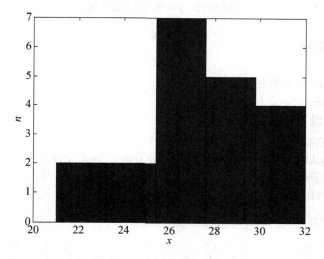

图 5-15　频数分布直方图

5.2.5　火柴杆图

火柴杆图是一种比较形象的图形，它可以清楚地标明函数的最大值和最小值。

绘制火柴杆图的指令为：stem。

调用格式有以下两个。

① stem(x)。以向量 x 的元素值为纵坐标，以每个元素的下标为横坐标。

② stem(x,y)。分别以向量 x 和 y 的元素为横坐标和纵坐标。

例 5-14　绘制函数 y=sinx 的火柴杆图。

MATLAB 程序代码如下：

```
x=0:pi/10:2*pi;
y=sin(x);
stem(x,y)
```

运行结果如图 5-16 所示。

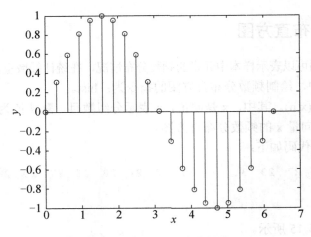

图 5-16　$y=\sin x$ 的火柴杆图

5.2.6　误差棒图

误差棒图可以标明函数的误差值。

绘制指令为：errorbar。

调用格式包括以下两种。

① errorbar(x,y,e)。其中 e 表示误差。

② errorbar(x,y,l,u)。其中 l 表示误差下限，u 表示误差上限。

例 5-15　绘制函数 $y=\sin(x)$ 的误差棒图，误差为 0.05。

MATLAB 程序代码如下：

```
x=0:pi/10:2*pi;
y=sin(x);
e=[0.05 0.05  0.05  0.05 0.05  0.05  0.05 0.05  0.05  0.05 0.05  0.05
0.05 0.05  0.05  0.05 0.05  0.05  0.05 0.05  0.05 ];
errorbar(x,y,e)
```

运行结果如图 5-17 所示。

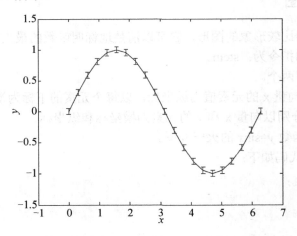

图 5-17　$y=\sin x$ 的误差棒图(误差为 0.05)

例 5-16　绘制函数 $y=\sin(x)$ 的误差棒图，误差下限为 0.05、上限为 0.2。

MATLAB 程序代码如下：

```
x=0:pi/10:2*pi;
y=sin(x);
u=[0.2 0.2 0.2 0.2 0.2 0.2 0.2 0.2 0.2 0.2 0.2 0.2 0.2 0.2 0.2 0.2
0.2 0.2 0.2 0.2];
l=[0.05 0.05 0.05 0.05 0.05 0.05 0.05 0.05 0.05 0.05 0.05 0.05
0.05 0.05 0.05 0.05 0.05 0.05 0.05 0.05 0.05 ];
errorbar(x,y,l,u)
```

运行结果如图 5-18 所示。

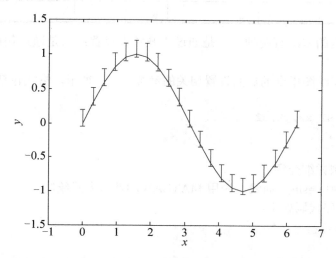

图 5-18　$y=\sin x$ 的误差棒图(误差下限为 0.05、上限为 0.2)

5.3　图形要素的设置和控制

　　图形由多个要素构成，如曲线、面、坐标轴、网格线等。这些要素也是由若干个要素构成的。比如：对曲线来说，包括颜色、线型、粗细等。

　　大家都明白，图形的这些要素对图形的表达效果有很大的影响，在前面部分绘制的图形里，多数要素使用的是 MATLAB 软件的默认值，但在很多时候，研究者都希望用自己喜欢的要素绘制图形，提高图形的表现效果。MATLAB 提供了设置和控制这些要素的方法，允许用户自己设置或控制它们。本部分就介绍这些方法，让读者绘制出自己想要的图形。

5.3.1　曲线的设置

　　曲线要素主要包括线型、颜色、宽度和点。表 5-5 中列出了线型、颜色和点的类型及各自的表示符号。

表 5-5　曲线线型、颜色和点的类型及表示符号

线 型		颜 色		点	
类 型	符 号	类 型	符 号	类 型	符 号
实线	-	红	r(red)	黑点	●
虚线	:	蓝	b	圆	o
点画线	-.	绿	g	星号	*
双画线	--	黄	y(yellow)	加号	+
		黑	k	叉号	X
		白	w		

　　设置曲线要素的方法有两种：一是通过"开关"设置；二是通过句柄设置。本书主要使用第一种方法。

　　"开关"指在绘图指令的后面设置相关的参数，用 s 表示，格式包括：

```
plot(x,y,s)
plot(x1,y1,s1,x2,y2,s2,......)
bar(x,s)
......
```

下面通过实例详细介绍。

例 5-17　绘制 $y=\sin(x)$ 曲线。先用 MATLAB 的默认方式绘制。

MATLAB 程序代码如下：

```
x=0:pi/10:2*pi;
y=sin(x) ;
plot(x,y)
```

运行结果如图 5-19 所示。

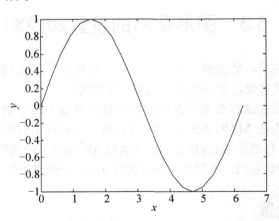

图 5-19　以 MATLAB 默认方式绘制的 $y=\sin(x)$ 曲线

1. 颜色设置

颜色设置是指设置图形的颜色。

例 5-18　把函数 y 的曲线颜色设置为红色。

MATLAB 程序代码如下：

```
x=0:pi/10:2*pi;
y=sin(x);
plot(x,y,'r')   %  "r"表示红色(red)
```

运行结果如图 5-20 所示。

2. 线宽设置

线宽设置是指设置线型的宽度，具体数据可以取为 0.25、0.5、0.75、1、2、5、…。在 MATLAB 中设置线宽的指令为：linewidth。

例 5-19　把曲线的宽度设置为 5。

MATLAB 程序代码如下：

```
x=0:pi/10:2*pi
y=sin(x)
plot(x,y,'r', 'linewidth',5)
```

运行结果如图 5-21 所示。

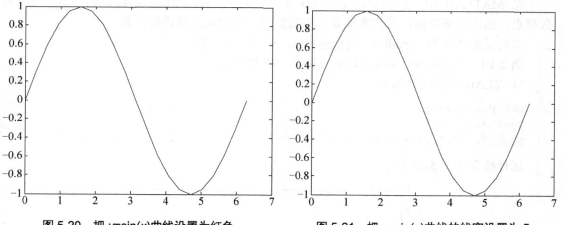

图 5-20　把 *y*=sin(*x*)曲线设置为红色　　　　　图 5-21　把 *y*=sin(*x*)曲线的线宽设置为 5

3. 线型设置

线型设置是指设置图形的线型，包括实线、虚线、点画线、双画线等。

例 5-20　把线型设置为虚线。

MATLAB 程序代码如下：

```
x=0:pi/10:2*pi
y=sin(x)
plot(x,y,'r:', 'linewidth',5)    %  ":"表示虚线
```

运行结果如图 5-22 所示。

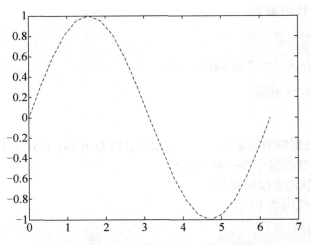

图 5-22　把 y=sin(x)曲线的线型设置为虚线

4. 点的设置

在 MATLAB 中，点的标记没有默认值，如果不设置，绘制的曲线里就看不到所取的数据点。但在很多时候，用户需要显示出数据点，所以就需要进行设置。

点的设置指令为：marker。类型包括 o、+、*、·、×等。

例 5-21　在 y=sin(x)曲线中显示点标记，类型为 o。

MATLAB 程序代码如下：

```
x=0:pi/10:2*pi
y=sin(x)
plot(x,y,'r', 'marker','o')
```

运行结果如图 5-23 所示。

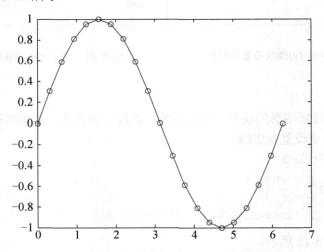

图 5-23　在 y=sin(x)曲线中显示点标记(类型为 o)

点标的大小也可以设置，指令为：markersize，可取为 6、9、12、15、18 等。

例 5-22 将 $y=\sin(x)$ 曲线中的点标尺寸设置为 20。

MATLAB 程序代码如下：

```
x=0:pi/10:2*pi
y=sin(x)
plot(x,y,'r', 'marker','o','markersize',20)   % 将点标的大小设置为 20
```

运行结果如图 5-24 所示。

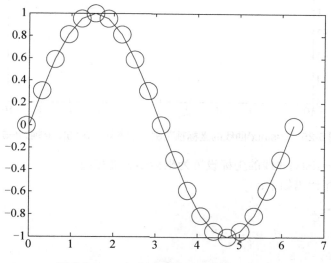

图 5-24 $y=\sin(x)$曲线中的点标尺寸为 20

5.3.2 坐标轴的设置

在 MATLAB 中，坐标轴用指令 axis 表示。坐标轴的长度、刻度、类型、显示方式等都可以根据需要进行设置。

1. 长度和刻度设置

设置长度和刻度的方法如下。

① axis([xmin,xmax,ymin,ymax])：设置坐标轴的刻度范围。

② axis('square')：各坐标轴的长度相同。

③ axis('equal')：各坐标轴的刻度增量相等。

例 5-23 将 $y=\sin(x)$ 曲线的坐标轴范围设置为：x 轴为[-10 10]，y 轴为[-5 5]。

MATLAB 程序代码如下：

```
x=0:pi/10:2*pi;
y=sin(x);
plot(x,y)
axis([-10,10,-5,5])
```

运行结果如图 5-25 所示。

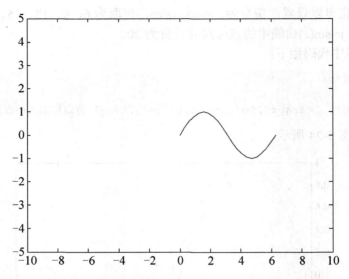

图 5-25　y=sin(x)曲线的坐标轴范围：x 轴为[-10 10]、y 轴为[-5 5]

例 5-24　将 y=sin(x)曲线的坐标设置为坐标轴长度相同。

MATLAB 程序代码如下：

```
x=0:pi/10:2*pi
y=sin(x)
plot(x,y)
axis([-10,10,-5,5])
axis('square')
```

运行结果如图 5-26 所示。

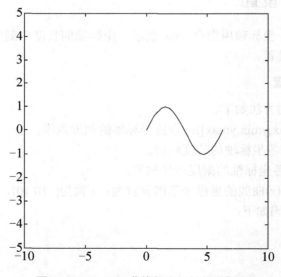

图 5-26　y=sin(x)曲线的坐标轴长度相同

例 5-25　将 $y=\sin(x)$ 曲线的坐标设置为各坐标轴的刻度增量相同。

MATLAB 程序代码如下：

```
x=0:pi/10:2*pi
y=sin(x)
plot(x,y)
axis([-10,10,-5,5])
axis(' equal')
```

运行结果如图 5-27 所示。

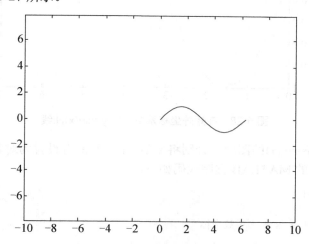

图 5-27　$y=\sin(x)$ 曲线的坐标轴刻度增量相同

2. 坐标类型设置

设置坐标类型的方法包括以下几种。

① axis('xy')：设置为直角坐标，也叫笛卡儿坐标，是 MATLAB 默认的类型。

② axis('ij')：设置为矩阵坐标。

③ semilog：设置为对数坐标。其中，semilogx 指将 x 轴设置为对数坐标，semilogy 指将 y 轴设置为对数坐标，loglog 指将 x、y 轴均设置为对数坐标。

polar：设置为极坐标。

例 5-26　在矩阵坐标系中绘制 $y=\sin(x)$ 的图形。

MATLAB 程序代码如下：

```
x=0:pi/10:2*pi
y=sin(x)
plot(x,y)
axis('ij')
```

运行结果如图 5-28 所示。

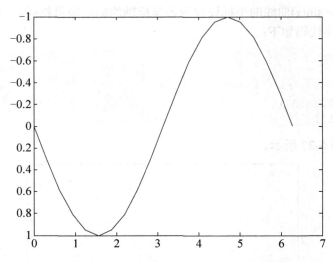

图 5-28　在矩阵坐标系中绘制 y=sin(x)曲线

例 5-27　绘制 $y=\sin(x)$ 的图形，分别将 x 轴、y 轴和两者设置为对数坐标。

x 轴为对数坐标的 MATLAB 程序代码如下：

```
x=0:pi/10:2*pi
y=sin(x)
semilogx(x,y)  % x 轴为对数坐标
```

运行结果如图 5-29 所示。

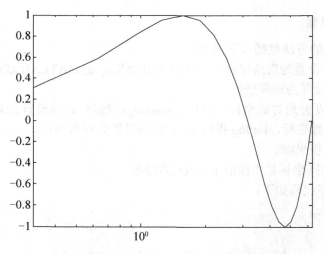

图 5-29　$y=\sin(x)$的图形(x 轴为对数坐标)

y 轴为对数坐标的 MATLAB 程序代码如下：

```
x=0:pi/10:2*pi
y=sin(x)
semilogy(x,y)  % y 轴为对数坐标
```

运行结果如图 5-30 所示。

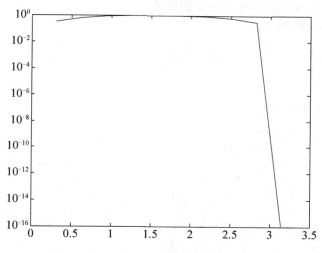

图 5-30　*y*=sin(*x*)的图形(*y* 轴为对数坐标)

x、*y* 轴均为对数坐标的 MATLAB 程序代码如下：

```
x=0:pi/10:2*pi
y=sin(x)
loglog(x,y)   % x、y轴都为对数坐标
```

运行结果如图 5-31 所示。

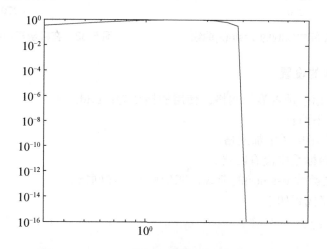

图 5-31　*y*=sin(*x*)的图形(*x*、*y* 轴均为对数坐标)

例 5-28　在极坐标中绘制函数 *y*=sin(*x*)的曲线。
MATLAB 程序代码如下：

```
x=0:pi/10:2*pi
y=sin(x)
polar(x,y)    % 极坐标
```

运行结果如图 5-32 所示。

例 5-29 在极坐标中绘制函数 $y=x$ 的曲线。

MATLAB 程序代码如下：

```
x=0:0.01:2*pi;
y=x;
polar(x,y)
```

运行结果如图 5-33 所示。

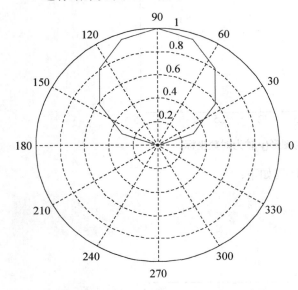

图 5-32　在极坐标中绘制的 $y=\sin(x)$ 曲线

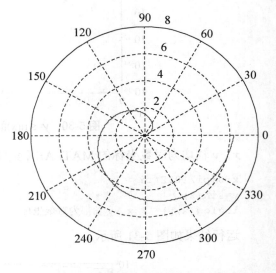

图 5-33　在极坐标中绘制的 $y=x$ 曲线

3. 坐标网格线的设置

它是指设置坐标中是否显示网格。使用的指令为：grid。

调用格式有以下两种。

① grid on。在坐标系中加网格。

② grid off。坐标系中没有网格。

例 5-30 绘制函数 $y=\sin(x)$ 的曲线，在坐标系中加网格。

MATLAB 程序代码如下：

```
x=0:pi/10:2*pi;
y=sin(x);
plot(x,y)
grid on
```

运行结果如图 5-34 所示。

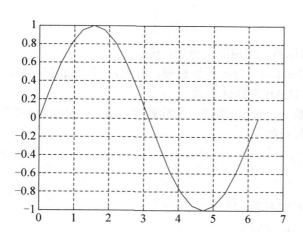

图 5-34　坐标系中带网格线

4．坐标轴的显示与隐藏

使用 MATLAB 指令，还可以控制坐标轴是否显示，方法如下。

① axis('on')：显示坐标轴，这是默认状态。

② axis('off')：不显示坐标轴。

例 5-31　绘制函数 $y=\sin(x)$ 的曲线，不显示坐标轴。

MATLAB 程序代码如下：

```
x=0:pi/10:2*pi;
y=sin(x);
plot(x,y)
axis('off')
```

运行结果如图 5-35 所示。

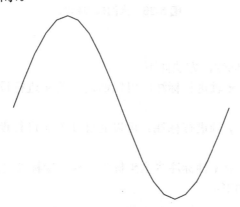

图 5-35　坐标轴隐藏

5.3.3　图形的标注和说明

使用 MATLAB 指令，还可以对图形进行标注和说明。

1. 设置标题

可以设置图形的标题，使用的指令为：title。

调用格式：title('text',s)。为图形加标题，标题还可以通过开关 s 进行设置，如果不进行设置，就采用 MATLAB 的默认格式。

例 5-32 绘制函数 $y=\sin(x)$ 的曲线，加标题"函数 $y=\sin(x)$ 曲线图"。

MATLAB 程序代码如下：

```
x=0:pi/10:2*pi;
y=sin(x);
plot(x,y)
title('函数 y=sin(x)曲线图')
```

运行结果如图 5-36 所示。

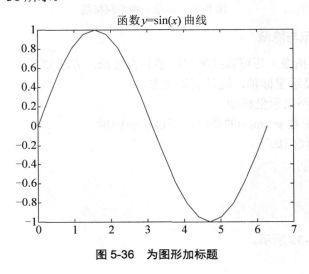

图 5-36　为图形加标题

2. 坐标轴的标注

它是指对坐标轴进行标注，方法如下。

① xlabel('text',s)：对 x 轴进行标注。可以通过开关 s 进行设置，如果不设置，就采用 MATLAB 的默认格式。

② ylabel('text',s)：对 y 轴进行标注。可以通过开关 s 进行设置，如果不设置，就采用 MATLAB 的默认格式。

例 5-33 对例 5-32，对 x 轴标注"横坐标"，对 y 轴标注"纵坐标"。

MATLAB 程序代码如下：

```
x=0:pi/10:2*pi
y=sin(x)
plot(x,y)
xlabel('横坐标')
ylabel('纵坐标')
```

运行结果如图 5-37 所示。

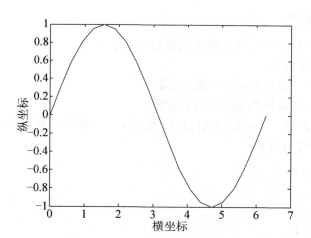

图 5-37　标注坐标轴的曲线

3. 图例说明盒

它是指可以在图形中添加图例说明盒，而且可以用鼠标拖动它，改变它的位置。

使用的指令为：legend。

调用格式：legend('text1','text2',…)。

例 5-34　在例 5-33 的图中加一个图例说明盒，标明 sin$x$，然后用鼠标拖动它的位置。
MATLAB 程序代码如下。

```
x=0:pi/10:2*pi
y=sin(x)
plot(x,y)
xlabel('横坐标')
ylabel('纵坐标')
legend('sinx')
```

运行结果如图 5-38 所示。

用鼠标拖动位置后，如图 5-39 所示。

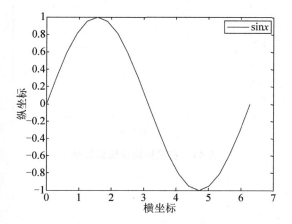

图 5-38　加图例说明盒的曲线图

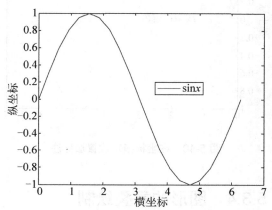

图 5-39　用鼠标移动图例说明盒的位置

4．在图形中加标注

它是指在图形中加文字标注，使用的指令为：text。

调用格式有以下两种。

① text(x,y,'text')。在坐标(x,y)位置加标注。

② gtext('text')。在鼠标指定位置进行标注。

例 5-35　对例 5-34，在坐标轴的[2,0]位置加标注"线型：蓝色"。

MATLAB 程序代码如下：

```
x=0:pi/10:2*pi
y=sin(x)
plot(x,y)
xlabel('横坐标')
ylabel('纵坐标')
legend('sinx')
text(2,0,'线型：蓝色')
```

运行结果如图 5-40 所示。

在鼠标指定的位置进行标注。MATLAB 程序代码如下：

```
x=0:pi/10:2*pi
y=sin(x)
plot(x,y)
xlabel('横坐标')
ylabel('纵坐标')
legend('sinx')
gtext('实线')
```

运行结果如图 5-41 所示。

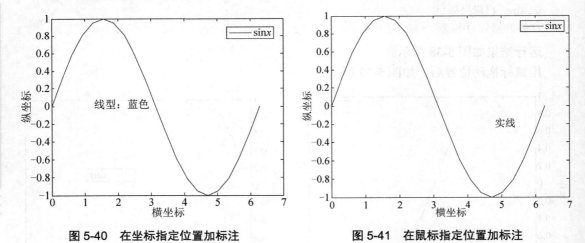

图 5-40　在坐标指定位置加标注　　　　图 5-41　在鼠标指定位置加标注

5.3.4　图形的重叠绘制

在绘制图形时，有时需要按先后顺序绘制两条或多条曲线或进行多种操作。如果不进行设置，MATLAB 会默认为前面的操作没有用了，可以让后面的操作覆盖掉。所以，要想保留前面的结果，就需要进行设置。

重叠绘制使用的指令为：hold。

调用格式有以下两种。

① hold on。保留图形现有的要素，后面绘制的图形不会覆盖它们。

② hold off。不保留图形现有的要素，后面绘制的图形覆盖它们。

可以通过下面的例子进行对比。

例 5-36 在坐标轴中绘制 $y=\sin x$ 和 $z=\cos x$ 曲线。

MATLAB 程序代码如下：

```
x=0:pi/10:2*pi;
y=sin(x);
z=cos(x);
plot(x,y)
plot(x,z)
```

运行结果如图 5-42 所示。

在程序中，作者本来想绘制两条曲线即 $y=\sin x$ 和 $z=\cos x$，但第一条却被第二条覆盖了。要想避免这种情况，就需要使用 hold on 指令。

MATLAB 程序代码修改如下：

```
x=0:pi/10:2*pi;
y=sin(x);
z=cos(x);
plot(x,y)
hold on
plot(x,z)
```

运行结果如图 5-43 所示。

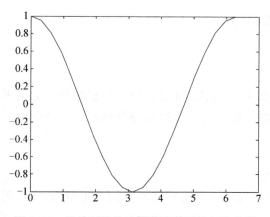

图 5-42 后绘制的曲线覆盖了前面绘制的曲线

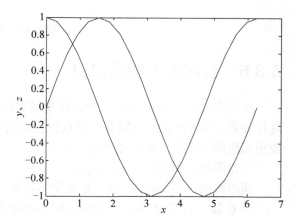

图 5-43 后绘制的曲线没有覆盖前面绘制的曲线

5.3.5 图形填色

在 MATLAB 中，可以对图形进行填色，以增强显示的效果。

使用的指令为：fill。

调用格式有以下两种。

① fill(x,y,c)。其中 c 指颜色，可以选择表 5-5 中的各种类型。

② fill(x1,y1,c1,x2,y2,c2,...)。对不同的区域分别进行填色。

例 5-37 对 x、y 包围的区域填色。

MATLAB 程序代码如下：

```
x=[1 2 3 4 5];
y=[16 17 8 9 10];
plot(x,y)
fill(x,y,'r')
```

运行结果如图 5-44 所示。

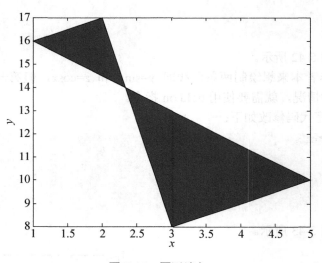

图 5-44　图形填色

5.3.6　创建多个图形窗口

在很多时候，研究者在一个程序里需要绘制多个图形。和重叠绘制情况类似，如果不进行设置，MATLAB 会默认为后面的图形会覆盖前面的，最后只会得到最后一个图形。要想保留所有图形，就需要进行设置。

创建图形窗口的指令为：figure。

调用格式：figure(n)。创建第 n 个图形窗口。

例 5-38 打算分别绘制 $y=\sin x$ 和 $z=\cos x$ 两张图形，不进行设置的 MATLAB 程序代码如下：

```
x=0:pi/10:2*pi;
y=sin(x);
z=cos(x);
plot(x,y)
plot(x,z)
```

运行结果如图 5-45 所示。

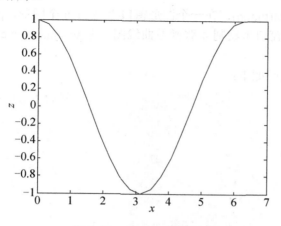

图 5-45　z=cosx 曲线图

即只保留了后面一张图。

使用 figure 指令进行设置，MATLAB 程序代码如下：

```
x=0:pi/10:2*pi;
y=sin(x);
z=cos(x);
plot(x,y)
figure(2)   % figure(1)是 MATLAB 默认的，一般可以省略
plot(x,z)
```

运行程序后，会弹出两个图形窗口，分别如图 5-46 和图 5-47 所示。

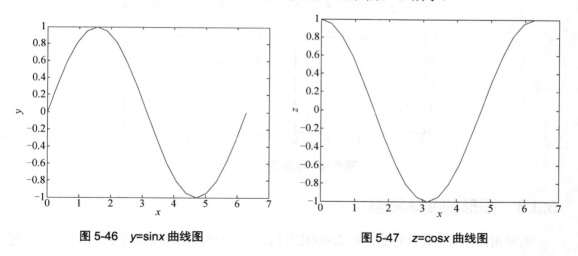

图 5-46　y=sinx 曲线图　　　　　　　图 5-47　z=cosx 曲线图

可以看到，两张图形都保留了。

5.3.7　子窗口的建立

有时用户希望把多张图绘制在一个图形中。在 MATLAB 中，也可以实现这一点，使

用的指令为：subplot。

调用格式：subplot(m,n,p)。在一个图形窗口里画 m*n 个图形，p 是第 p 张图。

例 5.39：在一个窗口里绘制 4 张函数曲线图，即 $y=\sin(x)$、$z=\cos(x)$、$u=2+x$、$v=2-x$、$x=0:pi/10:2*pi$。

MATLAB 程序代码如下：

```
y=sin(x);
z=cos(x);
u=2+x;
v=2-x;
subplot(2,2,1)
plot(x,y)
subplot(2,2,2)
plot(x,z)
subplot(2,2,3)
plot(x,u)
subplot(2,2,4)
plot(x,v)
```

运行结果如图 5-48 所示。

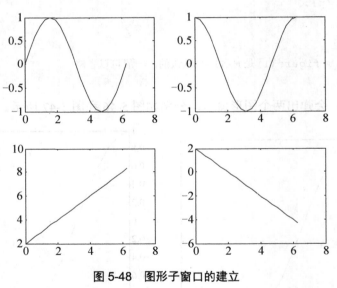

图 5-48　图形子窗口的建立

5.3.8　图形的变焦观察

有时用户在绘制出图形后，需要观察图形的某些局部，这可以使用变焦指令实现，使用的指令为：zoom。

调用格式有以下两种。

① zoom on。进行变焦观察。

② zoom off。关闭变焦观察。

变焦观察需要通过鼠标操作实现。具体有两种操作方式：单击式，将光标移动到图形的某个位置单击，可以将这里放大一倍，再单击，会再放大，单击右键就可以恢复；拖拉式，将光标移动到图形的某个位置，按住左键向某方向拖拉，产生一个"取景框"，放开左键，就会使框中的图形放大。

例 5-40 对 $y=\sin x$ 曲线进行变焦观察。

MATLAB 程序代码如下：

```
x=0:pi/10:2*pi;
y=sin(x);
plot(x,y)
zoom on
```

运行结果如图 5-49 至图 5-51 所示。

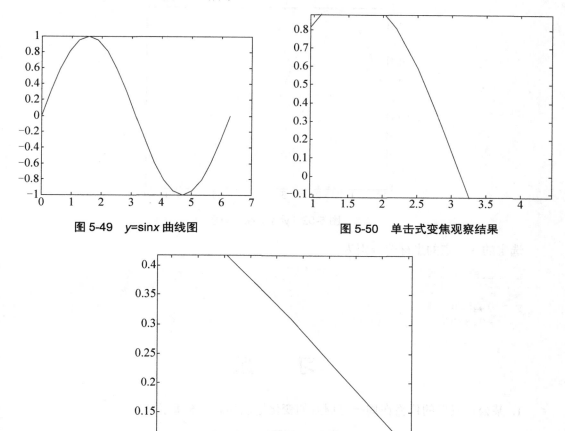

图 5-49　$y=\sin x$ 曲线图　　　　图 5-50　单击式变焦观察结果

图 5-51　拖拉式变焦观察结果

5.3.9　显示图形指定位置的坐标值

有时研究者希望了解图形特定位置的坐标值，MATLAB 软件也可以实现这点，使用的指令为：ginput。

调用格式：[x,y]=ginput(n)。选择图形的 n 个点，可以分别显示各个点的坐标值。需要说明的是：该指令目前只适用于二维图形，需要用鼠标操作。

例 5-41 显示 $y=\sin x$ 曲线上两个点的坐标值。

MATLAB 程序代码如下：

```
x=0:pi/10:2*pi;
y=sin(x);
plot(x,y)
[x,y]=ginput(2)
```

运行结果如图 5-52 所示。

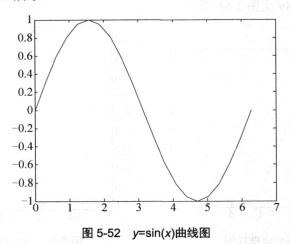

图 5-52　$y=\sin(x)$曲线图

选定的两个点的坐标值分别为

```
x = 2.5565
    3.5565
y = 0.5526
    -0.3889
```

习　题

1. 某公司股票的价格在周一至周五的变化情况如表 5-6 所示。

表 5-6　股票价格变化表

日期	周一	周二	周三	周四	周五
价格/元	15	17	19	18	16

绘制价格-日期曲线。

2. 某种材料的碳含量对硬度、强度、塑性的影响如表 5-7 所示。

表 5-7　材料含碳量对硬度、强度、塑性的影响

碳含量	0.10	0.15	0.20	0.25	0.30	0.35
硬度	36	39	45	48	55	57
强度	223	254	289	312	294	273
塑性	19	18	14	11	11	8

绘制它们的曲线图。

3. 在同一张图中绘制函数 $y=2x+\sin x$、$y=x-\ln x$ 在[-10,10]间的图形。

4. 绘制第 1 题中的股票价格的直方图。

5. 某公司各部门的员工人数情况为：办公室 5 名，生产部 16 名，市场部 12 名，其他 4 名。绘制人员构成的饼形图。

6. 绘制函数 $y=\cos x$ 的火柴杆图。

7. 绘制函数 $y=\sin x$ 的误差棒图，误差下限为 0.02，上限为 0.35。

8. 把函数 $y=2+\cos x$ 的曲线颜色设置为红色。

9. 把函数 $y=\ln x$ 的曲线线宽设置为 10。

10. 把函数 $y=x^2$ 的曲线线型设置为虚线。

11. 在 $y=x^2+\sin x$ 曲线中显示点标记，类型为 o，尺寸设置为 20。

12. 在极坐标中绘制函数 $y=x^2+3x-2$ 的曲线。

13. 绘制函数 $y=x^2$ 的曲线，在坐标系中加网格。

14. 绘制函数 $y=\cos x$ 的曲线，加标题"余弦曲线"；对 x 轴标注"横坐标"，对 y 轴标注"纵坐标"；加一个图例说明盒，标明"$y=\cos x$"，然后用鼠标拖动它的位置；在坐标轴的[5,2]位置加标注"线型：黑色实线"。

15. 在坐标轴中重叠绘制 $y=\ln x$ 和 $y=x^2$ 曲线。

16. 分别在两个窗口里绘制 $y=x^2$ 和 $y=-x^2$ 曲线。

17. 在一个窗口里绘制 $y=x^2$ 和 $y=-x^2$ 曲线。

第 6 章　绘图与数据可视化 II——三维绘图

三维图形能够在三维空间显示数据，表达数据间存在的关系和信息。三维图形有立体感、真实感，层次分明，表达形象鲜明、效果好，给人的印象深刻。

目前，三维图形的绘制是科学计算软件的重要功能之一，在一定程度上，它也是衡量软件水平高低的一个重要标准。

MATLAB 具有很强大的三维图形绘制功能，在数据分析领域具有重要的应用价值。

6.1　三维曲线

三维曲线是一种基本的三维图形，形式比较简单，能够简明、直观地表达数据信息。

6.1.1　三维曲线

在 MATLAB 中，绘制三维曲线常用的指令为：plot3。

调用格式有以下几种。

① plot3(x,y,z)。如果 x、y、z 是向量，它们的元素数量应相同；如果是矩阵，维数也应相同。

② plot3(x,y,z,s)。s 是图形要素控制开关。

③ plot3(x1,y1,z1,s1,x2,y2,z2,s2,...)。绘制多条曲线。

例 6-1　绘制 x-sin$x$-cos$x$ 的三维曲线。

MATLAB 程序代码如下：

```
x=0:pi/10:100;
y=sin(x);
z=cos(x);
plot3(x,y,z)
```

运行结果如图 6-1 所示。

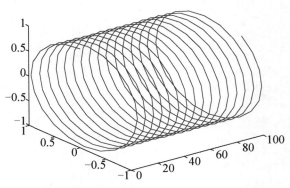

图 6-1　x-sin$x$-cos$x$ 的三维曲线

6.1.2 网线图

网线图是以网格的形式表达数据信息。在 MATLAB 里，绘制网线图的指令为：mesh。调用格式有以下几种。

① mesh(z)。根据 z 的每个元素及其对应的下标绘图，列号为 x 轴坐标，行号为 y 轴坐标，元素值为 z 轴坐标。

② mesh(x,y,z)。由向量 x(n 维)、y(m 维)和 m*n 矩阵 z 绘制网线图，网格节点的 X、Y 坐标由向量 x 和 y 组合构成，矩阵 z 的元素值作为 z 轴坐标。如果 x、y、z 是规模相同的矩阵，网格节点的坐标由 (x_{ij}, y_{ij}, z_{ij}) 确定。

例 6-2 绘制矩阵 z 的网线图。

MATLAB 程序代码如下：

```
z=[1 1 1 1 1
1 10 10 10 1
1 1 1 1 1 ];
mesh(z)
```

运行结果如图 6-2 所示。

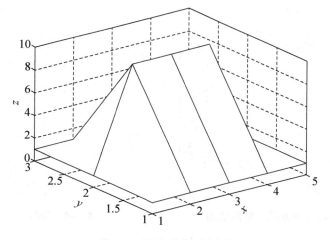

图 6-2　矩阵 z 的网线图

例 6-3 绘制向量 x、y 和矩阵 z 的网线图。

MATLAB 程序代码如下：

```
x=[1 2 3 4 5];
y=[1 2 3 4 5 6 7 8 9 10];
z=[1 1 1 1 1
2 2 2 2 2
3 3 3 3 3
4 4 4 4 4
5 5 5 5 5
5 5 5 5 5
```

```
4 4 4 4 4
3 3 3 3 3
2 2 2 2 2
1 1 1 1 1 ];
mesh(x,y,z)
```

运行结果如图 6-3 所示。

例 6-4　绘制矩阵 x、y、z 网线图。

MATLAB 程序代码如下:

```
x =[1 3 8 4 1
2 2 2 2 2
3 4 5 6 7];
y=[1 1 1 1 1
2 2 2 2 2
6 8 3 9 1];
z=[8 9 10 11 12
2 2 2 2 2
1 1 1 1 1];
mesh(x,y,z)
```

运行结果如图 6-4 所示。

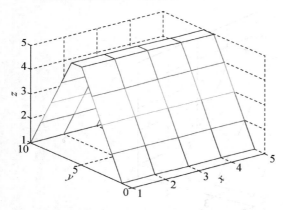

图 6-3　向量 x、y 和矩阵 z 的网线图

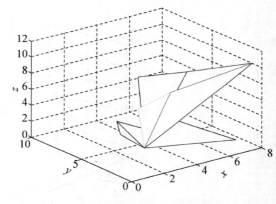

图 6-4　矩阵 x、y、z 网线图

此外，mesh 指令还能方便地绘制函数的三维网线图。

例 6-5　绘制函数 $z=x^3+y^3$ 的三维网线图。

MATLAB 程序代码如下:

```
x=-10:1:10;
y=-5:1:5;
[x,y]=meshgrid(x,y);      %生成网格点的 x、y 坐标
z=x.^3+y.^3;
mesh(x,y,z)
```

运行结果如图 6-5 所示。

高等院校计算机教育系列教材

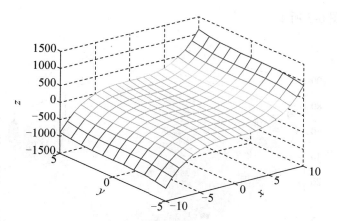

图 6-5　函数 z=x³+y³ 的三维网线图

例 6-6　绘制函数 $z=\sin x+\sin y$ 的三维网线图。

MATLAB 程序代码如下：

```
x=-10:1:10;
y=-5:1:5;
[x,y]=meshgrid(x,y);
z=sin(x)+sin(y);
mesh(x,y,z)
```

运行结果如图 6-6 所示。

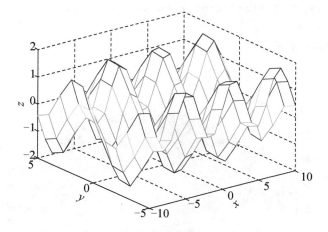

图 6-6　函数 z=sinx+siny 的三维网线图

例 6-7　绘制 Rastrigin's 函数的三维网线图。

MATLAB 程序代码如下：

```
x=-5:0.01:5;
y=-5:0.01:5;
[x,y]=meshgrid(x,y);
z=20+x.^2+y.^2-10*(cos(2*pi*x)+cos(2*pi*y));
mesh(x,y,z)
```

运行结果如图 6-7 所示。

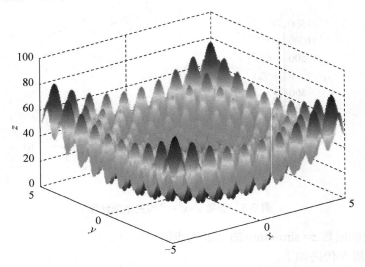

图 6-7　Rastrigin's 函数的三维网线图

可以看到，图形很漂亮，有的读者可能会想，它的下面是什么样子？所以，可以绘制 Rastrigin's 函数的三维网线图的倒置图，相应的 MATLAB 程序代码如下：

```
x=-5:0.01:5;
y=-5:0.01:5;
[x,y]=meshgrid(x,y);
z=- (20+x.^2+y.^2-10*(cos(2*pi*x)+cos(2*pi*y)));
mesh(x,y,z)
```

运行结果如图 6-8 所示。

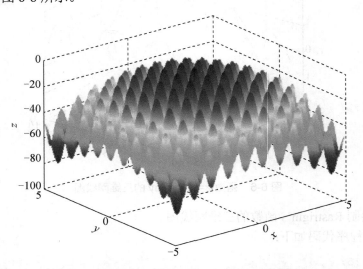

图 6-8　Rastrigin's 函数的三维网线图的倒置图

例 6-8　绘制 Schaffer 函数的三维网线图。

MATLAB 程序代码如下：

```
x=[-100:0.1:100];
y=[-100:0.1:100];
[x,y]=meshgrid(x,y);
z=0.5+(sin(sqrt(x.^2+y.^2)).^2-0.5)./(1+0.001*(x.^2+y.^2)).^2;
mesh(x,y,z)
```

运行结果如图 6-9 所示。

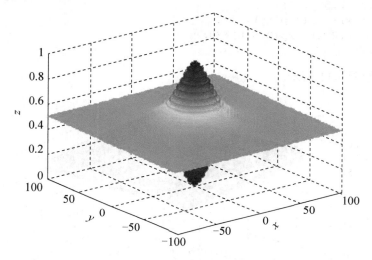

图 6-9　Schaffer 函数的三维网线图

可以对图 6-9 进行局部观察，MATLAB 程序代码如下：

```
x=[-10:0.01:10];
y=[-10:0.01:10];
[x,y]=meshgrid(x,y);
z=0.5+(sin(sqrt(x.^2+y.^2)).^2-0.5)./(1+0.001*(x.^2+y.^2)).^2;
mesh(x,y,z)
```

运行结果如图 6-10 所示。

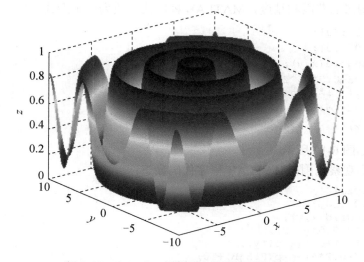

图 6-10　Schaffer 函数的三维网线图的局部

例 6-9　绘制 Ackley 函数的三维网线图。

MATLAB 程序代码如下：

```
x=[-30:0.5:30];
y=[-30:0.5:30];
[x,y]=meshgrid(x,y);
A=sqrt(x.^2+0.5*y.^2);
B=cos(2*pi*x)+cos(2*pi*y);
z=-20*exp(-0.2*A)-exp(0.5*B)+20;
mesh(x,y,z)
```

运行结果如图 6-11 所示。

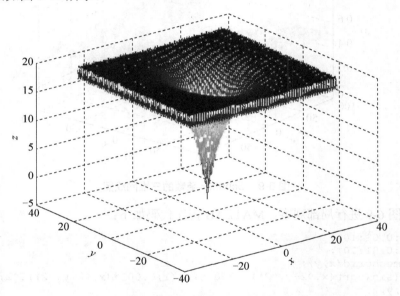

图 6-11　Ackley 函数的三维网线图

若想修改图形的范围和精度，MATLAB 程序代码改为以下形式：

```
x=[-40:0.02:40];
y=[-40:0.02:40];
[x,y]=meshgrid(x,y);
A=sqrt(x.^2+0.5*y.^2);
B=cos(2*pi*x)+cos(2*pi*y);
z=-20*exp(-0.2*A)-exp(0.5*B)+20;
mesh(x,y,z)
```

运行结果如图 6-12 所示。

进一步缩小观察范围，MATLAB 程序代码如下：

```
x=[-10:0.02:10];
y=[-10:0.02:10];
[x,y]=meshgrid(x,y);
A=sqrt(x.^2+0.5*y.^2);
B=cos(2*pi*x)+cos(2*pi*y);
z=-20*exp(-0.2*A)-exp(0.5*B)+20;
mesh(x,y,z)
```

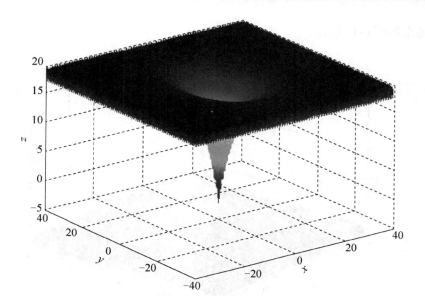

图 6-12　修改范围和精度的图形

运行结果如图 6-13 所示。

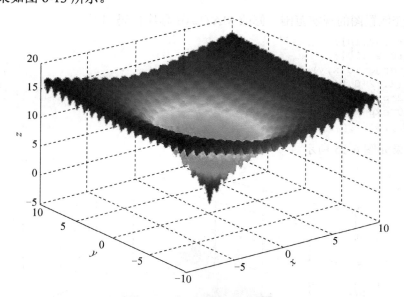

图 6-13　观察范围进一步缩小

绘制图 6-13 的倒置图，MATLAB 程序代码如下：

```
x=[-40:0.02:40];
y=[-40:0.02:40];
[x,y]=meshgrid(x,y);
A=sqrt(x.^2+0.5*y.^2);
B=cos(2*pi*x)+cos(2*pi*y);
z=-(-20*exp(-0.2*A)-exp(0.5*B)+20);
mesh(x,y,z)
```

运行结果如图 6-14 所示。

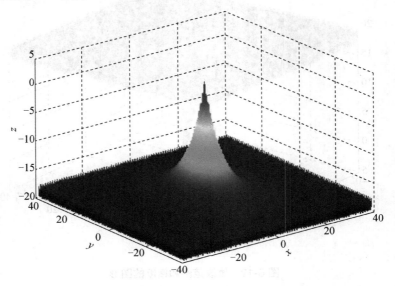

图 6-14　倒置图 1

若想改变倒置图的观察范围，修改 MATLAB 程序代码如下：

```
x=[-10:0.02:10];
y=[-10:0.02:10];
[x,y]=meshgrid(x,y);
A=sqrt(x.^2+0.5*y.^2);
B=cos(2*pi*x)+cos(2*pi*y);
z=-(-20*exp(-0.2*A)-exp(0.5*B)+20);
mesh(x,y,z)
```

运行结果如图 6-15 所示。

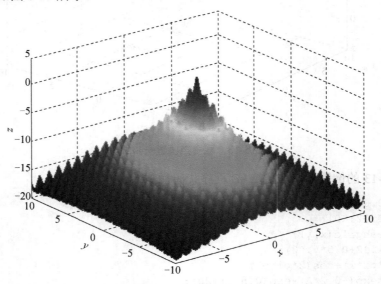

图 6-15　倒置图 2

例 6-10　绘制 Griewank 函数的三维网线图。

MATLAB 程序代码如下：

```
x=-10:0.1:10;
y=-10:0.1:10;
[x,y]=meshgrid(x,y);
z=1+(x.^2+y.^2)/4000-cos(x).*cos(sqrt(2)*y./2)
mesh(x,y,z)
```

运行结果如图 6-16 所示。

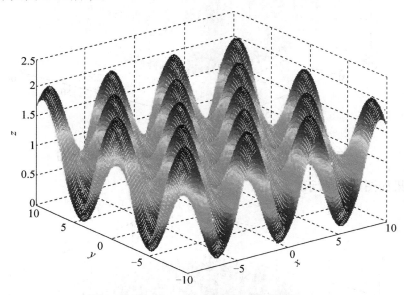

图 6-16　Griewank 函数的三维网线图

若想扩大图形的观察范围，MATLAB 程序代码如下：

```
x=-100:0.1:100;
y=-100:0.1:100;
[x,y]=meshgrid(x,y);
z=1+(x.^2+y.^2)/4000-cos(x).*cos(sqrt(2)*y./2);
mesh(x,y,z)
```

运行结果如图 6-17 所示。

若要绘制图形的倒置图，MATLAB 程序代码如下：

```
x=-100:0.1:100;
y=-100:0.1:100;
[x,y]=meshgrid(x,y);
z=-( 1+(x.^2+y.^2)/4000-cos(x).*cos(sqrt(2)*y./2));
mesh(x,y,z)
```

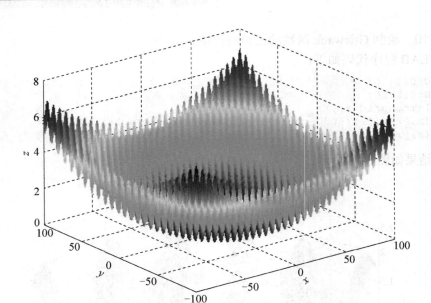

图 6-17　扩大观察范围的 Griewank 函数的三维网线图

运行结果如图 6-18 所示。

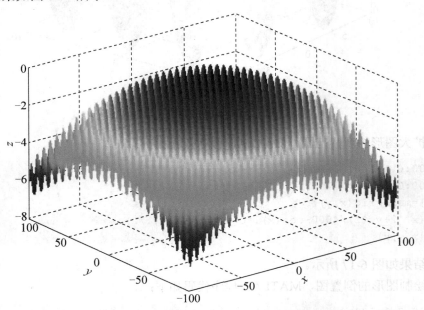

图 6-18　Griewank 函数的三维网线图的倒置图

6.2　三维曲面图

　　三维曲面图是三维图形的核心和精髓，它能以多种形式表现数据信息，功能更多、更丰富，也更强大。

6.2.1　三维曲面图的绘制指令

绘制三维曲面图常用的指令为：surf。

调用格式有以下两种。

① surf(z,c)。以矩阵 z 各元素的下标为 x、y 轴坐标，以元素值为 z 坐标。c 指设置的颜色。

② surf(x,y,z,c)。由 n 维向量 x、m 维向量 y 和 m*n 矩阵 z 绘图，网格节点的 X、Y 坐标由两个向量组合构成，矩阵 z 的元素值作为 z 轴坐标。如果 x、y、z 是同维矩阵，网格节点坐标是(x_{ij}, y_{ij}, z_{ij})。

例 6-11　绘制函数 $z=x^3+y^3$ 的三维曲面图。

MATLAB 程序代码如下：

```
x=-10:1:10;
y=-5:1:5;
[x,y]=meshgrid(x,y);
z=x.^3+y.^3;
surf(x,y,z)
```

运行结果如图 6-19 所示。

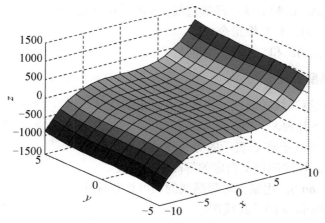

图 6-19　函数 $z=x^3+y^3$ 的三维曲面图

6.2.2　等高线图

等高线图更多的是应用在地图绘制领域，也就是大家熟悉的等高线地图。在这种地图里，地表高度相同的点互相连成曲线，可以很好地表达出地表的起伏和高度情况。

反之，把大小不同的数据绘制成不同的曲线，也就是用不同的曲线表达不同的数据，这就是数据等高线图。显然，这种图形可以形象地表达数据的分布情况。

等高线图可以分为二维等高线图和三维等高线图。

1. 二维等高线图

绘制二维等高线图的指令为：contour。

调用格式有以下几种。

① contour(z)。绘制矩阵 z 的等高线图，元素下标作为 x、y 轴坐标。

② contour(z,n)。绘制 n 条等高线。

③ contour(z,v)。按向量 v 的元素值绘制若干条等高线。

④ contour(x,y,z)。绘制向量 x 和 y 确定的函数 z 的等高线。

⑤ contour(x,y,z,n)。绘制 n 条等高线。

⑥ contour(x,y,z,v)。按向量 v 的元素值绘制等高线。

⑦ contour(…,'s')。s 的作用是设置线型和颜色。

⑧ C=contour(x,y,z,n)。返回 n 条等高线的 x、y 坐标。

⑨ C=contour(x,y,z,v)。返回向量 v 指定的等高线的 x、y 坐标。

2. 三维等高线图

绘制三维等高线图的指令为：contour3。

调用格式有以下几种。

① contour3(z)。

② contour3(z,n)。绘制 n 条三维等值线，n 的默认值是 10。

③ contour3(x,y,z)。和二维指令相同。

④ contour3(x,y,z,n)。和二维指令相同。

3. 等高线的高度标注

clabel 可以标注等高线的高度，指令为：clabel。

调用格式有以下几种。

① clabel(C)。标注矩阵 C 表示的等高线的高度。

② clabel(C,v)。标注向量 v 指定的等高线的高度。

③ clabel(C,'manul')。用鼠标对等高线的高度进行标注。

例 6-12　绘制矩阵 z 的等高线图。

MATLAB 程序代码如下：

```
z=[1 1 1 1 1
1 10 10 10 1
1 1 1 1 1 ];
contour(z)   % 绘制二维等高线图
figure(2)
contour(z,4,'r-')          % 绘制 4 条等高线，线条为红色实线
figure(3)
contour3(z,6,'b-')          % 绘制 6 条三维等高线图，线条为黑色实线
```

运行结果如图 6-20 至图 6-22 所示。

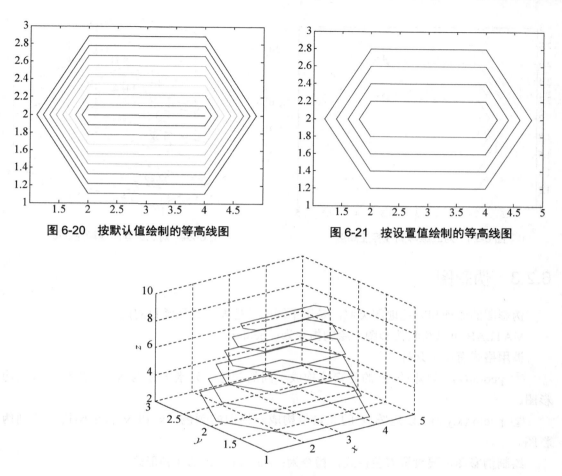

图 6-20　按默认值绘制的等高线图　　　　　　图 6-21　按设置值绘制的等高线图

图 6-22　按设置值绘制的三维等高线图

为等高线的高度加标注，MATLAB 程序代码如下：

```
z=[1 1 1 1 1
1 10 10 10 1
1 1 1 1 1 ];
contour(z,4,'r-')
cs=contour(z,4,'r-');
clabel(cs);   % 为等高线加标注
figure(2)
contour3(z,6,'b-')
cs=contour3(z,6,'b-');
clabel(cs);   % 为等高线加标注
```

运行结果如图 6-23 和图 6-24 所示。

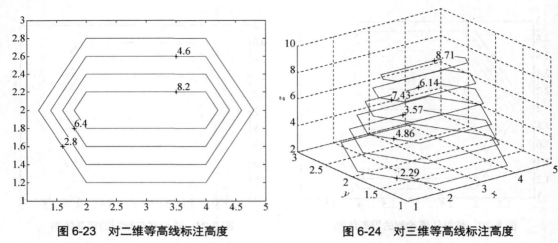

图 6-23 对二维等高线标注高度　　　　图 6-24 对三维等高线标注高度

6.2.3 伪彩图

伪彩图的原理和彩色地图类似，是用不同的颜色表示二元函数的值。

MATLAB 可以绘制伪彩图，绘制指令为：pcolor。

调用格式有以下几种。

① pcolor(z)。以矩阵 z 的元素值构成不同的颜色，元素下标为 x、y 坐标，绘制伪彩图。

② pcolor(x,y,z)。以矩阵 z 的元素值构成网格图的颜色，x 和 y 构造网格，绘制伪彩图。

绘制伪彩图需要设置着色模式，指令为：shading。包括 3 种形式。

① shading flat。单色。

② shading interp。双线性内插模式，网格的颜色是变化的。

③ shading faceted。单色加黑色网线模式，是 MATLAB 的默认模式。

例 6-13 绘制矩阵 z 的伪彩图。

MATLAB 程序代码如下：

```
z=[1 1 1 1 1
1 10 10 10 1
1 1 1 1 1 ];
pcolor(z);
shading flat      % 单色着色模式
```

运行结果如图 6-25 所示。

把着色模式改为双线性内插着色模式，MATLAB 程序代码如下：

```
z=[1 1 1 1 1
1 10 10 10 1
1 1 1 1 1 ];
pcolor(z);
shading interp  % 双线性内插着色模式
```

运行结果如图 6-26 所示。

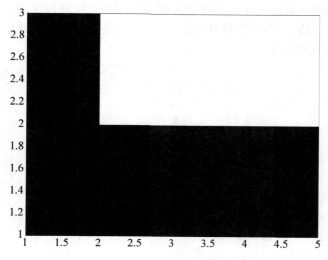

图 6-25　矩阵 z 的单色着色模式伪彩图

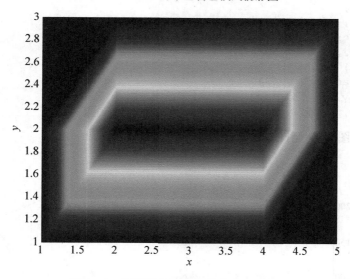

图 6-26　双线性内插着色模式的伪彩图

6.2.4　矢量场图

矢量场图也叫梯度图，可以表示函数 z 在某点的矢量或梯度，包括大小和方向。

MATLAB 绘制矢量场图的指令有两个。

① quiver。作用是绘制二维梯度图。

调用格式：quiver(x,y,px,py)，其中，[px,py]=gradient(z,dx,dy)。

② quiver3。作用是绘制三维梯度图。

调用格式 1：quiver3(x,y,z,u,v,w)。在坐标(x,y,z)处用(u,v,w)绘制梯度图。x、y、z、

u、v、w 的维度相同。

调用格式 2：quiver3(z,u,v,w)。在矩阵 z 确定的网格上绘制梯度图。

例 6-14 绘制函数 $z=x^2+y^2$ 的梯度图。

MATLAB 程序代码如下：

```
x=-10:1:10;
y=-10:1:10;
[x,y]=meshgrid(x,y);
z=x.^2+y.^2;
mesh(x,y,z)                      % 网线图
figure(2)
x=-10:1:10;
y=-10:1:10;
[x,y]=meshgrid(x,y);
z=x.^2+y.^2;
mesh(x,y,z)
[px,py]=gradient(z,1,1);
quiver(x,y,px,py)                % 梯度图
figure(3)
x=-10:1:10;
y=-10:1:10;
[x,y]=meshgrid(x,y);
z=x.^2+y.^2;
mesh(x,y,z)
[px,py]=gradient(z,1,1);
contour(x,y,z), hold on          % 加上等高线
quiver(x,y,px,py)                % 加等高线的梯度图
```

运行结果如图 6-27 至图 6-29 所示。

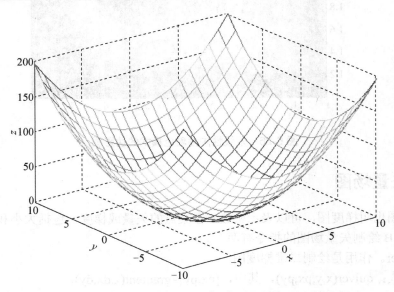

图 6-27 函数 $z=x^2+y^2$ 的网线图

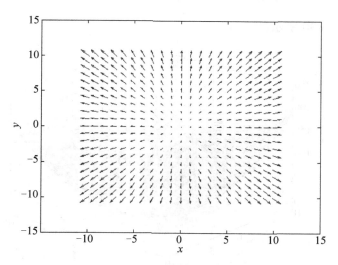

图 6-28 函数 $z=x^2+y^2$ 的二维梯度图

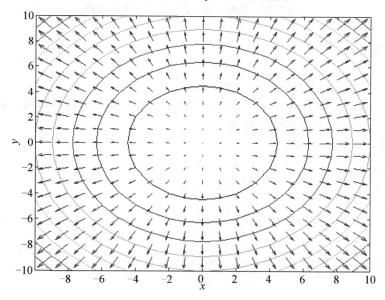

图 6-29 函数 $z=x^2+y^2$ 的带等高线的二维梯度图

例 6-15 绘制函数 $z=x^2+y^2$ 曲面的三维梯度图。

MATLAB 程序代码如下:

```
x=-10:1:10;
y=-10:1:10;
[x,y]=meshgrid(x,y);
z=x.^2+y.^2;
[u,v,w]=surfnorm(x,y,z);     % 绘制曲面法线
quiver3(x,y,z,u,v,w);
hold on
surf(x,y,z)
hold off
```

运行结果如图 6-30 所示。

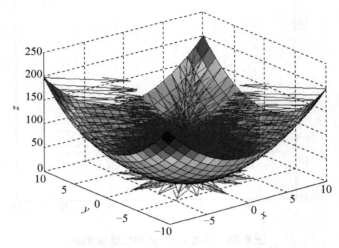

图 6-30　函数 $z=x^2+y^2$ 曲面的三维梯度图

6.2.5　柱面图

MATLAB 绘制柱面图的指令为：cylinder。

调用格式：[x,y,z]=cylinder(r,n)。其中 r 指母线，n 为圆周分格线数量，默认值是 20。

例 6-16　以 $r=\sin t$ 为母线生成柱面。

MATLAB 程序代码如下：

```
t=0:pi/10:2*pi;
r=sin(t);
subplot(1,2,1)
[x,y,z]=cylinder(r,30);   % n=30
mesh(x,y,z)
subplot(1,2,2)
[x,y,z]=cylinder(r,300);    % n=300
mesh(x,y,z)
```

运行结果如图 6-31 所示。

例 6-17　绘制锥形柱面图。

MATLAB 程序代码如下：

```
subplot(1,2,1)
[x,y,z]=cylinder(1:10, 30);  % n=300
mesh(x,y,z)
subplot(1,2,2)
[x,y,z]=cylinder(1:10, 300);  % n=300
mesh(x,y,z)
```

运行结果如图 6-32 所示。

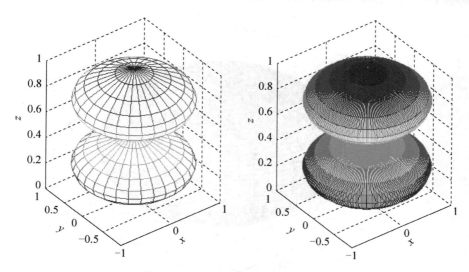

图 6-31　以 *r*=sin*t* 为母线生成柱面

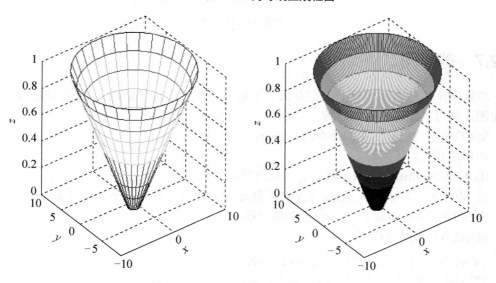

图 6-32　以向量为母线生成柱面

6.2.6　球面图

MATLAB 绘制球面图的指令为：sphere。

调用格式：[x,y,z]=sphere(n)。

例 6-18　绘制球面图。

MATLAB 程序代码如下：

```
[x,y,z]=sphere(50);
surf(x,y,z)
```

运行结果如图 6-33 所示。

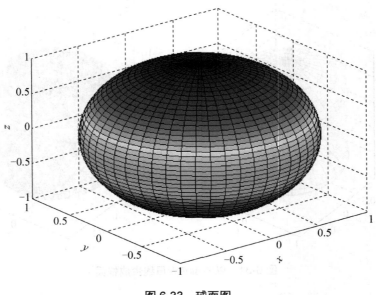

图 6-33　球面图

6.2.7　截面图

三维图形虽然有很多优点，但是人们不容易看到它的内部结构。通过绘制三维图形的截面图，就可以了解其内部结构。

MATLAB 绘制截面图的指令为：slice。

调用格式有以下两种。

① [X,Y,Z]=meshgrid(x,y,z)。x,y,z 是向量。

② slice(X,Y,Z,V,xi,yi,zi,n)。X,Y,Z,V 都是 n*m*p 维数组，xi,yi,zi 表示截面位置。

例 6-19　绘制函数 $v = x^2 + y^2 + z^2$ 的截面图。

MATLAB 程序代码如下：

```
[x,y,z]=meshgrid(-2:.1:2, -2:.1:2, -2:.1:2);
v=x.^2 + y.^2 + z.^2;
subplot(1,3,1)
slice(x,y,z,v,0,[-2 2],[-2 2])
subplot(1,3,2)
slice(x,y,z,v,[-2 2],0,[-2 2])
subplot(1,3,3)
slice(x,y,z,v,[-2 2],[-2 2],0)
```

运行结果如图 6-34 所示。

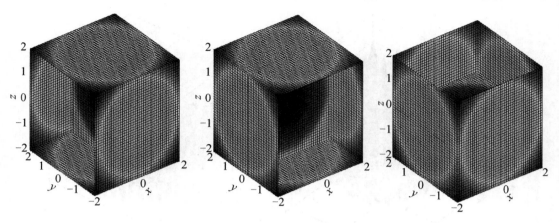

图 6-34　函数 $v = x^2 + y^2 + z^2$ 的截面图

6.3　三维图形的操纵

用户可以使用 MATLAB 对三维图形进行操纵，从而进一步提高图形的表现能力和效果。

6.3.1　视角的设置

大家知道，观察一个物体时，视角的选择特别重要。用户可以通过使用相关的 MATLAB 指令，选择适当的视角，绘制出不同视角下的图形。

在 MATLAB 中，设置视角的指令为：view。

调用格式有以下两种。

① view([x,y,z])。由向量(x,y,z)确定视角。

② view(az,el)。其中 az 为方位角，是视线与 y 轴负半轴的水平夹角；e1 为俯视角，是视线与 xy 平面的夹角。

例 6-20　根据向量[10 10 -10]观察 Rastrigin's 函数的三维网线图。

MATLAB 程序代码如下：

```
x=-5:0.01:5;
y=-5:0.01:5;
[x,y]=meshgrid(x,y);
z=20+x.^2+y.^2-10*(cos(2*pi*x)+cos(2*pi*y));
subplot(1,2,1)
mesh(x,y,z)     % 原图，以 MATLAB 默认的视线方向观察
subplot(1,2,2)
mesh(x,y,z)
view([10 10 -10])    % 根据向量[10 10 -10]观察
```

运行结果如图 6-35 所示。

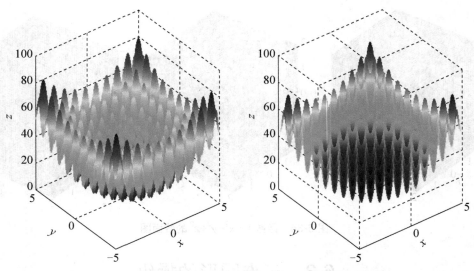

图 6-35　根据向量观察 Rastrigin's 函数的三维网线图

例 6-21　以不同视角观察 Rastrigin's 函数的三维网线图。

MATLAB 程序代码如下：

```
x=-5:0.01:5;
y=-5:0.01:5;
[x,y]=meshgrid(x,y);
z=20+x.^2+y.^2-10*(cos(2*pi*x)+cos(2*pi*y));
subplot(2,2,1);
mesh(x,y,z)
view(-37.5,30)
subplot(2,2,2)
mesh(x,y,z)
view(-20,15)
subplot(2,2,3)
mesh(x,y,z)
view(-90,0)
subplot(2,2,4)
mesh(x,y,z)
view(0,0)
```

运行结果如图 6-36 所示。

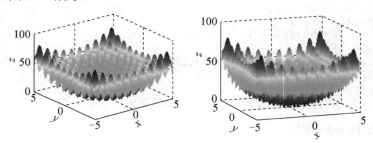

图 6-36　不同视角观察 Rastrigin's 函数的三维网线图

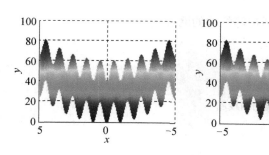

图 6-36　不同视角观察 Rastrigin's 函数的三维网线图(续)

6.3.2　图形的重叠

在同一个坐标系中绘制多个图形时，可以通过 MATLAB 指令，控制图形的重叠部分，使它们消隐或透视。

使用的指令为：hidden。

调用格式有以下两种。

① hidden on。消隐，这是 MATLAB 的默认模式。

② hidden off。透视。

例 6-22　对网线图和伪彩图的消隐和透视。

MATLAB 程序代码如下：

```
t=0:pi/10:2*pi;
r=sin(t);
[x,y,z]=cylinder(r,30);
mesh(x,y,z);
hold on
pcolor(x,y,z);
hold off
mesh(x,y,z);
hold on
pcolor(x,y,z);
hidden off    % 网线图与后面的伪彩色图重叠部分透视
```

运行结果如图 6-37 所示。

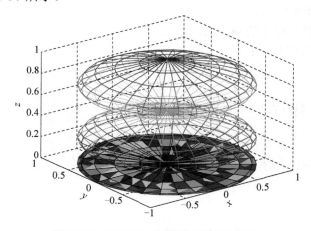

图 6-37　网线图与伪彩图重叠部分透视

例 6-23 利用透视指令绘制带等位线的网线图。

MATLAB 程序代码如下:

```
t=0:pi/10:2*pi;
r=sin(t);
[x,y,z]=cylinder(r,30);
meshc(x,y,z) ;   %带等位线的网线图
hidden off  %透视
```

运行结果如图 6-38 所示。

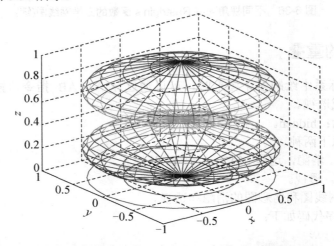

图 6-38   利用透视指令绘制的带等位线的网线图

6.3.3   多种功能的组合

用户在绘制三维图形时,可以把多种功能组合在一起,以提高图形的显示效果。

1. 绘制带等高线的网线图

在 MATLAB 里,绘制带等高线的网线图的指令为: meshc。
调用格式: meshc(x,y,z)。

例 6-24   绘制带等高线的网线图。

MATLAB 程序代码如下:

```
x=-10:1:10;
y=-10:1:10;
[x,y]=meshgrid(x,y);
z=x.^2+y.^2;
meshc(x,y,z)
```

运行结果如图 6-39 所示。

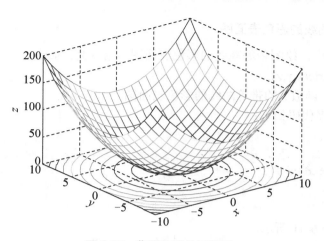

图 6-39　带等高线的网线图

2. 绘制带等高线的伪彩图

绘制带等高线的伪彩图，通过两个指令，即 pcolor 和 contour 相结合来实现。

例 6-25　绘制矩阵 z 的带等高线的伪彩图。

MATLAB 程序代码如下：

```
z=[1 1 1 1 1
1 10 10 10 1
1 1 1 1 1 ];
pcolor(z);
shading interp
hold on
contour(z,20,'k')
hold off
```

运行结果如图 6-40 所示。

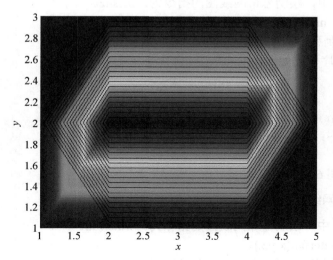

图 6-40　带等高线的伪彩图

3. 绘制带等高线的彩色表面图

在 MATLAB 中，绘制带等高线的彩色表面图的指令为：surfc。

调用格式：surfc(x,y,z)。

例 6-26 绘制函数 z 的带等高线的彩色表面图。

MATLAB 程序代码如下：

```
x=-10:1:10;
y=-10:1:10;
[x,y]=meshgrid(x,y);
z=x.^2+y.^2;
surfc(x,y,z)
```

运行结果如图 6-41 所示。

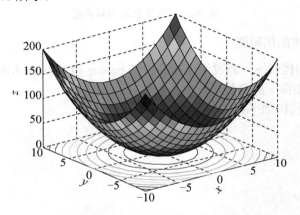

图 6-41　带等高线的彩色表面图

4. 幕帘网线图

在 MATLAB 中，绘制幕帘网线图的指令为：meshz。

调用格式是：meshz(x,y,z)。

例 6-27 绘制幕帘网线图。

MATLAB 程序代码如下：

```
x=-10:1:10;
y=-10:1:10;
[x,y]=meshgrid(x,y);
z=x.^2+y.^2;
meshz(x,y,z)
```

运行结果如图 6-42 所示。

5. 绘制瀑布网线图

在 MATLAB 中，绘制瀑布网线图的指令为：waterfall。

调用格式：waterfall(x,y,z)。

例 6-28 绘制瀑布网线图。

MATLAB 程序代码如下：

```
x=-10:1:10;
y=-10:1:10;
[x,y]=meshgrid(x,y);
z=x.^2+y.^2;
waterfall(x,y,z)
```

运行结果如图 6-43 所示。

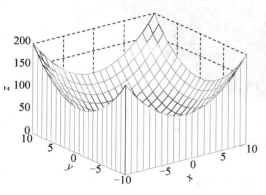

图 6-42　幕帘网线图

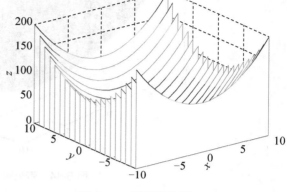

图 6-43　瀑布网线图

6. 绘制带光照效果的表面图

带光照效果的图形具有很强的表现能力，所以，在绘图时，光照效果是一种很有效的渲染手段。MATLAB 可以绘制带光照效果的图形，绘制指令为：surfl。

调用格式：surfl(x,y,z,s)。x、y、z 定义曲面。s 是光源位置，用向量 s=[sx,sy,sz]或视角 s=[az,el]确定，默认值是从当前视线方向逆时针旋转 45°。

例 6-29　绘制带光照效果的表面图。

MATLAB 程序代码如下：

```
x=-10:0.1:10;y=-10:0.1:10;
[X,Y]=meshgrid(x,y);
Z=X.^2+Y.^2;
surfl(X,Y,Z)
```

运行结果如图 6-44 所示。

例 6-30　改变图形的颜色，如把图形的颜色设置为灰色。

MATLAB 程序代码如下：

```
colormap(gray);   % 将图形颜色设置为灰色
x=-10:0.1:10;y=-10:0.1:10;
[X,Y]=meshgrid(x,y);
Z= X.^2+Y.^2;
surfl(X,Y,Z)
shading interp
```

运行结果如图 6-45 所示。

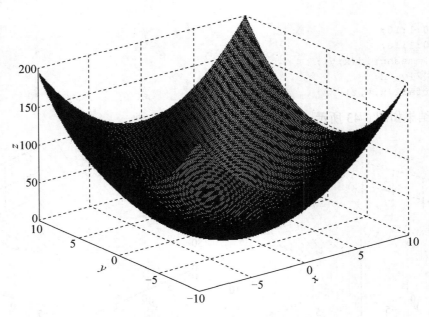

图 6-44　带光照效果的表面图

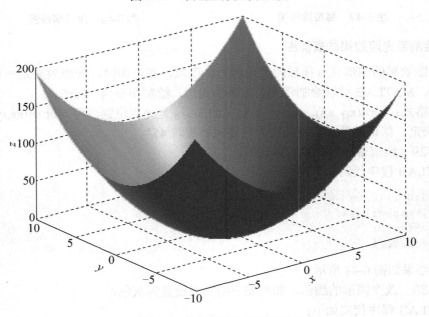

图 6-45　灰色图形的光照效果

习　　题

1. 绘制 $x-x^2-2+\sin x$ 的三维曲线。
2. 绘制函数 $z=x^2+y^2$ 的三维网线图。
3. 绘制函数 $z=\cos x+\cos y$ 的三维网线图。

4. 绘制函数 $z = x^2 + y^2$ 的三维曲面图。

5. 绘制函数 $z = \cos x + \cos y$ 的三维曲面图。

6. 绘制 Griewank 函数的三维曲面图。

7. 绘制函数 $z = \sin x + \sin y$ 的梯度图。

8. 根据向量 [10 5 −5] 观察 Griewank 函数的三维网线图。

9. 从不同视角观察 Griewank 函数的三维网线图。

10. 绘制函数 $z = \cos x + \cos y$ 带等高线的网线图。

11. 绘制函数 $z = \sin x + \sin y$ 的带等高线的彩色表面图。

12. 绘制函数 $z = \sin x + \sin y$ 带光照效果的表面图。

第 7 章　数据的描述性统计和分析

描述性统计指对数据的一些客观事实进行描述，它可以使人们了解数据的一些基本特征和内在规律。

描述性统计是数据分析中最基本的技术，它经常是其他复杂分析技术的基础。研究者在获得数据后，一般首先对它们进行描述性统计和分析，在此基础上再采取其他技术做进一步的分析和研究。

7.1　数据的基本特征

数据的基本特征包括样本的数量、最大值、最小值、和、平均值、极差、分位数、中位数、众数、原点矩、中心矩等。

7.1.1　数据的数量

有时人们搜集到一批数据，希望了解它的数量，在 MATLAB 中，统计数量的指令为：size。

调用格式有以下几种。

① [x,y]=size(a)。a 表示矩阵，x 表示矩阵的行数，y 表示矩阵的列数。

② x=size(a,1)。统计矩阵的行数；

y=size(a,2)。统计矩阵的列数。

例 7-1　统计向量中元素的个数。

MATLAB 程序代码如下：

```
a=[454    458    460    462    464    466    468    470    474 ];
[x,y]=size(a)
```

运行结果如下：

```
x = 1
y = 9
```

可以把数据以散点图的形式表示出来，绘制散点图的程序代码如下：

```
a=[ 470   460   454   458    468   474   462   464    466 ];
plot(a,'o','color','r','markersize',20)
```

运行后就可以得到散点图，如图 7-1 所示。

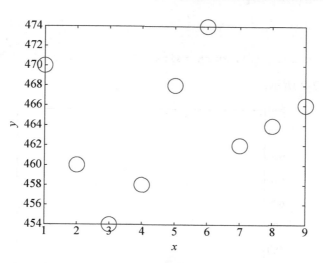

图 7-1 元素的散点图

例 7-2 统计矩阵元素的个数。

MATLAB 程序代码如下：

```
a=[560 564  574  583  596  606  619  638  622
454 458  460  462  464  466  468  470  474
313 312  311  311  311  310  310  310  309 ];
[x,y]=size(a)    %返回矩阵的行数和列数
n=x*y    %计算矩阵中元素的总数量
```

运行结果如下：

```
x = 3
y = 9
n = 27
```

7.1.2 最大值

在 MATLAB 中，寻找元素最大值的指令为：max。

调用格式：max(a)。a 如果是向量，就返回其最大元素；a 如果是矩阵，就寻找各列的最大元素。

例 7-3 寻找向量的最大元素。

MATLAB 程序代码如下：

```
a=[622 606  560 596 638  583  564  619 574];
x=max(a)
```

运行结果如下：

```
x = 638
```

也可以用图形的形式表示出来，MATLAB 程序代码如下：

```
a=[622  606  560  596  638  583  564  619 574 ];
plot(a,'o','color','b','markersize',10)
```

```
hold on
x=max(a)
plot(x,'*' ,'color','r','markersize',20)
```

运行结果如图 7-2 所示。

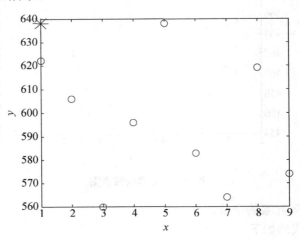

图 7-2　元素的最大值

例 7-4　寻找矩阵的最大元素。

MATLAB 程序代码如下：

```
a=[1 2 3 4
4 2 3 5
8 9 5 6];
a1=max(a)    % 寻找矩阵 a 各列的最大元素
a2=max(max(a)) % 矩阵 a 的最大元素
[x,y]=find(a== max(max(a)))    %返回最大元素的位置
```

运行结果如下：

```
a1 = 8      9     5     6
a2 = 9
x = 3
y = 2
```

7.1.3　最小值

在 MATLAB 中，寻找元素最小值的指令为：min。

调用格式：min(a)。

其使用方法和 max 指令相同，就不再详细介绍了。

7.1.4　元素的和

有时人们想知道一个向量或矩阵各个元素的总和。在 MATLAB 中，求元素和的指令为：sum。

调用格式：sum(a)。a 如果是向量，就计算各元素之和；a 如果是矩阵，就计算各列元素之和。

例 7-5 求向量各元素之和。

MATLAB 程序代码如下：

```
a=[693   710  735  633 638   651  664  680 ];
s= sum(a)
```

运行结果如下：

```
s = 5404
```

例 7-6 求矩阵元素之和。

MATLAB 程序代码如下：

```
a=[1 2 3 4
4 2 3 5
8 9 5 6];
s=sum(a)   % 求矩阵 a 各列元素之和
s2=sum(s)   % 求矩阵所有元素之和
```

运行结果如下：

```
s = 13    13    11    15
s2 = 52
```

7.1.5 平均值

平均值是统计领域最常用的指标之一。在 MATLAB 中，求元素平均值的指令为：mean。

调用格式：mean(a)。a 如果是向量，就计算各元素的平均值；a 如果是矩阵，就计算各列元素的平均值。

例 7-7 求矩阵元素的平均值。

MATLAB 程序代码如下：

```
a=[1 2 3 4
4 1 3 5
7 9 6 6];
m=mean(a)   %求矩阵 a 各列元素的平均值
m2=mean(m)  %求矩阵所有元素的平均值
```

运行结果如下：

```
m = 4    4    4    5
m2 = 4.2500
```

7.1.6 按序排列

在很多时候，需要把各个元素进行按序排列。在 MATLAB 中，按序排列的指令为：

sort。

调用格式：sort(a)。a 如果是向量，就使其各元素按递增顺序排列；a 如果是矩阵，就使矩阵 a 的各列元素按递增顺序排列。

例 7-8 对向量 a 的元素进行按序排列。

MATLAB 程序代码如下：

```
a=[ 8 3 7 5 2 ];
a1=sort(a)
```

运行结果如下：

```
a1 = 2    3    5    7    8
```

例 7-9 对矩阵 a 的元素进行按序排列。

MATLAB 程序代码如下：

```
a=[1 2 3 4
4 1 3 5
7 9 6 6];
a1=sort(a)
```

运行结果如下：

```
a1 =  1    1    3    4
      4    2    3    5
      7    9    6    6
```

7.1.7 极差

极差是数据的最大值与最小值之差。它经常用来作为观测数据分布情况的一个指标。

在 MATLAB 中，求极差的指令为：range。

调用格式：range(a)。a 如果是向量，就直接计算其极差；a 如果是矩阵，就分别计算矩阵各列的极差。

例 7-10 计算向量的极差。

MATLAB 程序代码如下：

```
a=[3 9 2 1 6];
b= range(a)
```

运行结果如下：

```
b = 8
```

例 7-11 计算矩阵各列的极差。

MATLAB 程序代码如下：

```
a=[1 2 3
4 5 6];
b=range(a)
```

运行结果如下：

```
b = 3    3    3
```

例 7-12　计算矩阵 a 所有元素的极差。

MATLAB 程序代码如下：

```
a=[1 2 3
4 5 6 ];
[x,y]=size(a);
n=x*y;
b=reshape(a',1,n )     % 将矩阵转化为一个行向量
a1=range(b)            % 计算行向量的极差
```

运行结果如下：

```
b = 1    2    3    4    5    6
a1 = 5
```

用另一种方法求解，MATLAB 程序代码如下：

```
a=[1 2 3
4 5 6 ];
 r=max(max(a))-min(min(a))     %  找出每列的最大值和最小值，然后找出整个矩阵的最大值
和最小值，再按定义求极差
```

运行结果如下：

```
r = 5
```

7.1.8　中位数

中位数指把所有数据从小到大按顺序排列，位于中间的那个数据。

在 MATLAB 中，寻找中位数的指令为：median。

调用格式：median(a)。a 为向量时，求向量的中位数；a 为矩阵时，求每列的中位数。如果元素的数量是偶数，则以中间两个元素的平均值作为中位数。

例 7-13　求向量的中位数。

MATLAB 程序代码如下：

```
a=[2 1 5 3 6];
b=median(a)
```

运行结果如下：

```
b = 3
```

例 7-14　求向量的中位数。

MATLAB 程序代码如下：

```
a=[2 1 3 4];
b=median(a)
```

运行结果如下：

```
b = 2.5000
```

例 7-15 求矩阵的中位数。

MATLAB 程序代码如下：

```
a=[2 1 3
  5 6 4];
b= median(a)
```

运行结果如下：

```
b = 3.5000    3.5000    3.5000
```

7.1.9 分位数

分位数指把 n 个数据按从小到大的顺序排列，p(在 0～1 之间)分位数指第 p*n 个数据。可以理解为：当 p=0.5 时，分位数就是中位数。

在 MATLAB 中，寻找分位数的指令为：quantile。它的作用是用小数表示分位数。

调用格式：b=quantile(a,[p])。

例 7-16 计算向量的分位数。

MATLAB 程序代码如下：

```
a=[1 2 3 4 5];
b= quantile(a,[0.25 0.5 0.75 ])  %分别计算样本的 0.25、0.5、0.75 分位数
```

运行结果如下：

```
b = 1.7500    3.0000    4.2500
```

注意：当 a 为矩阵时，此指令返回一个矩阵，这个矩阵的第 i 行是矩阵 a 的每列的第 i 个分位数。

例 7-17 计算矩阵的分位数。

MATLAB 程序代码如下：

```
a=[1 2 3 4 5
10 20 30 40 50];
b= quantile (a,[0.25 0.5 0.75 ])
```

运行结果如下：

```
b = 1.0000    2.0000    3.0000    4.0000    5.0000
    5.5000    11.0000    16.5000    22.0000    27.5000
    10.0000    20.0000    30.0000    40.0000    50.0000
```

例 7-18 计算矩阵的分位数。

MATLAB 程序代码如下：

```
a=[1 2 3 4 5
  1 2 3 4 5
```

```
10 20 30 40 50];
b= quantile (a,[0.25 0.5 0.75 ])
```

运行结果如下：

```
b = 1.0000    2.0000    3.0000    4.0000    5.0000
    1.0000    2.0000    3.0000    4.0000    5.0000
    7.7500   15.5000   23.2500   31.0000   38.7500
```

7.1.10　众数

众数指在样本中发生频率最高的元素。

在 MATLAB 中，寻找众数的指令为：mode。

调用格式：b=mode(a)。

例 7-19　计算向量的众数。

MATLAB 程序代码如下：

```
a=[1 1 2 3 4];
b=mode(a)
```

运行结果如下：

```
b = 1
```

当有多个数据发生频率最高且相同时，mode 返回最小的那个数。

例 7-20　计算向量的众数。

MATLAB 程序代码如下：

```
a=[ 1 2 3 4 ];
b=mode(a)
```

运行结果如下：

```
b = 1
```

注：当 a 是矩阵时，mode 指令返回一个行向量，向量的每个元素是矩阵 a 的每列元素的众数。

例 7-21　计算矩阵的众数。

MATLAB 程序代码如下：

```
a=[ 1 2 3 4
2 2 3 5 ];
b=mode(a)
```

运行结果如下：

```
b = 1    2    3    4
```

7.1.11　原点矩

原点矩是表示样本数据分布特征的一个指标。假设样本中有 n 个数据，k 阶原点矩是

所有样本数据的 k 次方之和的平均值，即

$$A_k = \frac{1}{n}\sum_{i=1}^{n} X_i^k$$

从上式可以看出，样本的 1 阶原点矩实际就是样本的平均值。

在 MATLAB 中，计算原点矩的指令为：mean。

调用格式：b=mean(a.^k)。

例 7-22 计算向量的原点矩。

MATLAB 程序代码如下：

```
a=[1 2 3 4];
b1=mean(a.^1)    %计算样本的 1 阶原点矩
b2=mean(a.^2)    %计算样本的 2 阶原点矩
b3=mean(a.^3)    %计算样本的 3 阶原点矩
```

运行结果如下：

```
b1 = 2.5000
b2 = 7.5000
b3 = 25
```

7.1.12　中心矩

中心矩是表示样本数据分布特征的另一个指标。假设样本中有 n 个数据，k 阶中心矩是所有样本数据与平均数之差的 k 次方之和的平均值，即

$$B_k = \frac{1}{n}\sum_{i=1}^{n}(X_i - \bar{X})^k$$

从上式可以看出，样本的 1 阶中心矩为 0。

在 MATLAB 中，计算中心矩的指令为：moment。

调用格式：b=moment(a,k)。作用是计算样本的 k 阶中心矩。

例 7-23 计算向量的中心矩。

MATLAB 程序代码如下：

```
a=[1 2 3 4];
b1=moment(a,1)    %计算样本的 1 阶中心矩
b2=moment(a,2)    %计算样本的 2 阶中心矩
b3=moment(a,3)    %计算样本的 3 阶中心矩
```

运行结果如下：

```
b1 = 0
b2 = 1.2500
b3 = 0
```

7.2　数据的频数分布

频数也叫次数，比如掷硬币，共掷了 10 次，其中 4 次正面向上，可以说，正面向上的频数是 4，反面向上的频数是 6。频数与总次数之比称为频率。

如果把所有样本数据分成若干组，每组中包含的数据个数就叫作这个组的频数。

频数表示特定的数据对整体的作用或影响程度不同：频数越大，说明这些数据对整体的作用程度越大；频数越小，说明对整体的作用程度越小。

各组数据的频数组成情况就叫频数分布。频数分布情况可以用表格的形式表示，也可以用图的形式表示。

7.2.1　频数表

频数表是以表格的形式表示各个元素的频数分布情况。

在 MATLAB 中，统计频数表的指令为：tabulate。

调用格式：t=tabulate(x)。x 是向量，t 是一个矩阵：矩阵的第一列是 x 中的各个值，第二列是每个值的频数，第三列是每个值的频率。

例 7-24　统计向量中元素的频数。

MATLAB 程序代码如下：

```
a=[1 1 2 2 3];
t=tabulate(a)
```

运行结果如下：

```
t =  1    2   40
     2    2   40
     3    1   20
```

7.2.2　频数分布直方图

频数分布直方图是以图形的形式表示元素的频数分布情况，它的优点是更直观、形象。

在 MATLAB 中，绘制频数分布直方图的指令为：hist。

调用格式：hist(x,n)。其中 x 是样本向量，n 表示分组数目，MATLAB 的默认值为 10。

例 7-25　绘制样本的频数分布直方图。

MATLAB 程序代码如下：

```
x=[27 23 25 27 29 31 27 30 32 21 28 26 27 29 28 24 26 27 28 30 27 23 25
27 29 31 27 30 32 21];
hist(x,5)
n=hist(x,5)   % 显示每组的频数 n
```

运行结果如下：

```
n = 4    3    10    6    7
```

图 7-3 所示为样本数据的频数分布直方图。

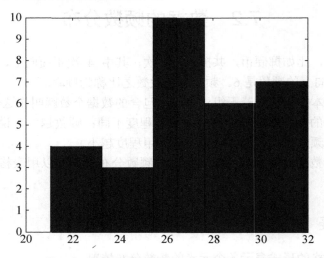

图 7-3　样本数据的频数分布直方图——5 组

例 7-26　绘制样本的频数分布直方图。

MATLAB 程序代码如下：

```
x=[1 1 1 1 2 3 ];
hist(x,3)
n=hist(x,3)
```

运行结果如下：

```
n = 4    1    1
```

图 7-4 所示为样本数据的频数分布直方图。

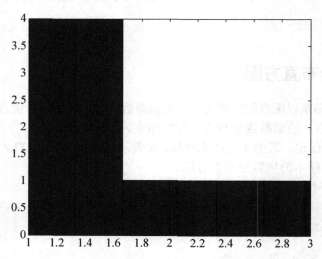

图 7-4　样本数据的频数分布直方图——3 组

用户可以自己确定边界进行分组，指令为：histc。

例 7-27　绘制样本的频数分布直方图。

MATLAB 程序代码如下：

```
a=[1 2 3 4 5 6 7 8 9 10 ];
edges=[0.2 5 7 15]  %  分组边界为：0.2<=x<5, 5<=x<7, 7<=x<15
[n,bin]=histc(a,edges)
bar(edges,n,'histc') %绘制直方图
```

运行结果如下：

```
edges = 0.2000    5.0000    7.0000    15.0000
n = 4     2     4     0
bin = 1   1   1   1   2   2   3   3   3   3
```

说明：edges 表示边界数值。

```
n = 4     2     4     0
```

表示 $0.2 \leqslant x < 5$ 范围的数据有 4 个，$5 \leqslant x < 7$ 范围内的数据有 2 个，$7 \leqslant x < 15$ 范围内的数据有 4 个，15 以外的 0 个。

```
bin = 1   1   1   1   2   2   3   3   3   3
```

表示 a 中的每个值分别位于 edges 的哪个范围中(1、2、3、4 落在第一个范围中，5、6 落在第二个，7、8、9、10 落在第三个。如果某元素不在任何一个范围中，则返回 0)。

图 7-5 所示为频数分布直方图。

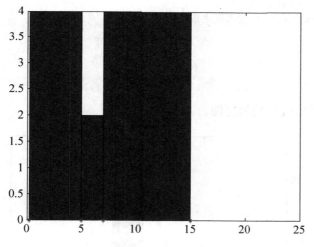

图 7-5　频数分布直方图——自己划定分组边界

7.3　数据的正态分布分析

在进行数据分析时，经常要假设样本的分布属于正态分布，但实际上，很多样本并不属于理想的正态分布，经常存在一些偏离的情况。所以，就需要对这种偏离程度进行描述。

进行正态分布分析时，使用的指标主要有两个，即偏度和峰度。

7.3.1　偏度

偏度指样本的分布偏离正态分布的情况，包括偏斜方向和程度。偏度反映了样本分布的对称性：偏度越接近 0，说明分布越对称；反之，偏度距离 0 越远，说明样本的分布越偏斜。其中，当偏度小于 0 时，称为左偏，样本的顶点向右偏；偏度大于 0 时，称为右偏，样本的顶点向左偏。

偏度的计算公式为

$$s = \frac{A_3}{(A_2)^{1.5}}$$

式中，A_2、A_3 分别为样本的 2 阶和 3 阶中心矩。

在 MATLAB 中，计算偏度的指令为：skewness。

调用格式：s=skewness(a)。

例 7-28　计算样本的偏度。

MATLAB 程序代码如下：

```
a=[27 23 25 27 29 31 27 30 32 21 28 26 27 29 28 24 26 27 28 30];
s=skewness(a)
hist(a) % 绘制直方图
[n,x]=hist(a);  %绘制概率密度函数曲线
hold on
[f,x]=ksdensity(a);
f=f/max(f)*max(n);  % 使密度函数与最高点对应
plot(x,f)
```

运行结果如下：

```
s = -0.4443
```

图 7-6 所示为样本数据的偏度图。

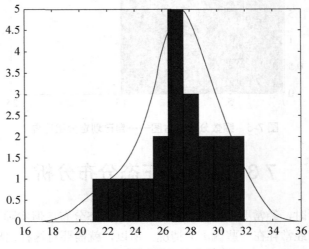

图 7-6　样本数据的偏度图

7.3.2 峰度

峰度表示样本数据的总体分布密度曲线在峰值附近的陡峭程度。标准正态分布的峰度是 3，所以，样本的峰度越接近 3，表示越符合正态分布。

峰度的计算公式为

$$c = \frac{a_4}{(a_2)^2}$$

式中，a_2、a_4 分别为样本的 2 阶和 4 阶中心矩。

在 MATLAB 中，计算峰度的指令为：kurtosis。

调用格式：c= kurtosis(a)。

例 7-29 计算样本的峰度。

MATLAB 程序代码如下：

```
a=[27 23 25 27 29 31 27 30 32 21 28 26 27 29 28 24 26 27 28 30];
c=kurtosis(a)
```

运行结果如下：

```
c = 3.0770
```

7.4 数据的离散度分析

离散度表示数据间的差异程度。常用的衡量离散度的指标有方差、标准差、变异系数等。

7.4.1 方差

样本方差有以下两种形式的定义，即

$$S^2 = \frac{1}{n-1}\sum_{i=1}^{n}(X_i - \bar{X})^2 \tag{1}$$

$$S^2 = \frac{1}{n}\sum_{i=1}^{n}(X_i - \bar{X})^2 \tag{2}$$

式(2)称为未修正样本方差。

7.4.2 标准差

标准差是方差的算术平方根，所以它也有两种形式，即

$$S = \sqrt{\frac{1}{n-1}\sum_{i=1}^{n}(X_i - \bar{X})^2} \tag{3}$$

$$S = \sqrt{\frac{1}{n}\sum_{i=1}^{n}(X_i - \bar{X})^2} \tag{4}$$

在 MATLAB 中，计算方差的指令为：var；计算标准差的指令为：std。

调用格式有以下几种。

① var(x,0)：用公式(1)计算方差。

② var(x,1)：用公式(2)计算方差。

③ std(x,0)：用公式(3)计算标准差。

④ std(x,1)：用公式(4)计算标准差。

例 7-30 计算样本的方差和标准差。

MATLAB 程序代码如下：

```
x=[27 23 25 27 29 31 27 30 32 21 28 26 27 29 28 24 26 27 28 30];
v1=var(x,0)
v2=var(x,1)
s1=std(x,0)
s2=std(x,1)
```

运行结果如下：

```
v1 = 7.1447
v2 = 6.7875
s1 = 2.6730
s2 = 2.6053
```

7.4.3 变异系数

变异系数是样本的标准差与平均值的比值。它也是衡量数据差异度的一个指标：当比较两个或多个变量的差异度时，如果各个变量的平均值相同，就可以使用它们的标准差进行比较；但如果各变量的平均值不同，就需要使用标准差与平均数的比值即变异系数进行比较。

例 7-31 计算样本的变异系数。

MATLAB 程序代码如下：

```
x=[ 27 23 25 27 29 31 27 30 32 21 28 26 27 29 28 24 26 27 28 30];
r=std(x)/mean(x)
```

运行结果如下：

```
r = 0.0981
```

7.5 相关性分析

相关性指两个变量间的关联程度，即它们之间有没有一定的关系。具体可以分为不同的类型，即正相关、负相关、不相关等。如果一个变量的值随着另一个变量值的增加而增加，二者称为正相关；如果一个变量的值随着另一个变量值的增加而减小，称为负相关；如果一个变量的变化对另一个变量没有影响，就称为不相关。

描述相关性的指标有两个，即协方差和相关系数。

7.5.1　协方差

设有两个变量 a、b，它们间的协方差可以表示为

$$\text{cov}(a,b) = E[(a - E(a))(b - E(b))]$$

式中，E 为数学期望。

两个变量的相关度越大，它们的协方差值就越大，完全线性无关时，协方差值为零。

在 MATLAB 中，计算协方差的指令为：cov。它可以得到一个矩阵，称为协方差矩阵。

例 7-32　计算两个变量 a 和 b 的协方差。

MATLAB 程序代码如下：

```
a=[1 2 3 4 5];
b=[6 8 9 12 13];
plot(a,'.','color','b','markersize',30)   % 在图中表示向量 a
hold on
plot(b,'.' ,'color','r','markersize',30)    % 在图中表示向量 b
conab=cov(a,b)  %计算 a 和 b 间的协方差
```

运行结果如下：

```
conab = 2.5000    4.5000
        4.5000    8.3000
```

conab 叫作变量 a 和 b 的协方差矩阵，它是一个对称矩阵，主对角线上的 2.5 是 a 的方差，8.3 是 b 的方差，副对角线上的 4.5 是 a 与 b 间的协方差。

图 7-7 所示为两个向量的散点图。

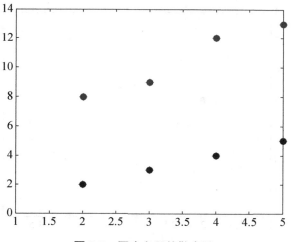

图 7-7　两个向量的散点图

7.5.2　相关系数

在分析变量的相关性时，经常遇到这样的情况：不同的变量其取值范围经常相差很

大，这样得到的协方差值也经常有较大差异，不具有可比性。

为了解决这个问题，人们提出，先对各个变量进行标准化变换，然后再计算协方差，这样得到的协方差值叫作相关系数。相关系数有多种类型，平时使用较多的是线性相关系数，它描述变量间的线性相关程度，是一个没有单位的数据，最大值为 1。绝对值越接近 1，说明变量间的线性相关性越强(正相关或负相关)；当它为 0 时，变量间不存在线性关系，但有可能存在非线性关系。

在 MATLAB 中，计算变量间相关系数矩阵的指令为：corrcoef。

例 7-33　计算两个变量 a 和 b 的相关系数。

MATLAB 程序代码如下：

```
a=[0.001 0.002 0.003 0.004 0.005];
b=[6 8 9 12 13];
plot(a,'.','color','b','markersize',30)    % 在图中表示向量 a
hold on
plot(b,'.' ,'color','r','markersize',30)    % 在图中表示向量 b
rab=corrcoef(a,b)    %计算 a 和 b 的相关系数矩阵
```

运行结果如下：

```
rab = 1.0000    0.9879
0.9879    1.0000
```

rab 叫作变量 a 和 b 的相关系数矩阵，它也是一个对称矩阵，主对角线上的 1 分别是经过标准化变换的变量 a 和 b 的方差，副对角线上的 0.9879 是经过标准化变换的 a 与 b 间的相关系数。

图 7-8 所示为两个向量的散点图。

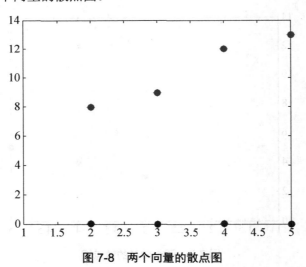

图 7-8　两个向量的散点图

习　题

1. 统计向量 **a** 中元素的个数：

a=[619　638　622　454 458　460　462　464　466　468　470　474　313 312　311　311　311　310　310]。

2. 统计矩阵 **a** 中元素的个数：

a=[60 64 74　83　96　06　19　38　622

54 58 60　62　64　66　68　470　474

13 12 11　11　11　10　10　310　309]。

3. 寻找第 1 题向量中的最大元素。

4. 寻找第 2 题矩阵的最大元素。

5. 求向量 **a**=[8 60　62　64　66　68　470　47]的元素之和。

6. 求矩阵 **a** 所有元素之和：

a=[60　62　64　66　68　470 60 64 74

83　96　06　19　38　622 54 58　474

11　10　10　310 309 13 12 11　11]。

7. 求向量 **a**=[22 54 58　47 462　464　466　468　470] 各元素的平均值。

8. 求第 6 题矩阵中各元素的平均值。

9. 求向量 **a**=[64　466　468　470 22 54 58　47 46 24]的极差。

10. 求矩阵 **a**=[70 60 64 74 60　62　64　66　68

38　622 54 58　83　96　06　19　474

309 13 12 11 11　10　10　310　11]

的极差。

11. 分别计算向量 **a**=[58　47 462　464　466　46　83　96　46]的 0.25、0.5、0.75 分位数。

12. 分别计算矩阵的 0.1、0.25、0.5、0.75 分位数：

a=[58　47　82　64　46　93　83　96

46　46　83　96　58　47　42　64]

13. 计算向量 **a**=[58　47　42　96　06　19　47]的 1 阶、2 阶、3 阶原点矩。

14. 计算向量 **a**=[363 236 541 682 289 237]的 1 阶、2 阶、3 阶中心矩。

15. 统计向量 **a**=[12 13 26 28 13 12 34 12 26 13 12 13]中各元素的频数并绘制频数分布直方图。

16. 计算 **a**=[51　47　50　52　41　47　43　45　47　49 48　46　47　49　48　44 46 47　48　50]样本的偏度和峰度。

17. 计算 **x**=[124　126　127　128　130　127　123　125　127　129　131　127　130 132　121　128　126　127　129　128]样本的方差、标准差和变异系数。

18. 计算变量 **a**=[0.1 0.2 0.3 0.4 0.5]和 **b**=[16 18 19 22 23]的协方差和相关系数。

第8章 方差分析

方差分析也叫"变异数分析"或"F 检验"，是英国统计学家 R.A.Fisher 在 20 世纪 20 年代提出的一种统计方法，目的是通过对数据进行分析，研究生产或实验条件对结果的影响，包括哪些因素影响较大、哪些因素影响较小以及影响因素在什么情况下实验结果最好。所以，方差分析在生产和科学研究中应用很广泛，能够对生产实践和实验设计起到较好的指导作用。

8.1 概　　述

方差分析有不同的类型，但它们的原理相同。

8.1.1 类型

按照不同的分类方法，方差分析可以分为以下不同的类型。

(1) 按影响因素或自变量的个数，分为单因素方差分析、多因素方差分析等，多因素方差分析又具体包括二因素方差分析、三因素方差分析等。

(2) 按分析指标或因变量的个数，分为一元方差分析、多元方差分析等，多元方差分析又具体包括二元方差分析、三元方差分析等。

如果同时有多个自变量和多个因变量，称为多因素多元方差分析，如二因素二元方差分析、三因素二元方差分析等。

8.1.2 原理

下面以单因素一元方差分析为例介绍其原理。

假设要研究某种化学成分的含量对材料硬度的影响，分别在材料里加入 5 种含量的成分，然后测试每种材料的硬度，各测量 3 次，最后得到 5 组数据，每组包括 3 个数据。

(1) 一般来说，这些测量数据之间会有一定的差别，方差分析理论认为，这种差别是由两方面原因造成的。

① 实验条件，如化学成分，在本例中就是含量的多少。由这个原因造成的差异称为组间差异，表示组与组之间的差异。组间差异用"组间平方和"表示，即各组的平均值与总平均值之差的平方和。

② 随机误差，即由测量误差造成的差异。这种差异叫作组内差异，表示每组内部由随机误差造成的差异。组内差异用"组内平方和"表示，即同一组内各个测量值与本组平均值之差的平方和。

硬度测量值间存在的总差异用总离差平方和表示，所以有

总离差平方和=组间平方和+组内平方和

(2) 有时不同组的测量次数不同，所以不同组内的测量数据的个数不同，故用均方代替离差平方和，以消除样本数不同的影响。均方=离差平方和/自由度；组间自由度=组数-1，组内自由度=样本总数-组数。

所以，组间均方=组间平方和/(组数-1)；组内均方=组内平方和/ (样本总数-组数)。

(3) 比较总离差平方和的各部分所占的比例，即组间均方和组内均方所占的比例，以判断实验条件是否对实验结果造成了显著影响。

这一步又叫作 F 值检验。首先，求出组间均方与组内均方的比值，称为 F 值。将 F 值与 1 比较，如果 F 值远大于 1，说明实验条件对实验结果有显著影响，如果 F 值接近或小于 1，说明实验条件对实验结果没有显著影响。

在实际应用中，人们一般通过查阅 F 分布表，获得在检验假设成立的情况下，在一定的显著性水平下，F 值大于某个特定临界值的概率 P 值。通过这个概率值，就可以判断出假设是否成立：如果概率值较大，说明假设成立；如果概率值较小，说明假设不成立。

上述过程可以归结为方差分析表，如表 8-1 所示。

表 8-1　单因素方差分析表

方差来源	平方和	自由度	均方	F 值	概率
组间	SA	$r-1$	SA/($r-1$)	(SA/($r-1$))/	P
组内	SE	$N-r$	SE/($N-r$)	(SE/($N-r$))	(H_0 成立时，F
总和	ST	$N-1$			大于临界值)

8.2　单因素一元方差分析

进行方差分析，数据样本需要满足两个假定条件：首先，样本数据服从正态分布；其次，不同水平下(即各组)的观测数据总体方差没有显著差异。

所以，在进行方差分析前，需要先进行正态性检验和方差齐次性检验。

下面通过实例介绍单因素一元方差分析的步骤。

例 8-1　研究加工压力值对某种钢材硬度的影响：分别在 4 个不同的压力下对钢材进行加工，然后测试钢材的硬度值，如表 8-2 所示。

表 8-2　钢材在不同压力水平下的硬度值

压力	硬度					
一	36	57	49	41	52	66
二	58	55	56	61	65	47
三	33	36	45	29	46	35
四	43	48	56	44	46	52

先绘制曲线图，观察钢材的硬度与压力的关系。MATLAB 程序代码如下：

```
x=[1 2 3 4 5 6];
y=[36      57      49      41      52      66
58      55      56      61      65      47
33      36      45      29      46      35
43      48      56      44      46      52   ];
plot(x,y,'r', 'marker','o')
```

运行结果如图 8-1 所示。

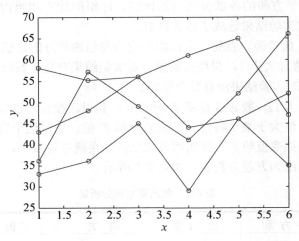

图 8-1　钢材的硬度与压力的关系

分析压力对钢材的硬度有没有显著影响。

1. 正态性检验

在 MATLAB 中，进行正态性检验的指令为：lillietest。

调用格式有以下两种。

① H = lillietest(X)。H 是检验结果：如果 H=0，表示在显著性水平为 0.05 时，数据服从正态分布；如果 H=1，表示在显著性水平为 0.05 时，拒绝"数据服从正态分布"的原假设，即数据不服从正态分布。

② [H,P] = lillietest(X)。P 指概率值，它的值较大时，表示原假设成立的可能性比较大；较小时，表示原假设成立的可能性较小。

原假设是：每组数据都服从正态分布。

MATLAB 程序代码如下：

```
a=[ 36      57      49      41      52      66
58      55      56      61      65      47
33      36      45      29      46      35
43      48      56      44      46      52   ];
a1=a(1,:);
a2=a(2,:);
a3=a(3,:);
a4=a(4,:);
[h1,p1]=lillietest(a1)
[h2,p2]=lillietest(a2)
[h3,p3]=lillietest(a3)
[h4,p4]=lillietest(a4)
```

运行结果如下：

```
h1 = 0
p1 = 0.5000
h2 = 0
p2 = 0.5000
h3 = 0
p3 = 0.3222
h4 = 0
p4 = 0.5000
```

从结果可以看出，4 组数据的 h 值都是 0，p 值都大于 0.05，说明在显著性水平 0.05 下均接受原假设，即均服从正态分布。

2. 方差齐次性检验

原假设是：各组数据的方差没有显著性差异。

进行方差齐次性检验的指令为：vartestn。

调用格式有以下两种。

① P=vartestn(a)。P 指概率值，它的值越大，表明原假设成立的可能性越大，值越小，表明原假设成立的可能性越小。

② [P,STATS]= vartestn(a)。STATS 是一个包含检验统计值和自由度的表格。

MATLAB 程序代码如下：

```
a=[ 36     57     49     41     52     66
58     55     56     61     65     47
33     36     45     29     46     35
43     48     56     44     46     52 ];
[p,stats]=vartestn(a)
```

运行结果如下：

```
p = 0.8050
stats = chisqstat: 2.3085
     df: 5
```

STATS 统计表如图 8-2 所示。

Group Summary Table

Group	Count	Mean	Std Dev
1	4	42.5	11.1505
2	4	49	9.4868
3	4	51.5	5.4467
4	4	43.75	13.2004
5	4	52.25	8.9582
6	4	50	12.8323
Pooled	24	48.1667	10.5132

Bartlett's statistic	2.30847
Degrees of freedom	5
p-value	0.80502

图 8-2 STATS 统计表

检验的 p 值= 0.8050>0.05，说明在显著性水平 0.05 下原假设成立，各组数据的方差没有显著性差异。

前两步证明，样本数据满足方差分析的基本假定，可以进行方差分析。

3. 方差分析

在 MATLAB 中，可以用两种方法进行单因素一元方差分析。

第一种方法：使用指令 anova1。

调用格式：[p,anovatab,stats]=anova1(x)。p 指概率值；anovatab 指方差分析表；stats 是统计信息表，后面进行多重比较时使用。x 是矩阵，要求每组的样本数据按列排列，即第一列是第一组数据、第二列是第二组数据、……

进行方差分析时，原假设是不同组的硬度值没有显著差别，备择假设是有显著差别。

MATLAB 程序代码如下：

```
a=[ 36    57    49    41    52    66
58    55    56    61    65    47
33    36    45    29    46    35
43    48    56    44    46    52 ];
x=a'; % 让矩阵的数据排列符合 anova1 的要求
[p,anovatab,stats]=anova1(x)
```

运行结果如下：

```
p = 0.0020
anovatab = 'Source'      'SS'              'df'    'MS'         'F'
'Prob>F'
         'Columns'    [1.1963e+03]    [ 3]    [398.7778]    [7.0768]
[0.0020]
         'Error'      [1.1270e+03]    [20]    [ 56.3500]    []          []
         'Total'      [2.3233e+03]    [23]    []            []          []
stats = gnames: [4x1 char]
      n: [6 6 6 6]
   source: 'anova1'
   means: [50.1667 57 37.3333 48.1667]
     df: 20
      s: 7.5067
```

anova1 返回的方差分析表如图 8-3 所示。

			ANOVA Table		
Source	SS	df	MS	F	Prob>F
Columns	1196.33	3	398.778	7.08	0.002
Error	1127	20	56.35		
Total	2323.33	23			

图 8-3 anova1 返回的方差分析表

方差分析表有以下 6 列。

高等院校计算机教育系列教材

164

第一列为方差来源，包括组间、组内和总计 3 种。

第二列为各方差来源对应的平方和(SS)。

第三列为各方差来源对应的自由度(df)。

第四列为各方差来源所对应的均方(MS)，MS=SS/df。

第五列为 F 检验统计量的观测值，它是组间均方与组内均方的比值。

第六列为检验的 p 值，对给定的显著性水平，如果 p≤显著性水平，则拒绝原假设。

在本例中，p = 0.0020<0.05，说明各组硬度数据有显著的差别，即加工工艺参数(压力)对钢材的硬度会产生较大的影响。

anova1 指令还产生了一个箱线图，如图 8-4 所示。

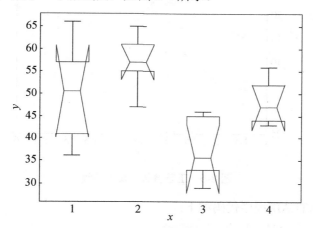

图 8-4　anova1 返回的各组数据图

在箱线图中，具体包括 4 个图，每个图表示一组硬度值，在每个图中，从下到上，各条横线分别表示最小值、1/4 分位数、中位数、3/4 分位数、最大值。

从各个箱线图中线的差异可以看出 F 检验统计量和 p 值，线的差异越大，说明 F 值越大，p 值越小。

第二种方法：编写程序。

使用 anova1 指令时，要求各组样本的数量相同。但有时人们对不同的工艺参数，测试的数据量不同。对这种情况，就不能用 anova1 进行方差分析了，需要按照前面的方差分析原理，编程来进行。

例 8-2　对不同样本数据进行方差分析。

x=[58　　　55　　　56　　　61

33　　　36　　　45　　　29　　　46

43　　　48　　　56　　　44　　　46　　　52　　];

检验工艺参数对硬度值有没有显著影响。

原假设是没有显著影响的。

工艺参数与硬度的曲线图绘图程序代码如下：

```
a1=[1 2 3 4];
a2=[1 2 3 4 5];
```

```
a3=[1 2 3 4 5 6];
x1=[58    55    56    61 ];
x2=[33    36    45    29    46 ];
x3=[43    48    56    44    46    52 ];
plot(a1,x1,a2,x2,a3,x3, 'r ', 'marker', 'o ')
```

图形如图 8-5 所示。

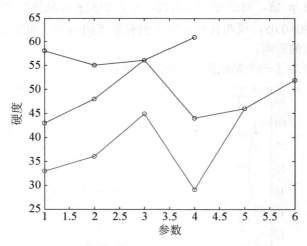

图 8-5　工艺参数与硬度曲线

方差分析的 MATLAB 程序代码如下：

```
x1=[ 58    55    56    61];
x2=[ 33    36    45    29    46];
x3=[ 43    48    56    44    46    52];
n1=length(x1);
n2=length(x2);
n3=length(x3);
X1=sum(x1);mx1=mean(x1);
X2=sum(x2);mx2=mean(x2);
X3=sum(x3); mx3=mean(x3);
n=n1+n2+n3; X=X1+X2+X3; mx=X/n;
SE=(x1-mx1)*(x1-mx1)'+(x2-mx2)*(x2-mx2)'+(x3-mx3)*(x3-mx3)';
SA=n1*(mx1-mx)^2+n2*(mx2-mx)^2+n3*(mx3-mx)^2;
F=(SA/2)/(SE/15)
finv(0.95,2,15)
p=1-fcdf(F,2,15)
```

运行结果如下：

```
F = 17.7365
ans = 3.6823
p = 1.1162e-04
```

$p = 1.1162 \times 10^{-4} <$ 显著性水平　0.05，则拒绝原假设，说明各组硬度数据有显著差别，即加工工艺对钢材的硬度会产生较大的影响。

4．多重比较检验

如果方差分析的结果表明，各组的均值存在显著差异，这并不是指每两个组都存在显著差异，而是有的有显著差异，有的可能并没有显著差异。也就是说，影响因素的水平对结果的影响不同：有的水平影响大，而有的影响小。在很多时候，人们想确切地知道，到底哪两个组之间有显著差异，这样就可以了解：影响因素的哪个水平对结果的影响更大。可以理解，这一点对生产和科研的作用很大。

要想知道具体哪两个组之间有显著性差异，也就是哪个水平的影响更明显，就要对不同水平的数据进行一一比较，人们把这个过程叫作多重比较检验。

下面仍以上节的例子来说明怎样进行多重比较检验。

上节的方差分析结果表明，材料的压力对它的硬度有显著影响。现在想进一步了解，压力为多少时对硬度的影响最大。了解了这一点，就可以更有针对性地选择材料的压力值了。

在 MATLAB 中，进行多重比较检验的指令为：multcompare。

调用格式：[c,m,h,gnames]=multcompare(stats,'alpha',n)。其中 c 是多重比较的结果；m 是一个矩阵，第 1 列是每组均值的估计值，第 2 列是相应的标准误差；h 是多重比较图形的句柄值，可以用来对图形进行修改；gnames 可以标明各组的组名；alpha 表示显著性水平；n 是显著性水平的值。

MATLAB 程序代码如下：

```
a=[ 36    57    49    41    52    66
58    55    56    61    65    47
33    36    45    29    46    35
43    48    56    44    46    52 ];
x=a';
[p,table,stats]=anova1(x)
[c,m,h,gnames]=multcompare(stats,'alpha',0.05)
```

运行结果如下：

```
c=  1.0000    2.0000   -18.9639    -6.8333     5.2972
    1.0000    3.0000     0.7028    12.8333    24.9639
    1.0000    4.0000   -10.1305     2.0000    14.1305
    2.0000    3.0000     7.5361    19.6667    31.7972
    2.0000    4.0000    -3.2972     8.8333    20.9639
    3.0000    4.0000   -22.9639   -10.8333     1.2972
m = 50.1667    3.0646
    57.0000    3.0646
    37.3333    3.0646
    48.1667    3.0646
h = 2
gnames = 1
2
3
4
```

在比较结果中，c 的各行显示的是每两组进行比较的结果。第一列和第二列是进行比较的组号；第四列是两组样本数据的均值之差(第一列的组减第二列的组)；第三列和第五列分别是均值差的置信区间，置信水平由 alpha 确定。

判断两组间的差异是否显著，通过观察置信下限(第三列)与置信上限(第五列)的正负号：如果两者的正负号相同，说明两组间均值的差异显著；如果两者的正负号相反，说明差异不显著。

多重比较还会产生一个多重比较检验图，如图 8-6 所示。

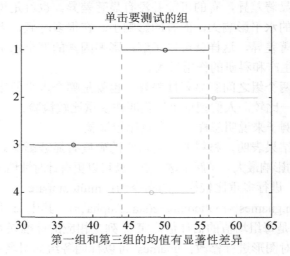

图 8-6　多重比较检验图

这个图可以允许用户用鼠标操作进行两两比较检验。图中的"o"符号标出了每组的均值，水平线段表示每组均值的置信区间。如果某两条线段的横坐标没有重叠部分，说明这两个组的均值具有显著性差异。可以用鼠标在图中任选一个组，被选的组会显示为蓝色，和它有显著性差异的组会显示红色；和它没有显著性差异的组是暗灰色。

8.3　其他类型的方差分析

单因素一元方差分析是最基本的类型，此外，还包括其他一些比较复杂的类型，即双因素一元方差分析、多因素一元方差分析、单因素多元方差分析等。

8.3.1　双因素一元方差分析

对很多实际问题来说，它们可能有多个影响因素，要想了解这些因素对实验结果的影响是否显著，就要进行多因素方差分析。其中，最简单的是双因素一元方差分析。

在 MATLAB 中，进行双因素一元方差分析的指令为：anova2。

调用格式：[p,table,stats] = anova2(x,n)。其中 x 是样本数据，x 的每列对应因素 A 的一个水平，每行对应因素 B 的一个水平；n 表示每组中的数据个数，默认值是 1，如果大于 1，此指令会检验 A 和 B 的交互作用是否显著；p 是概率值，如果 n=1，p 会有两个元素，分别表示对影响因素 A 和 B 的检验结果；如果 n>1，p 有 3 个元素，分别表示对因素 A、B、AB 交互作用的检验结果；table 是方差分析表；stats 用于进行多重比较。

1. 没有重复实验的情况

它是指在不同的条件下只进行了一次实验，得到了一个数据。

例 8-3　有 4 个品种的钢材，3 种加工工艺，一共有 12 种硬度，测量的硬度数据如表 8-3 所示。

表 8-3　不同钢材和加工工艺的硬度值

钢　材	工艺 1	工艺 2	工艺 3
品种 1	29	25	27
品种 2	37	36	38
品种 3	23	22	24
品种 4	32	31	33

分析钢的品种和工艺对硬度是否具有显著影响。

品种和工艺与硬度的图形绘图程序代码如下：

```
x=[1 2 3 4 ];
y=[1 2 3 ];
[x,y]=meshgrid(x,y);
z=[ 29 25 27
37  36 38
23 22 24
32 31 33 ]';
surf(x,y,z,'marker','o','markersize',15)
```

运行结果如图 8-7 所示。

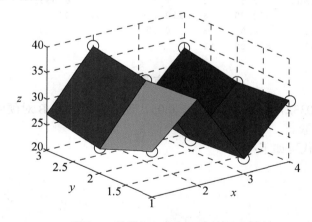

图 8-7　品种和工艺与硬度的关系

(1) 正态性和方差性齐次性检验。实践证明，当实验数据较少时，正态检验的结果经常不可靠，而且检验结果无论是否满足正态性和方差齐次性检验这两个基本条件，方差分析的结果经常是可靠的。所以，本例也属于这种情况，不再进行正态性和方差性齐次性检验了，而是直接进行方差分析。

(2) 方差分析。

MATLAB 程序代码如下：

```
x=[ 29 25 27
37  36 38
23 22 24
```

```
32 31 33 ];
[P,TABLE,STATS] = anova2(x)
```

运行结果如下：

```
P = 0.0332    0.0000
TABLE = 'Source'      'SS'          'df'     'MS'          'F'          'Prob>F'
'Columns'    [  9.5000]    [ 2]    [  4.7500]    [  6.3333]    [   0.0332]
'Rows'       [332.2500]    [ 3]    [110.7500]    [147.6667]    [5.1937e-06]
'Error'      [  4.5000]    [ 6]    [  0.7500]    []            []
'Total'      [346.2500]    [11]    []            []            []
STATS = source: 'anova2'
    sigmasq: 0.7500
    colmeans: [30.2500 28.5000 30.5000]
        coln: 4
    rowmeans: [27 37 23 32]
        rown: 3
       inter: 0
        pval: NaN
          df: 6
```

方差分析表如图 8-8 所示。

ANOVA Table

Source	SS	df	MS	F	Prob>F
Columns	9.5	2	4.75	6.33	0.0332
Rows	332.25	3	110.75	147.67	0
Error	4.5	6	0.75		
Total	346.25	11			

图 8-8　方差分析表

检验结果 P = 0.0332，0.0000，均小于 0.05，说明因素 A 和 B 对硬度的影响都很显著。
(3) 多重比较检验。
MATLAB 程序代码如下：

```
x=[ 29 25 27
37  36 38
23 22 24
32 31 33 ];
[P,TABLE,STATS] = anova2(x);
COMPARISON1 = multcompare(STATS,'alpha',0.05, 'estimate','column')
% estimate、column 指对矩阵的各列进行多重比较
figure(2)
COMPARISON2 = multcompare(STATS,'alpha',0.05, 'estimate','row')
% estimate、row 指对矩阵的各行进行多重比较
```

运行结果如下：

```
COMPARISON1 = 1.0000    2.0000    -0.1289    1.7500    3.6289
              1.0000    3.0000    -2.1289    -0.2500    1.6289
2.0000    3.0000    -3.8789    -2.0000    -0.1211
```

按列进行的多种比较如图 8-9 所示。

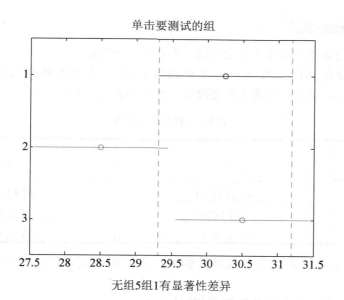

单击要测试的组

无组5组1有显著性差异

图 8-9 按列进行的多种比较

```
COMPARISON2 =  1.0000     2.0000   -12.4478   -10.0000    -7.5522
               1.0000     3.0000     1.5522     4.0000     6.4478
               1.0000     4.0000    -7.4478    -5.0000    -2.5522
               2.0000     3.0000    11.5522    14.0000    16.4478
               2.0000     4.0000     2.5522     5.0000     7.4478
   3.0000      4.0000    -11.4478    -9.0000    -6.5522
```

按行进行的多种比较如图 8-10 所示。

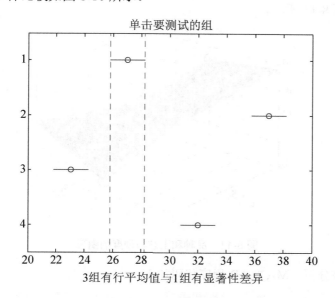

单击要测试的组

3组有行平均值与1组有显著性差异

图 8-10 按行进行的多种比较

结果表明，工艺 2、3 间具有显著性差异；钢的品种间，每两种之间都具有显著性差异。

2. 有重复实验的情况

它指在不同的条件下进行了多次实验，得到了多个数据。

例 8-4　假设有 A1、A2、A3 这 3 个品种的材料，每个品种有 B1、B2 两种处理工艺。一共 6 种组合。每个组合测 4 次硬度值，数据如表 8-4 所示。

表 8-4　材料硬度数据

材料 ＼ 品种	B1	B2
A1	42 44 41 50	47 50 45 51
A2	18 9 16 20	38 43 51 49
A3	38 26 32 31	25 22 17 23

分析两个因素对性能是否有显著性影响，并分析交互作用是否显著(设显著性水平=0.05)。

品种和工艺与硬度的图形绘图程序代码如下：

```
x=[1 2 3 ];
y=[1 2 ];
[x,y]=meshgrid(x,y);
z=[44.25  48.25
15.75  45.25
31.75  21.75 ]';
surf(x,y,z,'marker','o','markersize',15)
```

运行结果如图 8-11 所示。

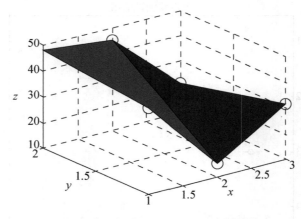

图 8-11　品种和工艺与硬度的图形

直接进行方差分析，MATLAB 程序代码如下：

```
a=[ 42    44    41    50
47    50    45    51
18     9    16    20
38    43    51    49
```

```
38     26     32     31
25     22     17     23 ];
x=a';
y=[ x(:,[1,3,5])
x(:,[2,4,6])   ]        % 按照 anova2 的要求，列对应因素 A，行对应因素 B，所以对 x 进行
转置，然后叠加，每列表示一种 A 的数据
top={'因素','A1','A2','A3'};
left={'B1';'B1';'B1';'B1';'B2';'B2';'B2';'B2'};
[top;left,num2cell(y)]
[p,table,stats]=anova2(y,4)
```

运行结果如下：

```
Y = 42     18     38
    44      9     26
    41     16     32
    50     20     31
    47     38     25
    50     43     22
    45     51     17
    51     49     23
Ans = '因素'      'A1'      'A2'      'A3'
      'B1'      [42]      [18]      [38]
      'B1'      [44]      [ 9]      [26]
      'B1'      [41]      [16]      [32]
      'B1'      [50]      [20]      [31]
      'B2'      [47]      [38]      [25]
      'B2'      [50]      [43]      [22]
      'B2'      [45]      [51]      [17]
      'B2'      [51]      [49]      [23]
P = 1.0e-03 *
    0.0001     0.3981     0.0002
```

table = 'Source'	'SS'	'df'	'MS'	'F'	'Prob>F'
'Columns'	[1713]	[2]	[856.5000]	[43.7362]	[1.2280e-07]
'Rows'	[368.1667]	[1]	[368.1667]	[18.8000]	[3.9813e-04]
'Interaction'	[1.6043e+03]	[2]	[802.1667]	[40.9617]	[1.9973e-07]
'Error'	[352.5000]	[18]	[19.5833]	[]	[]
'Total'	[4038]	[23]	[]	[]	[]

```
stats= source: 'anova2'
      sigmasq: 19.5833
     colmeans: [46.2500 30.5000 26.7500]
         coln: 8
     rowmeans: [30.5833 38.4167]
         rown: 12
        inter: 1
         pval: 1.9973e-07
           df: 18
```

方差分析表如图 8-12 所示。

Source	SS	df	MS	F	Prob>F
Columns	1713	2	856.5	43.74	0
Rows	368.17	1	368.167	18.8	0.0004
Interaction	1604.33	2	802.167	40.96	0
Error	352.5	18	19.583		
Total	4038	23			

ANOVA Table

图 8-12　方差分析表

从结果可以看到，因素 A、B 及其交互作用的 p 值都远小于显著性水平 0.05，所以它们对实验结果都有显著影响。

然后进行多重比较检验，MATLAB 程序代码如下：

```
a=[ 42    44    41    50
47    50    45    51
18     9    16    20
38    43    51    49
38    26    32    31
25    22    17    23 ];
x=a';
y=[ x(:,[1,3,5]);
x(:,[2,4,6])  ]
top={'因素','A1','A2','A3'};
left={'B1';'B1';'B1';'B1';'B2';'B2';'B2';'B2'};
[top;left,num2cell(y)];
[p,table,stats]=anova2(y,4);
[c_A,m_A]=multcompare(stats,'estimate','column')
[c_B,m_B]=multcompare(stats,'estimate','row')
```

运行结果为：

```
Note:  Your model includes an interaction term that is significant
at the level you specified.  Testing main effects under these
conditions is questionable.
c_A = 1.0000    2.0000    10.1029    15.7500    21.3971
      1.0000    3.0000    13.8529    19.5000    25.1471
      2.0000    3.0000    -1.8971     3.7500     9.3971
m_A = 46.2500    1.5646
      30.5000    1.5646
      26.7500    1.5646
Note:  Your model includes an interaction term that is significant
at the level you specified.  Testing main effects under these
conditions is questionable.
c_B = 1.0000    2.0000    -11.6289    -7.8333    -4.0378
m_B = 30.5833    1.2775
      38.4167    1.2775
```

多重比较的结果表明，因素 A 和 B 的交互作用对实验结果的影响很显著，所以进行多重比较时，只考虑 A 和 B 的影响有可能出问题，结果可能不可靠。

8.3.2 多因素一元方差分析

有的问题有 3 个以上的影响因素，对这类问题进行的一元方差分析叫多因素一元方差分析。

在 MATLAB 中，进行多因素一元方差分析的指令为：anovan。

调用格式：[p,table,stats,terms] =anovan(y,group,param1,val1,param2,val2,...)。其中，terms 是一个矩阵，反映主效应和交互效应的结果；group 用来标记 y 中因素的水平，param、val 是相关参数及其值。

例 8-5 仍用上节中的数据，分析 A、B 两个因素及其交互作用是否显著，然后确定哪种组合性能最好，显著性水平为 0.05。

方差分析的 MATLAB 程序代码如下：

```
a=[ 42    44    41    50
47    50    45    51
18     9    16    20
38    43    51    49
38    26    32    31
25    22    17    23 ];
b=a';
b=b(:);
A=strcat({'A'},num2str([ones(8,1);2*ones(8,1);3*ones(8,1)]));  %定义因素 A
的水平列表向量
B=strcat({'B'},num2str([ones(4,1);2*ones(4,1)]));   %定义因素 B 的水平列表向量
B=[B;B;B];  [A,B,num2cell(b)]  % 将 A、B 的水平列表向量放在一起显示
varnames={'A','B'};  % 指定因素名称
[p,table,stats,term]=anovan(b,{A,B},'model','full','varnames',varnames)
```

运行结果如下：

```
ans = 'A1'    'B1'    [42]
      'A1'    'B1'    [44]
      'A1'    'B1'    [41]
      'A1'    'B1'    [50]
      'A1'    'B2'    [47]
      'A1'    'B2'    [50]
      'A1'    'B2'    [45]
      'A1'    'B2'    [51]
      'A2'    'B1'    [18]
      'A2'    'B1'    [ 9]
      'A2'    'B1'    [16]
      'A2'    'B1'    [20]
      'A2'    'B2'    [38]
      'A2'    'B2'    [43]
      'A2'    'B2'    [51]
      'A2'    'B2'    [49]
      'A3'    'B1'    [38]
      'A3'    'B1'    [26]
```

```
  'A3'    'B1'    [32]
  'A3'    'B1'    [31]
  'A3'    'B2'    [25]
  'A3'    'B2'    [22]
  'A3'    'B2'    [17]
  'A3'    'B2'    [23]
p = 1.0e-03 *
   0.0001
   0.3981
   0.0002
table = 'Source'  'Sum Sq.'   'd.f.'  'Singular?'      'Mean Sq.'      'F'
'Prob>F'
'A'    [1.7130e+03]  [2]   [ 0]          [856.5000]   [43.7362]  [1.2280e-07]
'B'    [ 368.1667]   [1]   [ 0]          [368.1667]   [18.8000]  [3.9813e-04]
'A*B'  [1.6043e+03]  [2]   [ 0]          [802.1667]   [40.9617]  [1.9973e-07]
'Error' [ 352.5000]  [18]  [ 0]          [ 19.5833]       []          []
'Total' [ 4038]      [23]  [ 0]             []           []          []
stats =       source: 'anovan'
            resid: [24x1 double]
           coeffs: [12x1 double]
              Rtr: [6x6 double]
          rowbasis: [6x12 double]
              dfe: 18
              mse: 19.5833
       nullproject: [12x6 double]
            terms: [3x2 double]
           nlevels: [2x1 double]
        continuous: [0 0]
           vmeans: [2x1 double]
          termcols: [4x1 double]
        coeffnames: {12x1 cell}
             vars: [12x2 double]
         varnames: {2x1 cell}
          grpnames: {2x1 cell}
          vnested: []
              ems: []
            denom: []
           dfdenom: []
           msdenom: []
           varest: []
            varci: []
          txtdenom: []
           txtems: []
          rtnames: []
term = 1     0
        0     1
        1     1
```

方差分析表如图 8-13 所示。

Analysis of Variance

Source	Sum Sq.	d.f.	Mean Sq.	F	Prob>F
A	1713	2	856.5	43.74	0
B	368.17	1	368.167	18.8	0.0004
A*B	1604.33	2	802.167	40.96	0
Error	352.5	18	19.583		
Total	4038	23			

图 8-13 方差分析表

结果与用 anova2 一样，因素 A、B 和它们的交互作用对实验结果都有显著影响。

然后进行多重比较，对 A、B 的每种水平组合进行多重比较，找出哪种组合材料的性能最好。

MATLAB 程序代码如下：

```
[c,m,h,gnames]=multcompare(stats,'dimension',[1 2])
[gnames,num2cell(m)]   %查看各种组合的均值
```

运行结果如下：

```
c = 1.0000    2.0000    18.5554    28.5000    38.4446
    1.0000    3.0000     2.5554    12.5000    22.4446
    1.0000    4.0000   -13.9446    -4.0000     5.9446
    1.0000    5.0000   -10.9446    -1.0000     8.9446
    1.0000    6.0000    12.5554    22.5000    32.4446
    2.0000    3.0000   -25.9446   -16.0000    -6.0554
    2.0000    4.0000   -42.4446   -32.5000   -22.5554
    2.0000    5.0000   -39.4446   -29.5000   -19.5554
    2.0000    6.0000   -15.9446    -6.0000     3.9446
    3.0000    4.0000   -26.4446   -16.5000    -6.5554
    3.0000    5.0000   -23.4446   -13.5000    -3.5554
    3.0000    6.0000     0.0554    10.0000    19.9446
    4.0000    5.0000    -6.9446     3.0000    12.9446
    4.0000    6.0000    16.5554    26.5000    36.4446
    5.0000    6.0000    13.5554    23.5000    33.4446
m = 44.2500     2.2127
    15.7500     2.2127
    31.7500     2.2127
    48.2500     2.2127
    45.2500     2.2127
    21.7500     2.2127
h = 2
gnames = 'A=A1,B=B1'
         'A=A2,B=B1'
         'A=A3,B=B1'
         'A=A1,B=B2'
         'A=A2,B=B2'
         'A=A3,B=B2'
```

```
ans = 'A=A1,B=B1'    [44.2500]    [2.2127]
      'A=A2,B=B1'    [15.7500]    [2.2127]
      'A=A3,B=B1'    [31.7500]    [2.2127]
      'A=A1,B=B2'    [48.2500]    [2.2127]
      'A=A2,B=B2'    [45.2500]    [2.2127]
      'A=A3,B=B2'    [21.7500]    [2.2127]
```

矩阵 m 是 6 种组合的平均值，其中第 4 种 A1B2 的平均值最大。另外，矩阵 c 表明，第 1、5 种组合与第 4 种没有显著差异，所以它们的实验效果最好。

8.3.3　单因素多元方差分析

在有的问题里，只有一个影响因素，但它会同时影响多个指标，即只有一个自变量，而同时有多个因变量。对这种问题进行的方差分析叫单因素多元方差分析。

在 MATLAB 中，进行单因素多元方差分析的指令为：manoval。

调用格式：[d,p,stats] =manoval1(X,group,alpha)。其中，X 是样本观测值矩阵，维数是 m*n，每列对应一个变量，每行对应一个水平；group 的行数与 X 相同；Alpha 表示显著性水平，默认值是 0.05；d 是各组数据的均值向量维数的估计，d=0 时接受原假设，当 d=1 时拒绝原假设，认为各组的均值不完全相同，但它们可能共线；p 是概率值组成的向量。

例 8-6　某种材料的硅含量对硬度、强度、韧性、塑性的影响，某研究者测出了表 8-5 的实验数据。

表 8-5　硅含量对硬度、强度、韧性、塑性的影响

硅含量	0.1	0.2	0.3	0.4	0.5	0.6	0.7
硬度	22	26	35	46	52	58	56
强度	152	161	184	220	245	263	267
韧性	67	75	63	56	48	45	43
塑性	25	21	18	14	12	11	12

分析硅含量对 4 种性能是否有显著影响，显著性水平为 0.05。

先绘制曲线图，观察材料的硅含量与性能的关系。绘图程序代码如下：

```
x=[0.1 0.2 0.3 0.4 0.5 0.6 0.7];
y=[22 26 35 46 52 58 56
152 161 184 220 245 263 267
67 75 63 56 48 45 43
25 21 18 14 12 11 12 ];
plot(x,y,'r', 'marker','o')
```

运行结果如图 8-14 所示。

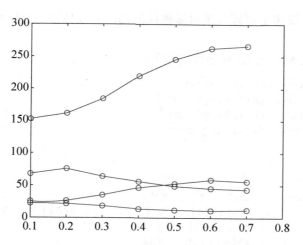

图 8-14　材料的硅含量与性能关系

进行单因素多元方差分析的 MATLAB 程序代码如下：

```
a=[22 26 35 46 52 58 56
152 161 184 220 245 263 267
67 75 63 56 48 45 43
25 21 18 14 12 11 12 ];
x=a';
group=[ 1
  2
  3
  1
  2
  3
  1 ];
[d,p,stats]=manova1(x,group)
```

运行结果如下：

```
d = 0
p =  0.8984
     0.8161
stats    W:  [4x4 double]
         B:  [4x4 double]
         T:  [4x4 double]
       dfW:  4
       dfB:  2
       dfT:  6
    lambda:  [2x1 double]
     chisq:  [2x1 double]
   chisqdf:  [2x1 double]
  eigenval:  [4x1 double]
  eigenvec:  [4x4 double]
     canon:  [7x4 double]
     mdist:  [7x1 double]
     gmdist:  [3x3 double]
     gnames:  {3x1 cell}
```

结果表明，d=0，p 值分别为 0.8984 和 0.8161，均大于显著性水平 0.05，接受原假设：硅含量对 4 种性能没有显著影响。所以，在显著性水平 0.05 下，可认为不同硅含量对

性能没有显著影响。要想了解硅含量对哪种性能的影响较显著，可以对 4 种性能分别做一元方差分析。

一元方差分析的 MATLAB 程序代码如下：

```
[p1,table]=anova1(x(:,1),group)
[p2,table2]=anova1(x(:,2),group)
[p3,table3]=anova1(x(:,3),group)
[p4,table4]=anova1(x(:,4),group)
```

运行结果如下：

```
p1 = 0.9084
table = 'Source'      'SS'         'df'      'MS'         'F'        'Prob>F'
        'Groups'   [   59.6905]   [ 2]    [  29.8452]   [0.0984]   [0.9084]
        'Error'    [1.2132e+03]   [ 4]    [303.2917]        []         []
        'Total'    [1.2729e+03]   [ 6]         []           []         []
p2 = 0.9398
table2 = 'Source'     'SS'         'df'      'MS'         'F'        'Prob>F'
         'Groups'   [  420.3571]  [ 2]    [  210.1786]  [0.0630]   [0.9398]
         'Error'    [1.3334e+04]  [ 4]    [3.3336e+03]      []         []
         'Total'    [1.3755e+04]  [ 6]         []           []         []
p3 = 0.8553
table3 = 'Source'     'SS'         'df'      'MS'         'F'        'Prob>F'
         'Groups'   [  66.2619]   [ 2]    [  33.1310]   [0.1626]   [0.8553]
         'Error'    [815.1667]    [ 4]    [203.7917]        []         []
         'Total'    [881.4286]    [ 6]         []           []         []
p4 = 0.9101
table4 = 'Source'     'SS'         'df'      'MS'         'F'        'Prob>F'
         'Groups'   [   7.8571]   [ 2]    [   3.9286]   [0.0964]   [0.9101]
         'Error'    [     163]    [ 4]    [40.7500]         []         []
         'Total'    [170.8571]    [ 6]         []           []         []
```

图 8-15(a)～(b)分别是一元方差分析的箱线图。

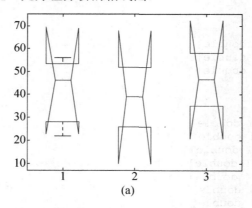

(a)

图 8-15　一元方差分析的箱线图

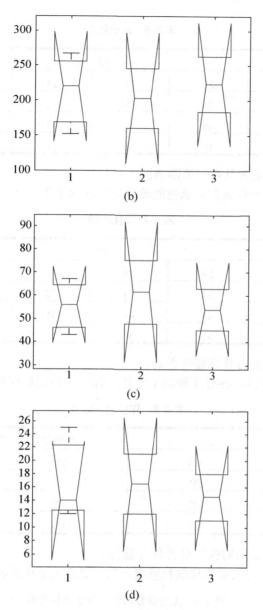

图 8-15 一元方差分析的箱线图(续)

结果表明，4 种性能的 p 值均远大于 0.05。所以，说明硅含量对 4 种性能都没有显著影响。

习　题

1. 表 8-6 是对 4 种不同碳含量钢材的硬度值的测试结果。

表 8-6   测试结果

碳含量	硬 度					
一	23	27	29	21	22	26
二	38	35	36	31	35	37
三	43	46	45	49	46	45
四	53	58	56	54	56	52

分析碳含量对硬度是否具有显著影响。

2. 表 8-7 是对 4 种不同碳含量钢材的硬度值的测试结果。

表 8-7   测试结果

碳含量	硬 度					
一	26	24	28			
二	32	34	33	32	37	33
三	42	46	44	48		
四	52	55	58			

分析碳含量对硬度是否具有显著影响。

3. 有 3 种成分的材料，各有 4 种加工工艺，强度的测试数据如表 8-8 所示。

表 8-8   强度测试数据

材　料	成分 1	成分 2	成分 3
工艺 1	329	225	427
工艺 2	237	336	438
工艺 3	423	322	224
工艺 4	332	431	233

分析材料的成分和工艺对强度是否具有显著影响。

4. 钛合金的热加工工艺参数和抗拉强度间的关系如表 8-9 所示。

表 8-9   工艺参数和抗拉强度间的关系

热工艺参数				性　能
$T/℃$	应　变	应变速率/s^{-1}	冷却法	抗拉强度/MPa
960	0.916	0.0070	Air	1000
960	0.693	0.0060	Air	990
960	0.511	0.0057	Air	987
960	0.916	0.0070	Water	983
960	0.916	0.0046	Air	1035
925	0.916	0.0070	Air	984

续表

热工艺参数				性　能
$T/℃$	应　变	应变速率/s^{-1}	冷却法	抗拉强度/MPa
925	0.693	0.0060	Air	996
925	0.511	0.0057	Air	973
925	0.916	0.0070	Water	973
925	0.916	0.0046	Air	1020
850	0.916	0.0070	Air	990
850	0.916	0.0070	Water	978
850	0.916	0.0046	Air	1002
750	0.350	0.0157	Air	935
850	0.350	0.0052	Air	962
850	0.350	0.0024	Air	960
850	0.350	0.0018	Air	962
850	0.350	0.0024	Water	933
900	0.350	0.0052	Air	924
900	0.350	0.0024	Air	948
900	0.350	0.0018	Air	947
900	0.350	0.0024	Water	908
925	0.350	0.0052	Air	943
925	0.350	0.0024	Air	928
925	0.350	0.0018	Air	921
925	0.350	0.0024	Water	915
960	0.350	0.0052	Air	935
960	0.350	0.0024	Air	976
960	0.350	0.0018	Air	943
960	0.350	0.0024	Water	910

分析各因素及其交互作用对抗拉强度是否有显著影响，然后确定哪种组合性能最好(显著性水平为 0.05)。

5. 钢的碳含量与硬度、强度、韧性间的关系如表 8-10 所示。

表 8-10　钢的碳含量与硬度、强度、韧性间的关系

碳含量	0.1	0.2	0.3	0.4	0.5	0.6
硬度	22	26	35	46	52	58
强度	152	161	184	220	245	263
韧性	67	75	63	56	48	45

分析碳含量对 3 种性能是否具有显著影响，显著性水平为 0.05。

第 9 章　数据拟合与回归分析

探索数据中隐含的规律，可以用前面介绍的绘图方法，图形很直观，容易观察，但是图形不能定量地表示那些规律，如果能写出数据间存在的函数关系式，就可以定量地了解那些规律了，对后续的工作就能起到更重要的作用，比如，可以预测实验结果或者根据性能要求设计材料的化学成分或工艺参数等，这就是反向设计或所谓的"逆向工程"。无疑，这将使人们少走很多弯路，从而能节省大量时间和成本，提高工作效率。

探索数据规律的方法有多种，其中应用最广泛、最有效的一种叫回归分析，它的目的是寻找数据的自变量和因变量间存在的函数关系，经常用一个公式表示出来，如钢的化学成分和硬度间的关系。这个公式叫回归方程或经验公式。

回归分析也常被叫作曲线拟合、函数逼近等。曲线拟合(Curve Fitting)是指选择适当的曲线来拟合观测数据，并用曲线方程来表示它们间的函数关系，即回归方程。

另外，在很多时候，实验数据的实际函数关系式可能很复杂，而人们经常使用一些比较简单的方程进行描述，所以，这实际上是用比较简单的表达式来近似代替或逼近复杂的函数关系，所以也被称为函数逼近。

9.1　概　　述

数据拟合和回归分析主要具有下面几个方面的作用。

(1) 能让研究者了解自变量和因变量之间的关系，包括定性关系和定量关系。

(2) 能够了解各个因素(即自变量)对实验结果(即因变量)的影响，包括定性影响和定量影响，以及各个因素的影响大小，从而能够了解主要因素和次要因素。

(3) 可以利用回归方程对结果进行预测和控制，这也是最重要的作用。比如，如果知道材料的化学成分和性能间的关系式，就可以预测任何一种材料的性能了。

(4) 能够让研究者进行逆向工程——反向设计和控制。比如，能够根据事先确定的性能要求设计材料的化学成分、加工工艺等。

回归分析可以按照不同的标准，分为不同的类型。

(1) 按照自变量的数量，分为一元回归分析和多元回归分析。

(2) 按照因变量的数量，分为简单回归分析和多重回归分析。

(3) 按照自变量和因变量之间的函数关系，分为线性回归分析和非线性回归分析。

前几种方法相结合，又包括一元线性回归分析、一元非线性回归分析、多元线性回归分析、多元非线性回归分析等。

9.2　一元线性回归分析

一元线性回归分析涉及两个变量，即自变量和因变量，而且它们间存在线性关系。

9.2.1　步骤

进行一元线性回归分析，主要包括以下 3 个步骤。

(1) 寻找出问题的自变量和因变量。

(2) 绘制自变量和因变量的散点图。一般以自变量为横坐标、因变量为纵坐标，绘制散点图。目的是观察自变量和因变量间是否存在线性关系，从而选择解决方法：如果属于线性关系，就进行一元线性回归分析，如果属于非线性关系，就需要进行一元非线性回归分析。

(3) 采用合适的方法，进行求解。对简单的问题，手工就可以求解，对比较复杂的问题，一般需要编程用计算机求解。

9.2.2　最小二乘法

一元线性回归实际是寻找一个线性公式(或直线方程)，来表示自变量和因变量间的函数关系。

为了提高拟合精度和效果，目前，人们主要使用最小二乘法进行一元线性回归分析。最小二乘法的原理如下。

对实验数据 x、y，假设它们符合关系式 $y=f(x)=a+bx$(a 和 b 是待定系数，叫作回归系数)，求出 a 和 b 的值，使因变量的各个数值与其对应的拟合值的误差平方和(即 $Q=\sum[y_i-f(x_i)]^2$)最小。这种方法就称为最小二乘法。

由于

$$y = f(x) = a + bx$$

所以

$$y_i - f(x_i) = y_i - (a + bx_i)$$

所以

$$Q = \sum[y_i - f(x_i)]^2 = \sum(y_i - (a + bx_i))^2$$

Q 有最小值的条件为

$$\frac{\partial Q}{\partial a} = 0$$

$$\frac{\partial Q}{\partial b} = 0$$

所以

$$\frac{\partial Q}{\partial a} = -2\sum_{i=1}^{n}(y_i - (a + bx_i)) = 0$$

$$\frac{\partial Q}{\partial b} = -2\sum_{i=1}^{n}(y_i - (a + bx_i))x_i = 0$$

可以得到

$$\sum_{i=1}^{n}y_i = \sum_{i=1}^{n}a + b\sum_{i=1}^{n}x_i$$

$$\sum_{i=1}^{n} x_i y_i = a \sum_{i=1}^{n} x_i + b \sum_{i=1}^{n} x_i^2$$

求解上述方程组，就可以得到 a、b 的值。因此，就可以确定 x、y 的函数关系式 $y = f(x) = a + bx$ 了。

下面通过实例介绍用 MATLAB 编程进行上述分析的方法。

例 9-1 经过测量，得知某种材料中包含的 SiC 与硬度值存在表 9-1 中的对应关系。

表 9-1　某种材料中 SiC 含量与硬度的关系

SiC 含量 (wt%)	5	10	15	20	25	30	35
硬度	242	261	279	306	343	374	408

对它们进行回归分析。

首先，绘制散点图。把 SiC 含量和硬度数据标在坐标系中。绘图程序为：

```
x0=[5  10  15  20  25  30  35];
y0=[242  261  279  306  343  374  408];
plot(x0,y0,'bo','markersize',10)
```

结果如图 9-1 所示。

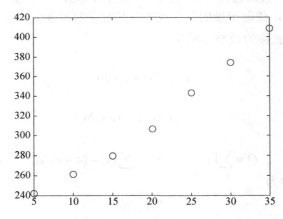

图 9-1　SiC 含量和硬度的散点图

可以看出，它们基本呈线性关系，所以适合进行一元线性回归分析。

用最小二乘法求回归方程的 MATLAB 程序代码如下：

```
syms a;
syms b;
x0=[5  10  15  20  25  30  35];
y0=[242  261  279  306  343  374  408];
n=size(x0,2);
e1=sum(y0)-n*a-b*sum(x0);
e2=sum(x0.*y0)-a*sum(x0)-b*sum(x0.^2);
[a,b]=solve(e1,e2)
```

运行结果如下：

```
a = 1425/7
b = 197/35
```

所以，回归方程为

$$y = \frac{1425}{7} + \frac{197}{35x}$$

将回归方程曲线绘制在散点图中，观察拟合效果。MATLAB 程序代码如下：

```
x0=[5  10  15  20  25  30  35];
y0=[242  261  279  306  343  374  408];
plot(x0,y0,'bo','markersize',10)
hold on
y=1425/7+ 197/35 *x0;
plot(x0,y,'r')
```

运行结果如图 9-2 所示。

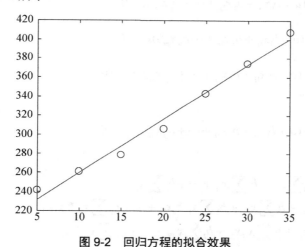

图 9-2　回归方程的拟合效果

9.3　多元线性回归分析

在工作中，经常会涉及多元线性回归的问题，即因变量 y 与多个自变量 $x_1, x_2, x_3, \cdots$ 成线性关系。

多元线性回归分析的原理和方法与一元线性回归基本相同，也是采用最小二乘法，但是由于自变量数量多，所以求解更复杂些，计算量更大。

多元线性回归方程的形式为

$$y = a + b_1 x_1 + b_2 x_2 + \cdots + b_p x_p$$

（假设自变量有 p 个）

因变量的各个数值与其对应的拟合值的误差平方和为

$$Q = \sum [y_i - f(x_{1i}, x_{2i}, x_{3i}, \cdots)]^2 = \sum (y_i - (a + b_1 x_{1i} + b_2 x_{2i} + \cdots + b_p x_{pi}))^2$$

最小二乘法要求 Q 值最小。

Q 有最小值的条件为

$$\begin{cases} \dfrac{\partial Q}{\partial a} = 0 \\ \dfrac{\partial Q}{\partial b_1} = 0 \\ \dfrac{\partial Q}{\partial b_2} = 0 \\ \quad\vdots \\ \dfrac{\partial Q}{\partial b_p} = 0 \end{cases}$$

所以，有

$$\frac{\partial Q}{\partial a} = -2\sum (y_i - (a + b_1 x_{1i} + b_2 x_{2i} + \cdots + b_p x_{pi})) = 0$$

$$\frac{\partial Q}{\partial b1} = -2\sum (y_i - (a + b_1 x_{1i} + b_2 x_{2i} + \cdots b_p x_{pi})) x_{1i} = 0$$

$$\frac{\partial Q}{\partial b2} = -2\sum (y_i - (a + b_1 x_{1i} + b_2 x_{2i} + \cdots + b_p x_{pi})) x_{2i} = 0$$

$$\vdots$$

$$\frac{\partial Q}{\partial bp} = -2\sum (y_i - (a + b_1 x_{1i} + b_2 x_{2i} + \cdots + b_p x_{pi})) x_{pi} = 0$$

可以得到

$$\begin{cases} \sum y_i = \sum a + b_1 \sum x_{1i} + b_2 \sum x_{2i} + \cdots + b_p \sum x_{pi} \\ \sum x_{1i} y_i = a \sum x_{1i} + b_1 \sum x_{1i^2} + b_2 \sum x_{1i} * x_{2i} + \cdots + b_p \sum x_{1i} * x_{pi} \\ \sum x_{2i} y_i = a \sum x_{2i} + b_1 \sum x_{1i} x_{2i} + b_2 \sum x_{2i^2} + \cdots + b_p \sum x_{2i} * x_{pi} \\ \quad\vdots \\ \sum x_{pi} y_i = a \sum x_{pi} + b_1 \sum x_{pi} * x_{1i} + b_2 \sum x_{pi} * x_{2i} + \cdots + b_p \sum x_{pi^2} \end{cases}$$

求解上述方程组，得到 a、b_1、b_2、$\cdots$、b_p 的值，就可以确定多元线性回归的函数关系式 $y = a + b_1 x_1 + b_2 x_2 + \cdots + b_p x_p$ 了。

例 9-2 钢中的化学元素如碳、硅、锰、铬、镍、钼与相变温度存在一定的关系，下面是部分数据：

C =[0.96 0.01 0.04 0.05 0.05 0.06 0.06 0.07];

Si =[0.32 0.28 0 0.25 2.08 0 0.54 0];

Mn =[0.55 1.59 0 1.64 0.23 0.43 1.04 0];

Cr =[0.11 0 1.02 0 0 0 0.04 1.35];

Ni=[0.08 0 1.13 0 0 0 0.02 0.55];

Mo=[0   0   0   0   0   0   0   0.2];

T=[190   440   490   480   480   488   472   166];

对它们进行回归分析。

实际上，化学元素与相变温度间存在很复杂的非线性关系，为了处理方便，人们经常把它们近似认为是多元线性关系。在这里，利用这些数据对它们进行多元线性回归分析，目的是介绍 MATLAB 编程方法。

用最小二乘法求回归方程的 MATLAB 程序代码如下：

```
syms a b1 b2 b3 b4 b5 b6;
C=[ 0.96 0.01 0.04 0.05 0.05 0.06 0.06 0.07 ];
Si=[ 0.32 0.28 0    0.25 2.08 0    0.54 0   ];
Mn=[ 0.55 1.59 0    1.64 0.23 0.43 1.04 0   ];
Cr=[ 0.11 0    1.02 0    0    0    0.04 1.35 ];
Ni=[ 0.08 0    1.13 0    0    0    0.02 0.55 ];
Mo=[ 0    0    0    0    0    0    0    0.2 ];
T=[ 190  440  490  480  480  488  472  166 ];
n=size(C,2);
e1=sum(T)-n*a-b1*sum(C) -b2*sum(Si) -b3*sum(Mn) -b4*sum(Cr) -b5*sum(Ni)
-b6*sum(Mo) ;                  ;
e2=sum(C.*T)-a*sum(C)-b1*sum(C.^2) -b2*sum(C.*Si) -b3*sum(C.*Mn) -
b4*sum(C.*Cr) -b5*sum(C.*Ni) -b6*sum(C.*Mo) ;
e3=sum(Si.*T)-a*sum(Si)-b1*sum(Si.*C) -b2*sum(Si.^2) -b3*sum(Si.*Mn) -
b4*sum(Si.*Cr) -b5*sum(Si.*Ni) -b6*sum(Si.*Mo) ;
e4=sum(Mn.*T)-a*sum(Mn)-b1*sum(Mn.*C) -b2*sum(Mn.*Si) -b3*sum(Mn.^2) -
b4*sum(Mn.*Cr) -b5*sum(Mn.*Ni) -b6*sum(Mn.*Mo) ;
e5=sum(Cr.*T)-a*sum(Cr)-b1*sum(Cr.*C) -b2*sum(Cr.*Si) -b3*sum(Cr.*Mn) -
b4*sum(Cr.^2) -b5*sum(Cr.*Ni) -b6*sum(Cr.*Mo) ;
e6=sum(Ni.*T)-a*sum(Ni)-b1*sum(Ni.*C) -b2*sum(Ni.*Si) -b3*sum(Ni.*Mn) -
b4*sum(Ni.*Cr) -b5*sum(Ni.^2) -b6*sum(Ni.*Mo) ;
e7=sum(Mo.*T)-a*sum(Mo)-b1*sum(Mo.*C) -b2*sum(Mo.*Si) -b3*sum(Mo.*Mn) -
b4*sum(Mo.*Cr) -b5*sum(Mo.*Ni) -b6*sum(Mo.^2) ;
[a,b1,b2,b3,b4,b5,b6]= solve(e1,e2,e3,e4,e5,e6,e7)
```

运行结果如下：

```
a = 519.2727
b1 = -329.7939
b2 =-7.9240
b3 = -28.6308
b4 = 212.4443
b5 = -206.0403
b6 = -2.5183e+03
```

所以，回归方程为

T=519.2727−329.7939C−7.9240Si−28.6308Mn+212.4443Cr−206.0403Ni−2518.3Mo

或者用另一个程序实现，其代码如下：

```
C=[ 0.96 0.01 0.04 0.05 0.05 0.06 0.06 0.07 ];
Si=[ 0.32 0.28 0    0.25 2.08 0    0.54 0   ];
Mn=[ 0.55 1.59 0    1.64 0.23 0.43 1.04 0   ];
Cr=[ 0.11 0    1.02 0    0    0    0.04 1.35 ];
Ni=[ 0.08 0    1.13 0    0    0    0.02 0.55 ];
```

```
Mo=[  0    0    0    0    0    0    0    0.2  ];
T=[  190  440  490  480  480  488  472  166  ];
A=[size(C,2)  sum(C)  sum(Si)  sum(Mn)  sum(Cr)  sum(Ni)  sum(Mo)
sum(C)  sum(C.*C)  sum(C.*Si)  sum(C.*Mn)  sum(C.*Cr)  sum(C.*Ni)  sum(C.*Mo)
sum(Si)  sum(Si.*C)  sum(Si.*Si)  sum(Si.*Mn)  sum(Si.*Cr)  sum(Si.*Ni)
sum(Si.*Mo)
sum(Mn)  sum(Mn.*C)  sum(Mn.*Si)  sum(Mn.*Mn)  sum(Mn.*Cr)  sum(Mn.*Ni)
sum(Mn.*Mo)
sum(Cr)  sum(Cr.*C)  sum(Cr.*Si)  sum(Cr.*Mn)  sum(Cr.^2)  sum(Cr.*Ni)
sum(Cr.*Mo)
sum(Ni)  sum(Ni.*C)  sum(Ni.*Si)  sum(Ni.*Mn)  sum(Ni.*Cr)  sum(Ni.^2)
sum(Ni.*Mo)
sum(Mo)  sum(Mo.*C)  sum(Mo.*Si)  sum(Mo.*Mn)  sum(Mo.*Cr)  sum(Mo.*Ni)
sum(Mo.^2) ];
B=[sum(T )
  sum(C.*T )
  sum(Si.*T )
  sum(Mn.*T )
  sum(Cr.*T )
sum(Ni.*T )
sum(Mo.*T ) ];
x=linsolve(A,B)
```

运行结果如下：

```
x = 1.0e+03 *
  0.5193
 -0.3298
 -0.0079
 -0.0286
  0.2124
 -0.2060
 -2.5183
```

结果与上一个程序相同。

(说明：本例实际搜集了数百组数据进行多元回归分析，由于篇幅所限，这里只列出其中几组，用来介绍方法和程序，所以这里所得到的回归方程与资料中的误差比较大。)

9.4　一元非线性回归分析

在很多情况下，自变量和因变量之间具有非线性关系，要想找到它们间的回归方程，就需要进行非线性回归分析。本节介绍一元非线性回归分析的方法。

进行一元非线性回归分析主要有两种方法，即曲线直线化和多项式拟合。

9.4.1　曲线直线化

曲线直线化的原理如下。

(1) 绘制因变量和自变量的散点图，根据散点的分布形状，了解自变量与因变量间的非线性关系，确定合适的曲线类型。

(2) 进行变量变换，使变换后的两个变量呈直线关系——这就叫曲线直线化。

(3) 用最小二乘法求出新变量间的直线方程。

(4) 再进行变量还原，把直线方程转化为原变量的函数关系式，就可以得到最终的回归方程了。

常见形式和变换方法有以下几种。

1. 幂函数

幂函数的一般形式为

$$y = ax^b + c$$

曲线的形状特征如图 9-3 所示。

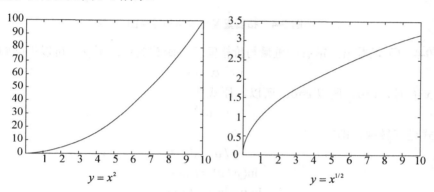

$y = x^2$　　　　　　$y = x^{1/2}$

图 9-3　幂函数的曲线形状

进行曲线直线化的方法如下。

令 $x^b = x_1$，上式变为

$$y = ax_1 + c$$

所以，原来的曲线方程就变成了直线方程，实现了曲线直线化，用最小二乘法就可以求解了。

例 9-3　钻石作为一种稀缺商品，其价格和重量之间并不是简单的线性关系，而是呈比较复杂的非线性关系。表 9-2 是它的重量(克拉)与价格的对应关系(不考虑钻石的其他品质)。

表 9-2　钻石的重量与价格

重量/克拉	0.1	0.3	0.5	1	2	3	4	5
价格/万元	0.04	0.4	0.98	4	15.8	38	70	120

求出二者的回归方程。

首先，绘制重量与价格的散点图。MATLAB 程序代码如下：

```
x=[0.1 0.3 0.5 1   2   3   4 5];
y=[0.04 0.4 0.98 4   15.8 38 70 120];
plot(x,y,'ro','markersize',10)
```

结果如图 9-4 所示。

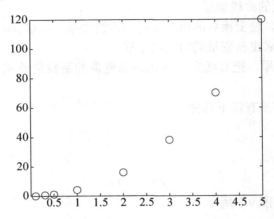

图 9-4　钻石重量与价格的散点图

从图 9-4 中可以看出，钻石的重量与价格间呈幂函数关系，所以，可以把回归方程写成

$$y = ax^b + c$$

由于 $x=0$ 时，$y=0$，所以 $c=0$。所以，原式变为

$$y = ax^b$$

将上式进行转换，即

$$y / a = x^b$$

$$\ln(y / a) = b \ln x$$

$$\ln y - \ln a = b \ln x$$

令 $x_1 = \ln x, y_1 = \ln y, a_1 \ln a$，所以，　$y_1 = a_1 + bx_1$

这样，就可以用前面讲的最小二乘法求出回归方程了。

首先求解 $y_1 = a_1 + bx_1$ 中的系数 a_1 和 b。MATLAB 程序代码如下：

```
x=[0.1  0.3 0.5  1    2    3    4  5];
y=[0.04 0.4 0.98 4    15.8 38 70  120];
x1=log(x);
y1=log(y);
plot(x1,y1,'ro','markersize',10)     % 绘制 x1-y1 散点图
syms a1;
syms b;
n=size(x1,2);
e1=sum(y1)-n*a1-b*sum(x1);
e2=sum(x1.*y1)-a1*sum(x1)-b*sum(x1.^2);
[a1,b]=solve(e1,e2)
```

运行结果如下：

```
a1 = 1.4343
b = 2.0244
```

x_1-y_1 散点图如图 9-5 所示。

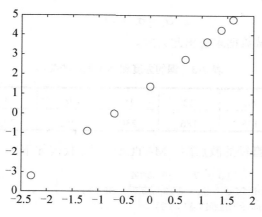

图 9-5 x_1-y_1 散点图

所以，y_1=1.4343+2.0244x_1

进行变量还原，得到回归方程为

$$\ln y=1.4343+2.0244\ln x$$
$$y=4.1967x^{2.0244}$$

可以近似写为

$$y = 4.2x^2$$

这就是钻石的价格与重量间的回归方程。

将回归方程曲线绘制在散点图中，观察拟合效果。MATLAB 程序代码如下：

```
x0=[0.1  0.3 0.5 1   2   3   4  5];
y0=[0.04 0.4 0.98 4   15.8 38 70 120];
plot(x0,y0,'bo','markersize',10)
hold on
y=4.2*x0.^2;
plot(x0,y,'r')
```

运行结果如图 9-6 所示。

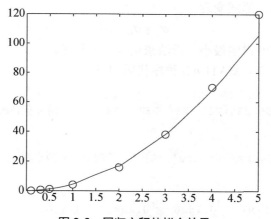

图 9-6 回归方程的拟合效果

例 9-4 钢的强度和晶粒直径间存在一种关系，人们称为霍尔-佩奇公式，即

$$\sigma_s = \sigma_0 + kd^{-1/2}$$

根据表 9-3 中的测试数据求解出此公式。

表 9-3   钢的强度和晶粒直径的关系

$d\,/\,\mu m$	250	60	30	15	10	7	5	4
$\sigma_s\,/\,MPa$	105	138	186	230	262	296	337	384

首先，绘制强度与直径的散点图。MATLAB 程序代码如下。

```
d =[ 250  60  30  15  10  7   5   4   ];
σs =[ 105 138 186 230 262 296 337  384];
plot(d,σs,'ro','markersize',10)
```

结果如图 9-7 所示。

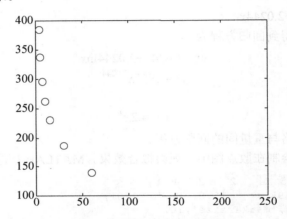

图 9-7   强度与直径的散点图

从图 9-7 中可以看出，钢的强度与直径间呈幂函数关系，回归方程为

$$\sigma_s = \sigma_0 + kd^{-1/2}$$

令 $d^{-1/2} = d_1$，所以，原式变为

$$\sigma_s = \sigma_0 + kd_1$$

这样，就可以用前面讲的最小二乘法求出回归方程了。

首先，进行变量转换。MATLAB 程序代码如下：

```
d =[ 250  60  30  15  10  7   5   4   ];
ss =[ 105 138 186 230 262 296 337  384];  % 用 s 代替 σ，因为 MATLAB 程序不能出
现希腊字母
d1=d.^(-1/2)
plot(d1, ss,'ro','markersize',10)    %绘制 d₁-σₛ 散点图
```

运行结果如下：

```
d1 =0.0632   0.1291   0.1826   0.2582   0.3162   0.3780   0.4472
0.5000
```

d_1-σ_s 散点图如图 9-8 所示。

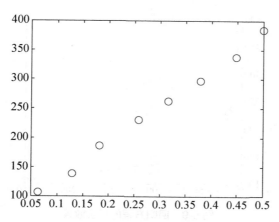

图 9-8 d_1-σ_s 散点图

所以，原式变为

$$\sigma_s \approx \sigma_0 + kd_1$$

这样，就可以用前面讲的最小二乘法求出回归方程了。现在求解系数 σ_0 和 k。

MATLAB 程序代码如下：

```
x=[ 0.0632  0.1291  0.1826  0.2582  0.3162  0.3780  0.4472  0.5000];
y=[ 105 138 186 230 262 296 337 384];
syms a;
syms b;
n=size(x,2);
e1=sum(y)-n*a-b*sum(x);
e2=sum(x.* y)-a*sum(x)-b*sum(x.^2);
[a,b]= solve(e1,e2)
```

运行结果如下：

```
a = 64.6276
b = 624.7437
所以，σs= 64.6276+624.7437d1
```

进行变量还原，得到回归方程，即

$$\sigma_s = 64.6276 + 624.7437d^{-1/2}$$

可以近似写为

$$\sigma_s = 64.6 + 625d^{-1/2}$$

这就是霍尔-佩奇公式。

将回归方程曲线绘制在散点图中，观察拟合效果。MATLAB 程序代码如下：

```
d0=[ 250  60  30  15  10  7   5   4  ];
ss0=[ 105 138 186 230 262  296 337  384];
plot(d0,ss0,'bo','markersize',10)
hold on
ss=64.6+625*d0.^(-1/2);
plot(d0,ss,'r')
```

运行结果如图 9-9 所示。

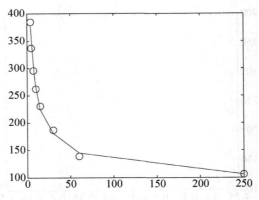

图 9-9　回归方程的拟合效果

2. 指数函数

以自然常数 e 为底的指数函数的一般形式为

$$y = ae^{bx} + c$$

指数函数的曲线形状特征如图 9-10 所示。

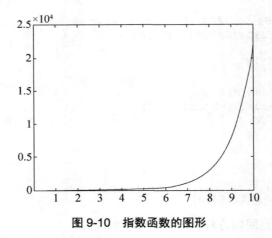

图 9-10　指数函数的图形

指数函数进行曲线直线化的方法如下。

(1) 移项，得

$$y - c = ae^{bx}$$

(2) 对上式两边取自然对数，得

$$\ln(y - c) = \ln a + bx$$

令 $y_1 = \ln(y - c)$，所以 $y_1 = bx + \ln a$。

这样，原来的曲线方程就变成了直线方程，实现了曲线直线化，用前面介绍的最小二乘法就可以求解了。

3. 对数函数

对数函数的一般形式为

$$y = c \log_a x + b$$

曲线形状特征如图 9-11 所示。

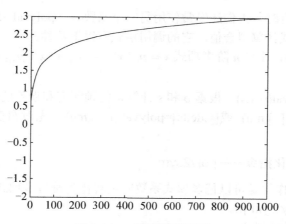

图 9-11　对数函数的图形

进行曲线直线化的方法如下。

令 $\log_a x = x_1$，上式变为

$$y = cx_1 + b$$

所以，原来的曲线方程就变成了直线方程，实现了曲线直线化，用最小二乘法就可以求解了。

9.4.2　多项式拟合

多项式拟合也叫多项式回归。在因变量和自变量之间的关系太复杂的时候，进行非线性回归分析时，很难写出前面列举的那些明确的函数表达式。为了解决这个问题，可以进行多项式拟合或多项式回归，用一个相对比较简单的多项式来逼近复杂的函数关系。

多项式拟合的原理就是级数。任何形式的函数都可以以一个级数(实际上是一个多项式)表示。所以，可以说，级数是万能的回归公式。

对一元函数来说，用级数可以表示为

$$y = f(x) = p_1 * x^n + \cdots + pn * x + pn + 1$$

式中，$p_1, p_2, \cdots, p_{n+1}$ 是待定系数。

1. 多项式拟合指令——polyfit

在 MATLAB 中，进行多项式拟合的指令为：polyfit。

调用格式有以下 3 种。

① p=polyfit(x,y,n)。作用：用一个 n 阶多项式拟合向量 x,y 的数据。p 是多项式各项的系数构成的行向量。

② [p,s]=polyfit(x,y,n)。s 是后面要介绍的函数 polyval 的输入，作用是计算预测值及误差。s 中的 normr 表示残差的模，它的值越小，表示拟合的误差越小，精度越高。

③ [p,s,mu]=polyfit(x,y,n)。先对自变量 x 进行标准化变换，$x = (x - u) / a$，u 为 x 的平均值，a 为 x 的标准差，然后进行多项式回归。

2. 拟合值计算指令——polyval

在进行多项式拟合时，人们还经常使用另一个函数——polyval 函数，它的作用是可以根据得到的拟合多项式计算拟合值。它的调用格式有以下几种。

① y=polyval(p,x)。计算 n 阶多项式 $y = p_1 * x^n + \cdots + pn * x + p_{n+1}$ 在 x 处的拟合值，x 由使用者输入。

② [y,delta]=polyval(p,x.s)。根据 p 和 s 计算 y 的预测值和误差的标准差 delta。

③ y=polyval(p,x,[ ],mu) 或[y,delta]=polyval(p,x,s,mu)。先对自变量 x 进行标准化变换，然后进行计算。

3. 符号多项式转化指令——poly2sym

poly2sym 函数的作用是可以把多项式系数向量转化为符号多项式。

调用格式：r=poly2sym(p)。

例 9-5 进行多项式拟合。

x=[0.1 0.4 0.7 1.0 1.3 1.6 1.9 2.2 2.5 2.8 3.1 3.4 3.7 4.0 4.3 4.6 4.9 5.2 5.5 5.8]

y=[0.1 0.4 0.6 0.8 0.9 1.0 0.9 0.8 0.6 0.3 0.0 −0.25 −0.5 −0.7 −0.9 −1.0 −1.0 −0.9 −0.7　−0.4]

求 x 和 y 的四阶拟合多项式。

MATLAB 程序代码如下：

```
x=[0.1 0.4 0.7 1.0 1.3 1.6 1.9 2.2 2.5 2.8 3.1 3.4 3.7 4.0 4.3 4.6 4.9
5.2 5.5 5.8];
y=[0.1 0.4 0.6 0.8 0.9 1.0 0.9 0.8 0.6 0.3 0.0 -0.25 -0.5 -0.7 -0.9 -1.0
-1.0 -0.9 -0.7  -0.4];
plot(x,y,'o') % 绘制 x-y 向量的散点图
p=polyfit(x,y,4)
```

运行结果如下：

```
p = 0.0074    0.0087   -0.5652    1.4993   -0.1005
```

所以，x 和 y 的 4 阶拟合多项式为

$$y=0.0074x^4 + 0.0087 x^3 - 0.5652 x^2 + 1.4993 x - 0.1005$$

图 9-12 所示为 x-y 向量的散点图。

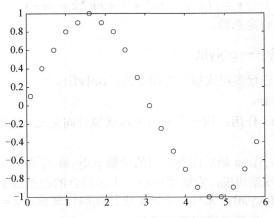

图 9-12 x、y 向量的散点图

把拟合多项式曲线绘制出来，MATLAB 程序代码如下：

```
x=[0.1 0.4 0.7 1.0 1.3 1.6 1.9 2.2 2.5 2.8 3.1 3.4 3.7 4.0 4.3 4.6 4.9
5.2 5.5 5.8];
y=[0.1 0.4 0.6 0.8 0.9 1.0 0.9 0.8 0.6 0.3 0.0 -0.25 -0.5 -0.7 -0.9 -1.0
-1.0 -0.9 -0.7  -0.4];
plot(x,y,'o')
p=polyfit(x,y,4);
hold on
z=polyval(p,x)   %  根据 x 的数据和求出的 p 值计算出对应的多项式函数值 z
plot(x,z)
```

运行结果如下：

```
z = 0.0438    0.4095    0.6768    0.8497    0.9337    0.9357    0.8640
0.7286    0.5406    0.3126    0.0589   -0.2050   -0.4622   -0.6942   -0.8811
-1.0017   -1.0332   -0.9515   -0.7308   -0.3442
```

图 9-13 是多项式拟合的效果。

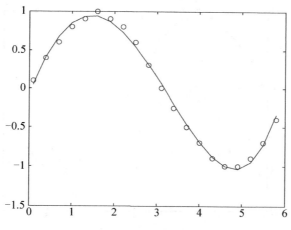

图 9-13　多项式拟合的效果

拟合多项式的阶数越高，越接近给定的数据，拟合精度越高。

例 9-6　求例 9-5 的 10 阶拟合多项式。

MATLAB 程序代码如下：

```
x=[0.1 0.4 0.7 1.0 1.3 1.6 1.9 2.2 2.5 2.8 3.1 3.4 3.7 4.0 4.3 4.6 4.9
5.2 5.5 5.8];
y=[0.1 0.4 0.6 0.8 0.9 1.0 0.9 0.8 0.6 0.3 0.0 -0.25 -0.5 -0.7 -0.9 -1.0
-1.0 -0.9 -0.7  -0.4];
plot(x,y,'o')
p=polyfit(x,y,10)
```

运行结果如下：

```
p = 0.0001   -0.0030    0.0375   -0.2518    0.9968   -2.3391    3.1187
-2.1578    0.3182    1.0735   -0.0077
```

所以，x 和 y 的 10 阶拟合多项式为：

$$y = 0.0001x^{10}-0.0030x^9+0.0375x^8-0.2518x^7+0.9968x^6-2.3391x^5+3.1187x^4-2.1578x^3$$
$$+0.3182x^2+1.0735x-0.0077$$

把拟合多项式曲线绘制出来，**MATLAB** 程序代码如下：

```
x=[0.1 0.4 0.7 1.0 1.3 1.6 1.9 2.2 2.5 2.8 3.1 3.4 3.7 4.0 4.3 4.6 4.9
5.2 5.5 5.8];
y=[0.1 0.4 0.6 0.8 0.9 1.0 0.9 0.8 0.6 0.3 0.0 -0.25 -0.5 -0.7 -0.9 -1.0
-1.0 -0.9 -0.7 -0.4];
plot(x,y,'o')
p=polyfit(x,y,10);
hold on
z=polyval(p,x)  %  根据 x 的数据和求出的 p 值计算出对应的多项式函数值 z
plot(x,z)
```

运行结果如下：

```
z = 0.1010   0.3941   0.6138   0.7852   0.9131   0.9725   0.9361
0.7969   0.5740   0.3025   0.0186  -0.2528  -0.4998  -0.7160  -0.8893
-0.9954  -1.0046  -0.9012  -0.6982  -0.4004
```

图 9-14 是 10 阶多项式拟合效果。

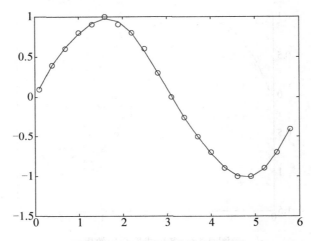

图 9-14   10 阶多项式拟合的效果

从 z 的值和曲线图都可以看出，10 阶多项式的拟合精度确实提高了。

例 9-7   对钻石价格与重量的关系进行多项式回归。

求 x 和 y 的 4 阶拟合多项式并绘制拟合曲线。

MATLAB 程序代码如下：

```
x=[0.1 0.3 0.5 1   2   3   4  5];
y=[0.04 0.4 0.98 4   15.8 38 70  120];
plot(x,y,'ro','markersize',10) % 绘制 x、y 向量的散点图
p=polyfit(x,y,4)  % 进行 4 阶多项式拟合
hold on
z=polyval(p,x);  % 根据 x 的数据和拟合多项式计算拟合值 z
plot(x,z)  % 绘制拟合曲线
```

运行结果如下：

```
p = 0.1119   -0.6688   5.6298   -1.4879   0.2822
```

所以，拟合多项式为

$$r = 0.1119x^4 - 0.6688x^3 + 5.6298x^2 - 1.4879x + 0.2822$$

拟合曲线如图 9-15 所示。

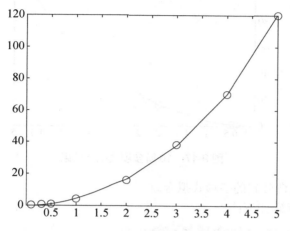

图 9-15   4 阶多项式拟合效果

下面分别进行 6 阶和 10 阶拟合。

6 阶拟合多项式为

$$r = 0.04156x^6 - 0.5253x^5 + 2.426x^4 - 4.754x^3 + 7.839x^2 - 1.136x + 0.09466$$

拟合曲线如图 9-16 所示。

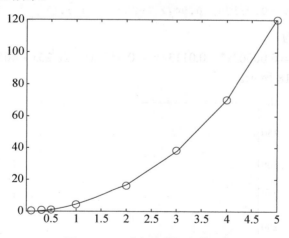

图 9-16   6 阶多项式拟合效果

10 阶拟合多项式为

$$r = 0.005043x^{10} - 0.0585x^9 + 0.194x^8 - 0.7615x^6 + 1.915x^4 + 1.766x^2 + 1.02x - 0.07981$$

拟合曲线如图 9-17 所示。

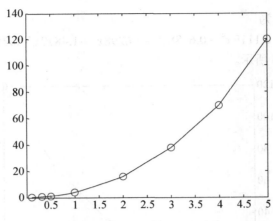

图 9-17　10 阶多项式拟合效果

例 9-8　霍尔-佩奇公式的多项式拟合。

MATLAB 程序代码如下：

```
x=[ 250  60  30  15  10   7    5    4   ];
y=[ 105 138 186 230 262  296 337   384];
plot(x,y,'ro','markersize',10) % 绘制 x、y 向量的散点图
p=polyfit(x,y,4);   % 进行 4 阶多项式拟合
p=vpa(p0,4)    % 求 p 的 4 位有效数字解
```

运行结果如下：

```
p = [ 3.207e-5, -0.01138, 0.9472, -28.25, 465.1]
```

4 阶拟合多项式为

$$r = 0.00003x^4 - 0.01138x^3 + 0.9472x^2 - 28.25x + 465.1$$

拟合曲线如图 9-18 所示。

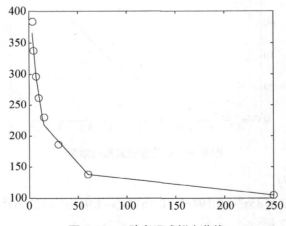

图 9-18　4 阶多项式拟合曲线

6 阶多项式拟合方程为

$$r = (7.183e - 7)x^6 - 0.0002676x^5 + 0.02564x^4 - 0.978x^3 + 17.08x^2 - 143.6x + 739.5$$

拟合曲线如图 9-19 所示。

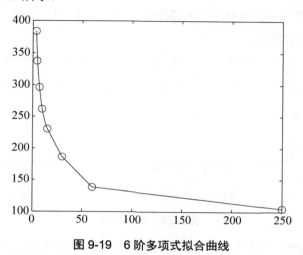

图 9-19　6 阶多项式拟合曲线

9.5　多元非线性回归分析

在回归分析中，最复杂的类型是多元非线性回归。它同样有两种方法，即曲线直线化和多项式回归。

9.5.1　曲线直线化

设有一个二元非线性回归方程为 $y = a + b_1x_1 + b_2x_2 + b_3x_1^2 + b_4x_2^2 + b_5x_1x_2$。

令 $x_3 = x_1^2, x_4 = x_2^2, x_5 = x_1x_2$，这样，就把这个二元非线性回归方程转化成了一个五元线性回归方程，使用前面介绍的多元线性回归分析方法就可以求解了。

9.5.2　多项式回归

多元非线性回归也可以采用多项式回归的方法。在 MATLAB 中，进行多元非线性多项式回归分析的指令为：rstool。

例 9-9　进行二元非线性多项式回归。

MATLAB 程序代码如下

```
x1=[1 2 3 4 5 6 7 8 ];
x2=[4 2 8 6 9 3 2 6  ];
y=[ 28 16 32 44 16 34 26 22  ]';
x=[x1' x2'];
rstool(x,y,'quadratic')
```

运行结果如下：

```
beta = [-38.9770;13.8193;21.1325;-0.9151;-1.1288;-1.6683]
```

所以，多项式方程为

$$y = -38.9770 + 13.8193x_1 + 21.1325x_2 - 0.9151x_1x_2 - 1.1288x_1^2 - 1.6683x_2^2$$

图 9-20 所示为拟合曲线。

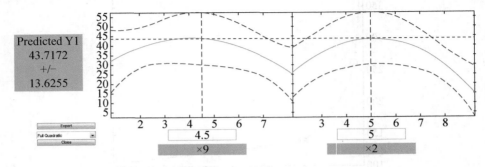

图 9-20　拟合曲线

为了更直观地观察，绘制 $x_1 - x_2 - y$ 的三维散点图和多项式拟合效果图。

MATLAB 程序代码如下：

```
x=[1 2 3 4 5 6 7 8 ];
y=[4 2 8 6 9 3 2 6  ];
z=[ 28 16 32 44 16 34 26 22 ];
plot3(x,y,z,'o','markersize',10)
hold on
x=1:0.01:10;
y=1:0.01:10;
[x,y]=meshgrid(x,y);
z=-38.9770+13.8193*x+21.1325*y-0.9151*x*y-1.1288*x.^2-1.6683*y.^2;
mesh(x,y,z)
```

多项式拟合效果如图 9-21 所示。

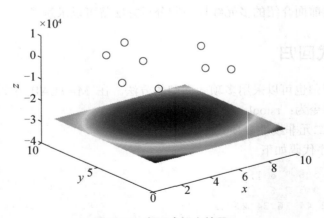

图 9-21　多项式拟合效果

详细的拟合多项式图形如图 9-22 所示。

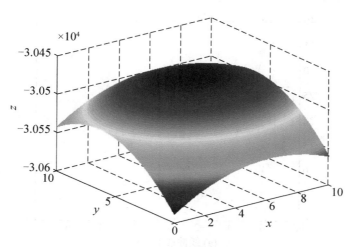

图 9-22　拟合多项式图形

9.6　插　　值

有时搜集的数据比较少，为了更容易地发现它们间的规律，人们经常进行插值，就是在相邻的数据之间补充数据。

插值主要包括一元插值和二元插值等类型。

9.6.1　一元插值

一元插值也叫线性插值，方法是在已知数据的连线上加入新的数据。

在 MATLAB 中，进行一元插值的指令为：interp1。

调用格式：yi=interp1(x,y,xi,'method')。由 x、y 构造一元插值函数，并计算 xi 处的函数值 yi。method 指插值方法，包括 linear(线性插值，默认值)、spline(3 次样条插值)、cubic(3 次多项式插值)等。

例 9-10　对曲线 $y = x^2$ 进行插值。

MATLAB 程序代码如下：

```
x=-2*pi:1:2*pi;
y=x.^2;
xi=-2*pi:0.1:2*pi;
t1=interp1(x,y,xi);  % 线性插值
t2=interp1(x,y,xi,'spline');  % 3 次样条插值
t3=interp1(x,y,xi,'cubic');  %3 次多项式插值
plot(x,y,'o',xi,t1,'r-')  % 绘制线性插值图形
figure(2)
plot(x,y,'o',xi,t2,'r-')     % 绘制 3 次样条插值图形
figure(3)
plot(x,y,'o',xi,t3,'r-')     % 绘制 3 次多项式插值图形
```

运行结果如图 9-23(a)～(c)所示。

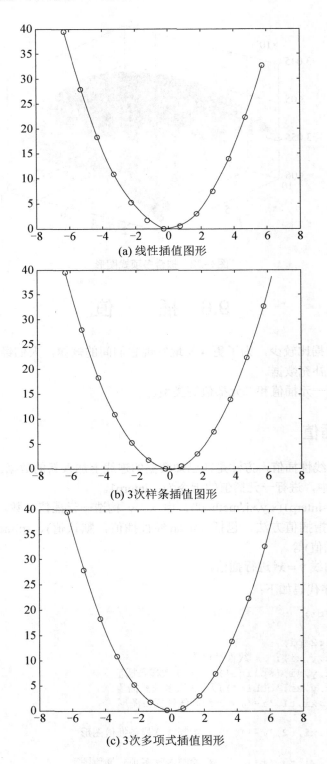

(a) 线性插值图形

(b) 3次样条插值图形

(c) 3次多项式插值图形

图 9-23　插值图形

9.6.2　二元插值

二元插值指同时在两个维度(如 x、y)进行插值。在 MATLAB 中，进行二元插值的指令有两个。

1. griddata

进行非等距节点插值。

调用格式：zi=griddata(x,y,z,xi,yi)。

例 9-11　利用 griddata 指令绘制函数 $z = \sin x^2 + \sin y^2$ 的图形。

MATLAB 程序代码如下：

```
x=rand(100,1)*2-1;
y=rand(100,1)*2-1;
z=sin(x).^2+sin(y).^2;
ti=-1:0.01:1;
[xi,yi]=meshgrid(ti,ti);
zi=griddata(x,y,z,xi,yi);
mesh(xi,yi,zi)
hold on
plot3(x,y,z,'o')
```

运行结果如图 9-24 所示。

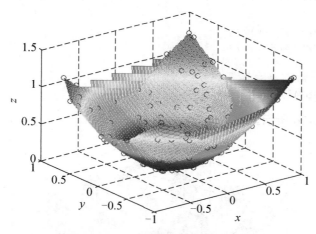

图 9-24　函数 $z=\sin x^2+\sin y^2$ 的图形

改变网格节点，MATLAB 程序代码如下：

```
[x,y]=meshgrid(-1:1)    % 改变网格节点
z=sin(x).^2+sin(y).^2;
ti=-1:0.01:1;
[xi,yi]=meshgrid(ti,ti);
zi=griddata(x,y,z,xi,yi);
mesh(xi,yi,zi)
```

```
hold on
plot3(x,y,z,'o')
```

运行结果如图 9-25 所示。

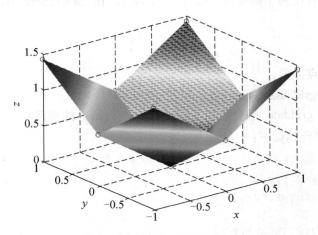

图 9-25　改变网格节点的函数图形

例 9-12　改变自变量范围的图形。

MATLAB 程序代码如下：

```
[x,y]=meshgrid(-5:5)
z=sin(x).^2+sin(y).^2;
ti=-5:0.01:5;
[xi,yi]=meshgrid(ti,ti);
zi=griddata(x,y,z,xi,yi);
mesh(xi,yi,zi)
hold on
plot3(x,y,z,'o')
```

运行结果如图 9-26 所示。

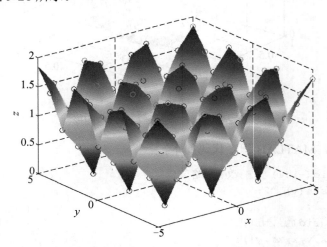

图 9-26　改变自变量范围的函数 $z=\sin x^2+\sin y^2$ 的图形

2. interp2

进行单调节点插值。

调用格式：zi=interp2(x,y,z,xi,yi)。

例 9-13　对函数 $z=\sin x^2+\sin y^2$ 进行插值并绘图。

MATLAB 程序代码如下：

```
[x,y]=meshgrid(-5:5)    % 原始数据
z=sin(x).^2+sin(y).^2;
mesh(x,y,z)    % 绘制原始数据网线图
[xi,yi]=meshgrid(-5:0.01:5);   % 增加数据
zi=interp2(x,y,z,xi,yi);   %  二维插值
figure(2)
mesh(xi,yi,zi)  % 插值后的网线图
figure(3)
plot3(xi,yi,zi)
```

运行结果如图 9-27 至图 9-29 所示。

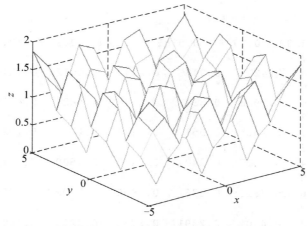

图 9-27　原始数据网线图

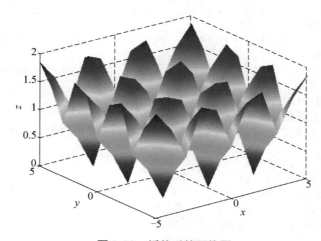

图 9-28　插值后的网线图

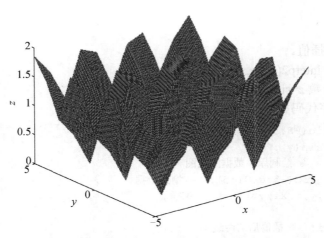

图 9-29　插值后的三维曲线图

例 9-14　在材料表面沉积一些微细颗粒，绘制它的表面图形。

MATLAB 程序代码如下：

```
x=[1:10];
y=[1:10];
z=[0.4229   0.5309   0.7788   0.5181   0.2548   0.9160   0.1759   0.2691
0.6476   0.4587
0.0942   0.6544   0.4235   0.9436   0.2240   0.0012   0.7218   0.7655
0.6790   0.6619
0.5985   0.4076   0.0908   0.6377   0.6678   0.4624   0.4735   0.1887
0.6358   0.7703
0.4709   0.8200   0.2665   0.9577   0.8444   0.4243   0.1527   0.2875
0.9452   0.3502
0.6959   0.7184   0.1537   0.2407   0.3445   0.4609   0.3411   0.0911
0.2089   0.6620
0.6999   0.9686   0.2810   0.6761   0.7805   0.7702   0.6074   0.5762
0.7093   0.4162
0.6385   0.5313   0.4401   0.2891   0.6753   0.3225   0.1917   0.6834
0.2362   0.8419
0.0336   0.3251   0.5271   0.6718   0.0067   0.7847   0.7384   0.5466
0.1194   0.8329
0.0688   0.1056   0.4574   0.6951   0.6022   0.4714   0.2428   0.4257
0.6073   0.2564
0.3196   0.6110   0.8754   0.0680   0.3868   0.0358   0.9174   0.6444
0.4501   0.6135 ];
% 各个数据表示各个位置的高度
mesh(x,y,z)   % 原始数据网线图
z1=interp2(x,y,z,2.8,3.6 )   % 计算(2.8,3.6)位置处的高度
figure(2)
xi=linspace(0,10,1000);
yi=linspace(0, 10,1000);
[xxi,yyi]=meshgrid(xi,yi);
zzi=interp2(x,y,z,xxi,yyi);   % 进行插值
mesh(xxi,yyi,zzi)   % 插值后的网线图
hold on
```

```
[xx,yy]=meshgrid(x,y);
plot3(xx,yy,z,'ob')
hold off
zmax=max(max(zzi))      %  求最大高度
[i,j]=find(zmax==zzi);
xmax=xi(j)
ymax=yi(i)
zmin=min(min(zzi))      %  求最小高度
[i,j]=find(zmin==zzi);
xmin=xi(j)
ymin=yi(i)
figure(3)
pcolor(xxi,yyi,zzi)     %  材料表面形貌的伪彩图
shading interp
hold on
contour(xxi,yyi,zzi,20,'k')    % 加等高线
```

运行结果如下：

```
z1 = 0.2880
zmax = 0.9662
xmax = 2.0020
ymax = 5.9960
zmin = 0.0030
xmin = 5.9960
ymin = 2.0020
```

原始数据网线图如图 9-30 所示。

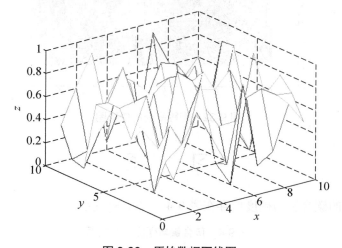

图 9-30   原始数据网线图

插值后的网线图如图 9-31 所示。

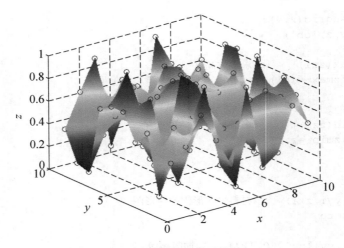

图 9-31　插值后的网线图

带等高线的伪彩图如图 9-32 所示。

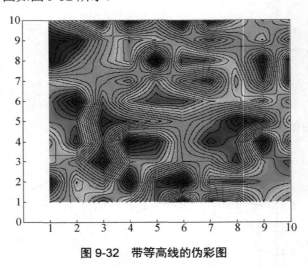

图 9-32　带等高线的伪彩图

习　　题

1. 某种材料的碳含量与硬度值存在表 9-4 中的对应关系。

表 9-4　碳含量与硬度值的关系

碳含量	0.10	0.15	0.20	0.25	0.30	0.35
硬度	36	39	45	48	55	57

对它们进行回归分析。

2. 在某种材料中，其中 3 种化学成分 A、B、C 的含量和强度间存在如表 9-5 所示的关系。

表 9-5 化学成分 A、B、C 的含量与强度的关系

A/wt%	5	10	15	20	25	30
B/wt%	12	16	14	12	8	10
C/wt%	5	10	8	18	15	12
强度	223	254	289	312	334	358

对它们进行回归分析。

3. 对向量 x 和 y 进行回归分析：

x=[0.98 1.89 3.12 3.86 5.21 6.02 6.98 8.08 8.99 9.86]；

y=[1.11 8.22 25.67 62.35 123 220 340 495 730 990]。

求出二者的回归方程。

4. 对向量 x 和 y 进行回归分析：

x=[50 100 150 200 250 300 350 400 450 500]；

y=[160 220 260 300 340 360 400 420 450 470]。

求出二者的回归方程。

5. 对向量 x 和 y 进行多项式拟合：

x =[10 20 30 40 50 60 70 80]；

y =[130 100 85 75 70 65 62 60]。

分别求出 4 阶和 10 阶拟合多项式。

6. 对曲线 $y= \sin x$ 进行线性插值。

7. 对曲线 $y=60+625x^{-0.5}$ 进行线性插值，并绘制它的图形。

8. 对函数 $z=x^2+y^2$ 进行二元插值，并绘制它的图形。

9. 对函数 $z=\cos x+\cos y$ 进行二元插值，并绘制它的图形。

第 10 章 蒙特卡洛模拟与应用

蒙特卡洛模拟也称为蒙特卡洛法(Monte Carlo method)，或统计模拟法、随机模拟法，这种方法是一种基于概率统计原理来解决问题的方法。

蒙特卡洛是摩纳哥公国的一座城市。摩纳哥在法国的东南方，地中海之滨，是世界上面积第二小的国家(只比梵蒂冈大)。蒙特卡洛是世界著名的赌城，与拉斯维加斯和澳门并称为世界三大赌城之一。

蒙特卡洛法的名称体现了它的核心思想和本质特征，即概率。具体来说，这种方法就是把要求解的问题转化为一个概率模型，然后进行统计模拟，最后得到问题的解。

10.1 概　　述

蒙特卡洛法的基本思想起源比较早。根据资料记载，在 17 世纪时，就有人开始使用类似的思路解决一些问题了。18 世纪，法国有一位叫 Buffon 的学者提出：用概率统计的方法求解圆周率 π 的值，目前人们一般都认为，这是蒙特卡洛法在早期最有名的应用。

10.1.1 名称来源

"蒙特卡洛法"这个名字是由著名的数学家和计算机科学家冯·诺依曼提出的。在 20 世纪 40 年代，他作为主持人之一，参加了美国为研制原子弹进行的"曼哈顿计划"，他认识到这种方法的本质和最大特点是概率统计，所以就给它起了这个名字，一直延续到现在。

10.1.2 原理和步骤

总的来说，蒙特卡洛法是一种以概率统计理论为基础的计算方法，它根据大量试验的统计结果来解决一些特定的问题。

蒙特卡洛法的主要步骤包括以下几个。

(1) 对要解决的问题进行分析，建立一个概率统计模型，问题的解与模型的某个变量或参数对应。

(2) 进行模拟仿真试验。根据建立的概率统计模型，生成一定数量的变量的随机数。这个生成过程可以手动产生，但为了更加准确，现在多数都使用计算机产生。

(3) 对模拟试验结果进行统计、分析，求出问题的最终解。

10.1.3 特点

蒙特卡洛法具有很鲜明的特点，主要体现在以下几方面。

(1) 蒙特卡洛法巧妙地绕开了所求解的问题在数学方面的困难和复杂性，另辟蹊径：利用概率统计方法进行求解。

(2) 既然这种方法的基础是概率统计，所以，要想使结果具有足够的精度和准确性，就需要进行足够数量的试验。所以，总的来说，蒙特卡洛法的计算量一般都比较大，需要花费的时间较长，而且对精度的要求越高，计算量也越大，需要的时间就越长。所以，这种方法在早期应用并不多，人们也不太重视它，一直到计算机出现后，试验条件具备了，人们才认识到它的作用，它的应用领域才逐渐扩大。

(3) 蒙特卡洛法有特定的适用范围，主要针对的问题是复杂程度高，难以建立准确的数学模型，或即使能建立起模型，但太复杂，不容易求解；同时，这种方法要求，问题的解能与某个事件的概率或与概率相关的变量相关联。

蒙特卡洛法被人们称为 20 世纪最伟大的十大算法之一，在科学计算、工程应用、金融甚至日常生活等领域都获得了应用。

10.2　蒙特卡洛法的基础——随机数

随机数是进行蒙特卡洛模拟的基础。MATLAB 提供了多个产生随机数的指令，本节介绍常用的几个。

10.2.1　rand 指令

rand 指令的作用：生成在(0,1)间均匀分布的随机数。

调用格式①：rand(n)。生成一个 n×n 的随机数矩阵。

调用格式②：rand(m,n)。生成一个 m×n 的随机数矩阵。

调用格式③：rand(m,n,'p')。生成指定精度的随机数矩阵，p 可以选'double'或'single'.

调用格式④：rand(size(A))。生成与矩阵 A 规模相同的随机数矩阵。

例 10-1　生成一个在(0,1)间均匀分布的 5×5 的随机数矩阵，并把它按列拉长为一个向量，然后绘制出元素的频数直方图。

MATLAB 程序代码如下：

```
a=rand(5)
y=a(:);
hist(y)   % 绘制频数直方图
xlabel('均匀分布随机数')
ylabel('频数')
```

运行结果如下：

```
a = 0.6948    0.3816    0.4456    0.6797    0.9597
    0.3171    0.7655    0.6463    0.6551    0.3404
    0.9502    0.7952    0.7094    0.1626    0.5853
    0.0344    0.1869    0.7547    0.1190    0.2238
    0.4387    0.4898    0.2760    0.4984    0.7513
```

图 10-1 所示为元素的频数直方图。

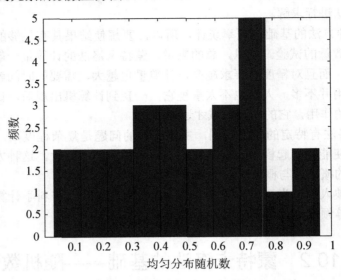

图 10-1　元素的频数直方图

例 10-2　生成一个(0,1)间均匀分布的 1×5 的随机数矩阵，并把它按列拉长为列向量，绘制出频数直方图。

MATLAB 程序代码如下：

```
a=rand(1,5)
hist(a)  % 频数直方图
figure(2)
plot(a)   % 绘制曲线图，与频数直方图进行比较
```

运行结果如下：

```
a = 0.5472    0.1386    0.1493    0.2575    0.8407
```

图 10-2 所示为元素的频数直方图。

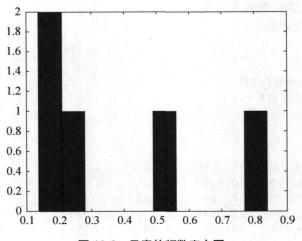

图 10-2　元素的频数直方图

图 10-3 是元素的曲线图。

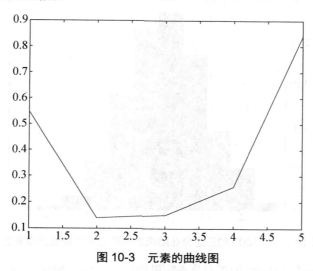

图 10-3 元素的曲线图

10.2.2 randn 指令

randn 指令的作用：生成标准正态分布的随机数，元素的均值为 0，标准差为 1。

调用格式与 rand 相同。

例 10-3 分别生成一个 1×20 和 1×1000 的正态分布随机数矩阵，并绘制它们的频数直方图。

MATLAB 程序代码如下：

```
a1=randn(1,20);
a2=randn(1,1000);
hist(a1)
figure(2)
hist(a2)
```

运行结果如图 10-4 和图 10-5 所示。

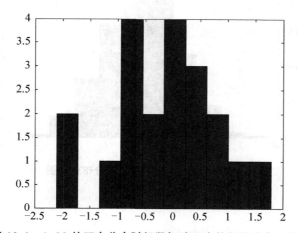

图 10-4 1×20 的正态分布随机数矩阵元素的频数分布直方图

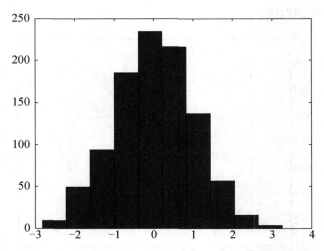

图 10-5　1×1000 的正态分布随机数矩阵元素的频数分布直方图

例 10-4　生成一个 2×1000 的正态分布随机数矩阵，并分别画出每行元素的频数直方图。
MATLAB 程序代码如下：

```
a=randn(2,1000);
a1=a(1,:);
a2=a(2,:);
hist(a1)
figure(2)
hist(a2)
```

运行结果如图 10-6 和图 10-7 所示。

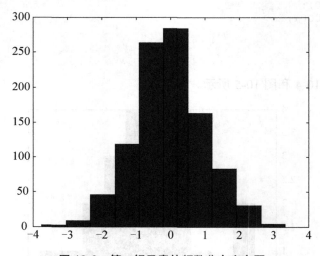

图 10-6　第一行元素的频数分布直方图

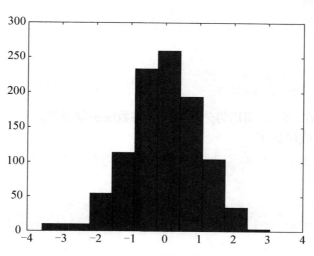

图 10-7　第二行元素的频数分布直方图

10.2.3　randi 指令

randi 指令的作用：生成均匀分布的整数随机数。

调用格式①：randi(imax,n) 。生成在[1:imax]间均匀分布的n×n整数随机数矩阵。

调用格式②：randi(imax,m,n) 。生成 m×n 整数随机数矩阵。

调用格式③：randi(imax,size(A))。生成与矩阵 A 规模相同的矩阵。

调用格式④：randi([imin,imax],m,n)。生成在[imin:imax]间的 m×n 矩阵。

例 10-5　生成在(1:10)间均匀分布的 5×5 整数随机数矩阵。

MATLAB 程序代码如下：

```
randi(10,5)
```

运行结果如下：

```
ans = 2    3    8    2    9
      1    8    5    9    1
      6    8    8    6    3
      7    6    7    2    5
      8    9   10   10    7
```

例 10-6　生成在(1：10)间均匀分布的 2×5 整数随机数矩阵。

MATLAB 程序代码如下：

```
randi(10,2,5)
```

运行结果如下：

```
ans =10    8    5   10    2
      5   10    7    9    3
```

例 10-7　生成在(5：10)间均匀分布的 2×5 整数随机数矩阵。

MATLAB 程序代码如下：

```
randi([5,10],2,5)
```

运行结果如下：

```
ans = 5      7      9      8      9
      10     9      9      6      7
```

例 10-8　生成在(−5∶5)间均匀分布的 2×5 整数随机数矩阵。

MATLAB 程序代码如下：

```
randi([-5,5],2,5)
```

运行结果如下：

```
ans= -4      2      3      1      2
      4      1      3      3      0
```

10.2.4　mnrnd 指令

mnrnd 指令的作用：生成多元分布随机数。

调用格式①：r=mnrnd(n,p)。生成随机向量 r。n 表示向量中元素之和，p 是一个 1×K 向量，将所有元素划分为 K 组，p 中的元素表示每组的比例，p 的各元素之和必须等于 1。r 是一个 1×K 向量，给出了每组中元素的个数。

调用格式②：r=mnrnd(n,p,m)。生成 m 个随机向量，r 是一个 M×K 矩阵，每行对应一个多元分布随机数向量。

例 10-9　生成多元分布随机数。

MATLAB 程序代码如下：

```
n=10;
p=[0.4 0.3 0.3];
r1=mnrnd(n,p)
r2=mnrnd(n,p,6)
r3=mnrnd(n,p,1000);
hist3(r2(:,1:2),[10,10])
figure(2)
hist3(r3(:,1:2),[10,10])
figure(3)
hist3(r3(:,1:2),[100,100])
```

运行结果如下：

```
r1 = 2      3      5
r2 = 3      4      3
     2      5      3
     3      5      2
     5      3      2
     3      2      5
     4      4      2
```

r_2 向量的频数分布直方图如图 10-8 所示。

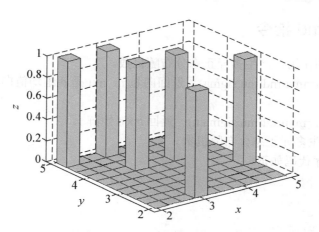

图 10-8　r_2 向量的频数分布直方图

r_2 向量的频数分布直方图如图 10-9 所示。

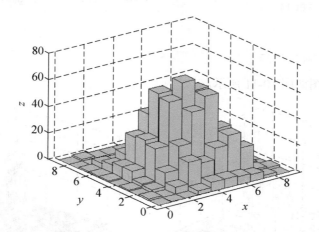

图 10-9　r_3 向量的频数分布直方图

改变格子尺寸的 r_3 向量的频数分布直方图如图 10-10 所示。

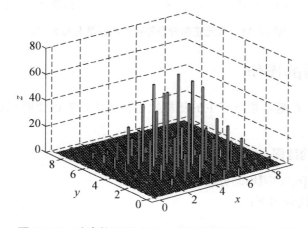

图 10-10　改变格子尺寸的 r_3 向量的频数分布直方图

10.2.5　mvnrnd 指令

mvnrnd 指令的作用：产生多元正态分布随机数。

调用格式①：r=mvnrnd(mu,sigma)。返回向量 r。mu 是 d 维均值向量。sigma 是协方差矩阵。

调用格式②：r=mvnrnd(mu,sigma,n)。返回 n×d 矩阵 r。

例 10-10　产生多元正态分布随机数。

MATLAB 程序代码如下：

```
mu=[ 5  25];
sigma=[ 1  4
4   25 ];
a0= mvnrnd(mu,sigma)
a=mvnrnd(mu,sigma,5000);
hist3(a,[10,10])
figure(2)
hist3(a,[100,100])
```

运行结果如下：

```
a0 = 3.6871   22.7775
```

频数分布直方图如图 10-11 所示。

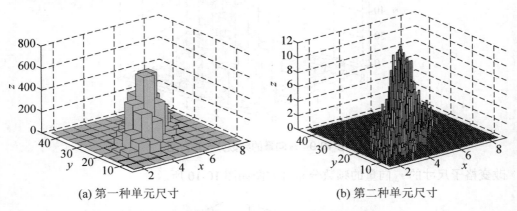

(a) 第一种单元尺寸　　　　　　　　　　(b) 第二种单元尺寸

图 10-11　多元正态分布随机数的频数分布直方图

10.2.6　随机数的操作

可以通过编程，对基本指令产生的随机数进行操作，如改变随机数的范围、人为设置随机数的产生等。

1. 改变随机数的范围——产生[a,b]间的随机数

例 10-11　产生[6,10]间均匀分布的随机数。

MATLAB 程序代码如下：

```
r1=rand(1,10)  % 产生[0,1]之间的随机数
a=6;
b=10;
r2 = a + (b-a).*rand(1,10)  % 产生[6,10]之间的随机数
hist(r1)
figure(2)
hist(r2)
```

运行结果如下：

```
r1 =0.5581  0.4278  0.2672  0.7537  0.8984  0.7284  0.4068  0.9383  0.2554
0.5332
r2 =9.8190  7.0710  7.0003  9.7107  6.2743  7.1976  8.3663  6.8132  8.5435
9.1935
```

频数分布直方图如图 10-12 所示。

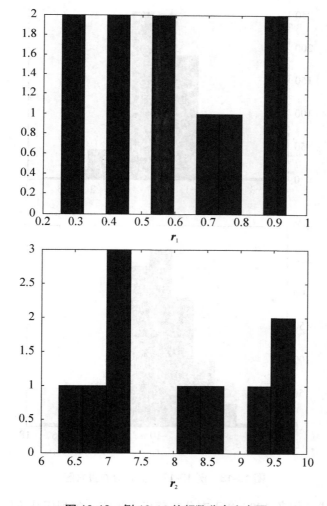

图 10-12　例 10-11 的频数分布直方图

2. 改变正态分布随机数的平均值和标准差

例 10-12 生成 1000 个正态分布随机数，均值为 10，标准差为 2。

MATLAB 程序代码如下：

```
r1=randn(1,1000);  % 生成 1000 个正态分布随机数，均值为 0，标准差为 1
m=10;
s=2;
r2=m +s.*randn(1,1000);  % 将随机数的均值改为 10，标准差改为 2
hist(r1)
figure(2)
hist(r2)
```

运行结果的数据不再罗列。频数分布直方图如图 10-13 所示。

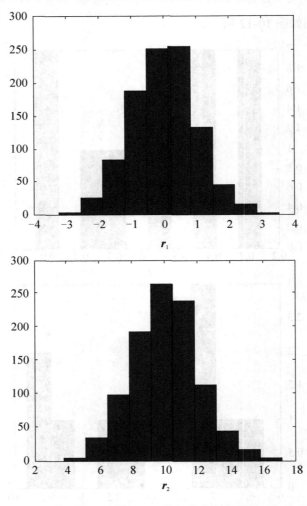

图 10-13　例 10-12 的频数分布直方图

例 10-13 生成 3 组各 1000 个正态分布随机数矩阵，每列服从不同的正态分布，并绘制它们的频数分布直方图。

MATLAB 程序代码如下：

```
r1=randn(1,1000);
m=10;
s=2;
r2 =m +s.*randn(1,1000);
m=20;
s=2;
r3=m +s.*randn(1,1000);
y=[r1 r2 r3];
x=50;
hist(y,x)
```

运行结果如图 10-14 所示。

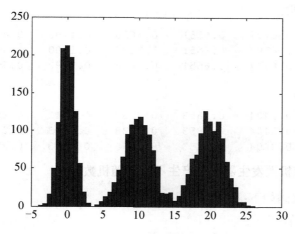

图 10-14　频数分布直方图

3. 重置随机数发生器使之产生相同的 "随机数"

在 MATLAB 中，可以对随机数发生器进行设置，人为地控制产生的 "随机数"，当然，这种 "随机数" 就不是真正的随机数了。重置随机数发生器的指令为：rng('default')。

例 10-14　产生 8 个[0,1]间的均匀分布的随机数。

MATLAB 程序代码如下：

```
rng('default')
rand(1,8)
```

连续运行 3 次程序，结果相同，均为：

```
ans = 0.8147  0.9058  0.1270  0.9134  0.6324  0.0975  0.2785  0.5469
ans = 0.8147  0.9058  0.1270  0.9134  0.6324  0.0975  0.2785  0.5469
ans = 0.8147  0.9058  0.1270  0.9134  0.6324  0.0975  0.2785  0.5469
```

4. 保存随机数发生器的设置使之重复产生相同的随机数

MATLAB 程序代码如下：

```
s=rng;
u1=rand(1,6)
rng(s);
u2=rand(1,6)
rng(s);
u3=rand(1,6)
```

连续运行 3 次程序，每次得到的 3 组随机数都相同，但每次和每次的结果不同。

第一次运行的结果：

```
u1 = 0.1869    0.4898    0.4456    0.6463    0.7094    0.7547
u2 = 0.1869    0.4898    0.4456    0.6463    0.7094    0.7547
u3 = 0.1869    0.4898    0.4456    0.6463    0.7094    0.7547
```

第二次运行的结果：

```
u1 = 0.2760    0.6797    0.6551    0.1626    0.1190    0.4984
u2 = 0.2760    0.6797    0.6551    0.1626    0.1190    0.4984
u3 = 0.2760    0.6797    0.6551    0.1626    0.1190    0.4984
```

第三次运行结果：

```
u1 = 0.9597    0.3404    0.5853    0.2238    0.7513    0.2551
u2 = 0.9597    0.3404    0.5853    0.2238    0.7513    0.2551
u3 = 0.9597    0.3404    0.5853    0.2238    0.7513    0.2551
```

5. 重新初始化随机数发生器使之产生不同的随机数

MATLAB 程序代码如下：

```
rng('shuffle');
rand(1,5)
```

连续运行 3 次，结果分别为：

```
ans = 0.1524    0.9641    0.7195    0.9874    0.4508
ans = 0.2165    0.4427    0.0048    0.9180    0.0457
ans = 0.6181    0.8052    0.5775    0.2624    0.2252
```

10.2.7 随机数的应用实例——模拟投掷硬币

可以利用随机数指令模拟一些现象，如投掷硬币。设硬币正面向上用 1 表示，反面向上用 0 表示。所以，每次投掷的结果就是随机产生 0 或 1。

MATLAB 程序代码如下：

```
r=randi(2,1,1);  % 产生一个随机数 1 或 2
r1=r-1    % 产生一个随机数 0 或 1
```

或者改为只有一行代码的程序：

```
r=randi(2,1,1)-1    %产生一个随机数 0 或 1
```

每运行一次程序，就随机产生一个数字 0 或 1，很好地模拟了投硬币的过程。下面是运行几次的结果：

```
ans = 0
ans = 1
ans = 0
ans = 0
ans = 0
ans = 1
```

众所周知，投掷次数越多，出现正、反面的概率越趋近于各占 1/2。为了节省时间，提高效率，将程序修改一下，观察投掷次数与出现正、反面概率的关系：

```
r10=randi(2,1,10)-1      %投掷 10 次，出现 0 和 1 的情况
hist(r10)
r50=randi(2,1,50)-1      %投掷 50 次，出现 0 和 1 的情况
figure(2)
hist(r50)
r100=randi(2,1,100)-1    %投掷 100 次，出现 0 和 1 的情况
figure(3)
hist(r100)
r500=randi(2,1,500)-1    %投掷 500 次，出现 0 和 1 的情况
figure(4)
hist(r500)
r1000=randi(2,1,1000)-1    %投掷 1000 次，出现 0 和 1 的情况
figure(5)
hist(r1000)
t10=tabulate(r10)     % 投掷 10 次时，0 和 1 各自出现的次数和概率
t50=tabulate(r50)     % 投掷 50 次时，0 和 1 各自出现的次数和概率
t100=tabulate(r100)   % 投掷 100 次时，0 和 1 各自出现的次数和概率
t500=tabulate(r500)   % 投掷 500 次时，0 和 1 各自出现的次数和概率
t1000=tabulate(r1000)   % 投掷 1000 次时，0 和 1 各自出现的次数和概率
```

运行结果为：

```
r10 = 1   1   1   1   1   1   1   0   0
r50 = 1   0   1   0   1   1   1   1   0   1   1   0   0
1   0   1   0   0   0   0   0   0   1   0   0   0   0
1   1   1   0   0   0   0   1   1   0   1   1   0   0
0   0   1   0   1   1   0   0   1
r100 = 1   1   1   1   1   0   0   1   1   1   1   1
0   1   1   1   0   1   1   1   1   0   0   0
0   1   0   0   0   1   1   0   1   0   1   0
1   0   0   1   1   0   1   1   1   0   0   1   1
1   1   0   0   0   0   0   0   1   0   1   1   1
1   1   0   1   1   0   0   0   0   0   1   0   0
1   1   0   0   0   1   0   1   1   1   1   0   0
1   0   0
```

由于篇幅所限，投掷 500 次和 1000 次的结果就不列出了。读者如果感兴趣，可以自己运行程序进行观察。

图 10-15 所示为各次模拟结果的频数直方分布图。

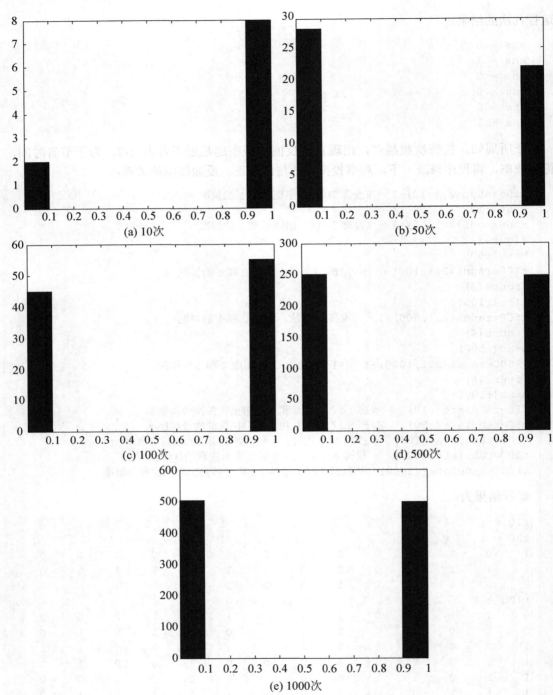

图 10-15　各次模拟结果的频数直方分布图

频数和概率统计结果为:

```
t10 =    0    2    20
         1    8    80
```

```
t50 =  0    28     56
       1    22     44
t100 = 0    45     45
       1    55     55
t500 = 0         251.0000  50.2000
       1.0000   249.0000  49.8000
t1000 = 0        503.0000  50.3000
        1.0000  497.0000  49.7000
```

频数直方图和频数、概率统计结果清楚地表明，投掷 10 次时，0 出现了 2 次，1 出现了 8 次；投掷 50 次时，0 出现了 28 次，1 出现了 22 次；投掷 100 次时，0 出现了 45 次，1 出现了 55 次，概率分别为 45%和 55%；投掷 500 次时，0 出现了 251 次，1 出现了 249 次，几乎各占 50%；投掷 1000 次时，也几乎各占 50%。

按照同样的思路，还可以模拟掷骰子、轮盘赌的情况，读者可以自己编程尝试。

10.3　蒙特卡洛法应用实例

目前，蒙特卡洛法在很多领域里都得到了应用，本节介绍几个比较典型的例子。

10.3.1　计算圆周率π的值

用蒙特卡洛法求解圆周率π值的总体思路如图 10-16 所示。

假设往一个边长为 $a=1$ 的正方形内随机投点，这些点落在红色弧线部分中的概率 p 是红色弧线包围的面积与正方形的面积之比。

红色弧线包围的面积$=\pi a^2/4=\pi/4$，正方形的面积$=a^2=1$。

所以，概率 $p=(\pi/4)/1=\pi/4$，

故，$\pi=4p$。

如果用蒙特卡洛模拟法统计出 p 的值，就可以计算出π了。

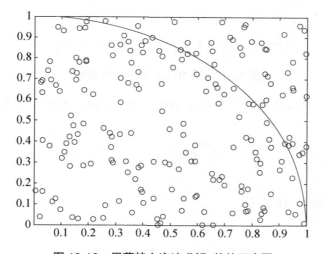

图 10-16　用蒙特卡洛法求解π值的示意图

MATLAB 程序代码如下：

```
n=10;    % 随机投 n 个点
x=rand(n,1);    % 随机投的点的 x 坐标
y=rand(n,1);    % 随机投的点的 y 坐标
count=0;
for i=1:n
if (x(i)^2+y(i)^2<=1)    % 点落在红色弧线包围部分(包括周长)的条件
count=count+1;          % 统计落在红色弧线包围部分(包括周长)的点的个数
end
end
plot(x,y,'o')       % 绘制点的分布图
    hold on
    x0=[0:0.001:1];
    y0=sqrt(1-x0.^2);
    plot( x0,y0,'r-');
    hold on
pi=4*count/n     % 计算 pi 值
```

运行结果如下：

```
pi = 1.6000
```

落点示意图如图 10-17 所示。

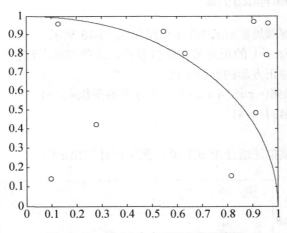

图 10-17　投 10 个点时的落点示意图

增加投点次数，即 n 的值，分别令 n=100、500、1000、5000。结果分别为：

```
pi = 3.4400
pi = 3.1440
pi = 3.1280
pi = 3.1632
```

落点示意图如图 10-18 所示。

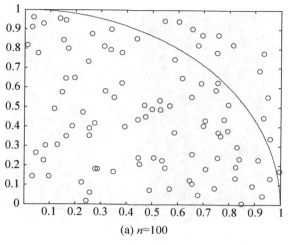

(a) *n*=100

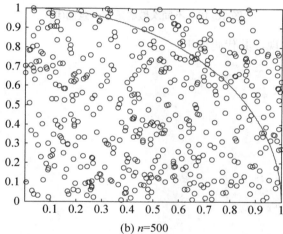

(b) *n*=500

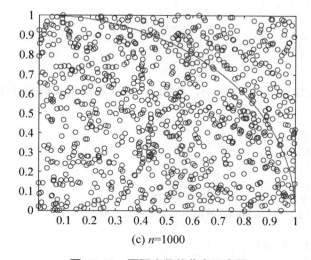

(c) *n*=1000

图 10-18　不同次数的落点示意图

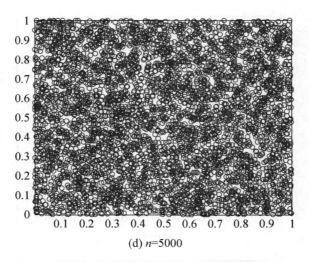

(d) n=5000

图 10-18　不同次数的落点示意图(续)

编写另一个程序实现，其代码如下：

```
n=[100];
m=0;
for i=1:n
  x=rand;
y=rand;
    plot(x,y,'o')
    hold on
    x0=[0:0.001:1];
    y0=sqrt(1-x0.^2);
    plot( x0,y0,'r-');
    hold on
    if (x^2+y^2<=1)
        m=m+1;
    end
end
pi=4*m/n
```

为了了解投点次数对 pi 值的影响，绘制了 pi 值随投点次数的变化趋势图。MATLAB 程序代码如下：

```
n=[10:10:100000];
for i=1:length(n)
x=rand(n(i),1);
y=rand(n(i),1);
m=sum(   x.^2+y.^2<=1   ); %落到圆内的点数
pi(i)=4*m/n(i); %  落到圆内的频率*4，就是 pi 值
end
pi(10000)=4*m/n(10000);
x=10:10:100000;
semilogx(x,0);
hold on
```

```
n=[10:10:100000];
plot(n,pi,'o')
axis([10,100000,2,4])
xlabel('投点次数');ylabel('pi 值');
```

运行结果如图 10-19 所示。

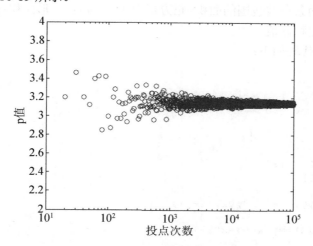

图 10-19　pi 值随投点次数的变化趋势图

从图 10-19 中可以看到，随着投点次数的增加，pi 的值逐渐接近精确值。

10.3.2　求定积分

可以用蒙特卡洛法求定积分，原理和计算圆周率值类似，也是用投点法计算。

例 10-15　计算函数 $y = x^{1/2} - x^2$ 在[0,1]间的定积分。

思路：函数 $y = x^{1/2} - x^2$ 的图形见图 10-20。

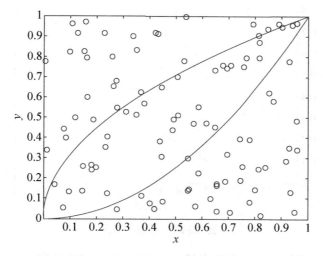

图 10-20　函数 $y = x^{1/2} - x^2$ 的图形

它在[0,1]间的定积分实际上是 $y_1 = x^{1/2}$ 和 $y_2 = x^2$ 包围的面积。

如果在正方形区域内随机投点，假设共投了 n 次，如果有 n_0 次落在两条曲线包围的面积内，则概率 $p = n_0/n =$ 两条曲线包围的面积/正方形面积。

所以，有

两条曲线包围的面积=正方形面积$\times n_0/n=$正方形面积$\times p$

这就是要求的定积分值。

MATLAB 程序代码如下：

```
n=[10];
m=0;
for i=1:n
  x=rand;
y=rand;
   plot(x,y,'o')
   hold on
   x0=[0:0.001:1];
   y0=sqrt(x0);
   y1=x0.^2;
   plot( x0,y0,'r-',x0,y1,'r-');
   hold on
   if ( sqrt(x)>=y & y>=x^2)
      m=m+1;
   end
end
s=1*m/n
```

运行结果如下：

```
s = 0.2000
```

投点示意图如图 10-21 所示。

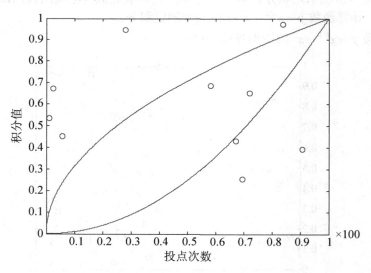

图 10-21 投点示意图

$n=100$ 次时，$s = 0.2600$；$n=500$ 次时，$s = 0.3180$；$n=1000$ 次时，$s = 0.3140$。

投点示意图分别如图 10-22 所示。

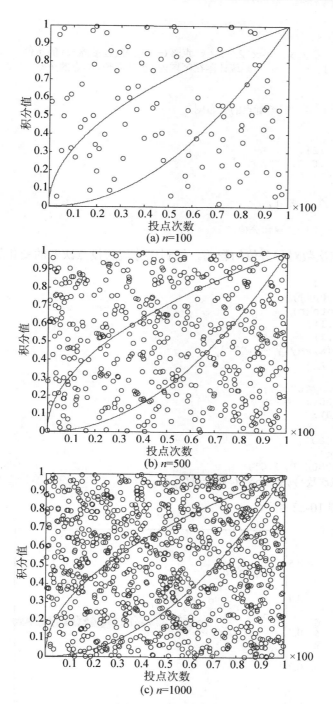

图 10-22　投点示意图

或编写其他程序实现，其代码如下：

```
n=10;      % 随机投 n 个点
x=rand(n,1);    % 随机投的点的 x 坐标
y=rand(n,1);    % 随机投的点的 y 坐标
```

```
count=0;
for i=1:n
if ( sqrt(x)>=y & y>=x^2  )    % 点落在区域内(包括周长)的条件
count=count+1;                 % 统计落在区域内(包括周长)的点的个数
end
end
plot(x,y,'o')        % 绘制点的分布图
    hold on
x0=[0:0.001:1];
    y0=x0.^(1/2);
    plot( x0,y0,'r-');
    hold on
    y1=x0.^2;
  plot( x0,y1,'r-');
    hold on
s=1*count/n      % 计算积分值
```

为了了解投点次数对积分值的影响，绘制积分值随投点次数的变化趋势图，MATLAB
程序代码如下：

```
n=[10:10:100000];
for i=1:length(n)
x=rand(n(i),1);
y=rand(n(i),1);
m=sum( sqrt(x)>=y&y>=x.^2 );
sm(i)=m/n(i);
end
sm(10000)=m/n(10000);
x=10:10:100000;
semilogx(x,0);
hold on
n=[10:10:100000];
plot(n,sm,'o')
axis([10,100000,0,0.6])
xlabel('投点次数');ylabel('积分值');
```

运行结果如图 10-23 所示。

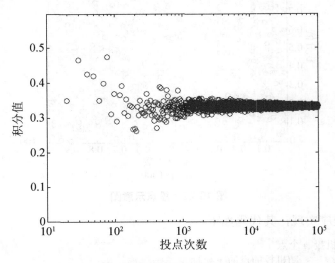

图 10-23　积分值随投点次数的变化趋势

10.3.3　模拟布朗运动

蒙特卡洛法还可以模拟微粒的布朗运动，包括二维布朗运动和三维布朗运动。

1．模拟二维布朗运动

MATLAB 程序代码如下：

```
n=500;
a=randn(1,n)
b=randn(1,n);
x(1)=0;     % 微粒的原始横坐标
y(1)=0;     % 微粒的原始纵坐标
for k=1:n;
x(k+1)=x(k)+a(k);   % 在横坐标方向上的布朗运动分量
y(k+1)=y(k)+b(k);   % 在纵坐标方向上的布朗运动分量
end;
plot(x,y)
```

运行结果如图 10-24 所示。

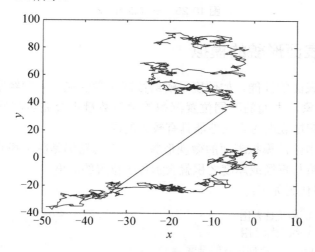

图 10-24　二维布朗运动

2．模拟三维布朗运动

MATLAB 程序代码如下：

```
n=500;
a=randn(1,n);
b=randn(1,n);
c=randn(1,n);
x(1)=0;
y(1)=0;
z(1)=0;
for k=1:n;
```

```
x(k+1)=x(k)+a(k);
y(k+1)=y(k)+b(k);
z(k+1)=z(k)+c(k);
end;
plot3(x,y,z)
```

运行结果如图 10-25 所示。

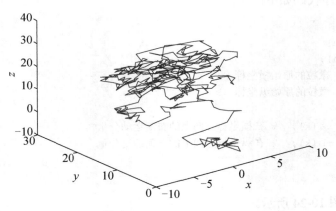

图 10-25　三维布朗运动

10.3.4　物体表面形貌的模拟

为了提高材料表面的性能，如硬度、耐磨性或光学性能，人们经常在表面喷涂或沉积一些微粒。可以想象，表面的不同位置沉积的微粒数量不会完全相同，所以表面是粗糙的，有时候，这种粗糙表面对它的性能具有较大的影响。

可以利用蒙特卡洛法模拟表面的微观形貌。基本思路仍是随机投点，统计各个位置落下的点的数量，数量与直径或厚度之积就表示各个位置的高度。

MATLAB 程序代码如下：

```
x=[1:30 ];       % 横坐标范围
y=[1:30];        % 纵坐标范围
z=[ rand(30)];   % 不同位置的厚度
mesh(x,y,z)      % 表面网线图
figure(2)
meshz(x,y,z)     % 幕帘网线图
colormap([0 0 1])
figure(3)
surf(x,y,z)      % 曲面图
colormap([0 0 1])
axis('equal')
```

运行结果如图 10-26 所示。

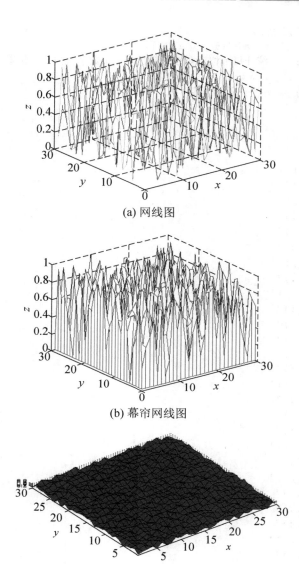

(a) 网线图

(b) 幕帘网线图

(c) 曲面图

图 10-26　材料表面的微观形貌

编写其他程序实现，其代码如下：

```
a1=randi(900,1,900);
% 产生 1～900 共 900 个随机数；900 表示位置，30×30；产生 10 次，代表喷涂了 10 层颗粒
a2=randi(900,1,900);
a3=randi(900,1,900);
a4=randi(900,1,900);
a5=randi(900,1,900);
a6=randi(900,1,900);
a7=randi(900,1,900);
a8=randi(900,1,900);
a9=randi(900,1,900);
```

```
a10=randi(900,1,900);
a=[a1 a2 a3 a4 a5 a6 a7 a8 a9 a10 ];
n=tabulate(a) ;    % 统计每个位置颗粒的数量。每个数字代表一个位置，数字的个数代表颗粒
数量
n1=n(:,2)*0.01; % 各个位置的厚度
x=[1:30  ];
y=[1:30];
z=[ n1(1:30,:)'
    n1(31:60,:)'
     n1(61:90,:)'
    n1(91:120,:)'
     n1(121:150,:)'
    n1(151:180,:)'
    n1(181:210,:)'
    n1(211:240,:)'
     n1(241:270,:)'
    n1(271:300,:)'
     n1(301:330,:)'
    n1(331:360,:)'
    n1(361:390,:)'
    n1(391:420,:)'
     n1(421:450,:)'
    n1(451:480,:)'
     n1(481:510,:)'
    n1(511:540,:)'
    n1(541:570,:)'
    n1(571:600,:)'
     n1(601:630,:)'
    n1(631:660,:)'
     n1(661:690,:)'
    n1(691:720,:)'
    n1(721:750,:)'
    n1(751:780,:)'
     n1(781:810,:)'
    n1(811:840,:)'
     n1(841:870,:)'
    n1(871:900,:)'  ];     % 不同位置的厚度
mesh(x,y,z)
figure(2)
meshz(x,y,z)
colormap([0 0 1])
figure(3)
surf(x,y,z)
colormap([0 0 1])
axis('equal')
```

运行结果如图 10-27 所示。

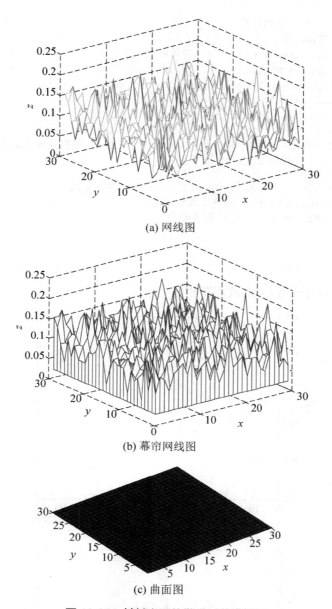

(a) 网线图

(b) 幕帘网线图

(c) 曲面图

图 10-27　材料表面的微观形貌模拟图

10.3.5　材料成分设计与质量控制

在制备新材料时，材料的每种成分的实际含量都会与目标含量产生一定的误差，无疑，这对材料的性能会产生一定的影响。可以利用蒙特卡洛法对材料制备进行模拟，并预测最终的性能；反过来通过成分设计对质量进行控制。

例 10-16　M_s 点是材料的一个性能指标，它与材料的化学成分有关。用蒙特卡洛法对材料的成分设计进行模拟，并预测 M_s 点。

MATLAB 程序代码如下：

```
sigma=0.10;      % 成分的误差
n=100;       % 模拟次数
C=normrnd(0.3,sigma,1,n);       % C 元素的实际含量
Mn=normrnd(1.2,sigma,1,n);       % Mn 元素的实际含量
Cr=normrnd(0.3,sigma,1,n);       % Cr 元素的实际含量
Ni=normrnd(0.2,sigma,1,n);       % Ni 元素的实际含量
Mo=normrnd(0.1,sigma,1,n);       % Mo 元素的实际含量
Si=normrnd(0.4,sigma,1,n);       % Si 元素的实际含量
Ms=520-321*C-50*Mn-30*Cr-20*Ni-20*Mo-5*Si      % 根据元素含量计算 Ms 点
plot(Ms,'o')      % 绘制 Ms 点分布图
figure(2)
edges=[0 325 500]      % 按 Ms 点的值对制备的材料进行分组
[n,bin]=histc(Ms,edges)      % 统计每组的数量
bar(edges,n,'histc')      % 绘制条形图
```

运行结果如下：

```
n = 33      67      0
```

图 10-28 所示为材料的 M_s 点散点图和分类结果。

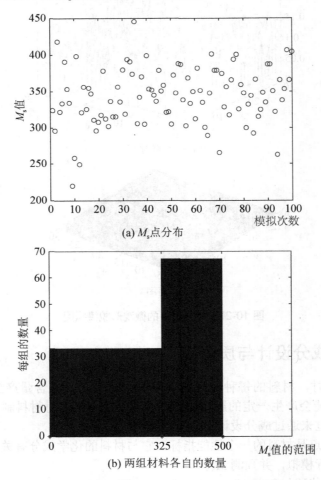

(a) M_s 点分布

(b) 两组材料各自的数量

图 10-28 材料的 M_s 点分布图和分组结果

图 10-29 所示为 n=10000 时的 M_s 点分布图和分组结果。

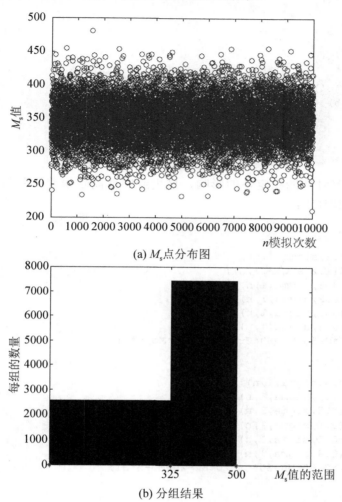

(a) M_s 点分布图

(b) 分组结果

图 10-29　n=10000 时的 M_s 点分布图和分组结果

编写另一个程序实现，其代码如下：

```
N=100;
Nf=0;
for i=1:N
C=normrnd(0.3,0.05);
Mn=normrnd(1.2,0.05);
Cr=normrnd(0.3,0.05);
Ni=normrnd(0.2,0.05);
Mo=normrnd(0.1,0.05);
Si=normrnd(0.4,0.05);
Ms=520-321*C-50*Mn-30*Cr-20*Ni-20*Mo-5*Si
figure(1)
plot(C,Ms,'o')
figure(2)
plot(Mn,Ms,'o')
```

```
figure(3)
plot(Cr,Ms,'o')
figure(4)
plot(Ni,Ms,'o')
figure(5)
plot(Mo,Ms,'o')
figure(6)
plot(Si,Ms,'o')
if (Ms>=60.5)
Nf=Nf+1;
end
end
Pf=Nf/N
```

为了了解误差对性能稳定性的影响，这里绘制性能随误差控制值的变化趋势图，
MATLAB 程序代码如下：

```
sigma=0.50;
n=10000;
C=normrnd(0.3,sigma,1,n);
Mn= normrnd(1.2,sigma,1,n);
Cr=normrnd(0.3,sigma,1,n);
Ni=normrnd(0.2,sigma,1,n);
Mo=normrnd(0.1,sigma,1,n);
Si=normrnd(0.4,sigma,1,n);
Ms1=520-321*C-50*Mn-30*Cr-20*Ni-20*Mo-5*Si;
sigma=0.2;
n=10000;
C=normrnd(0.3,sigma,1,n);
Mn=normrnd(1.2,sigma,1,n);
Cr=normrnd(0.3,sigma,1,n);
Ni=normrnd(0.2,sigma,1,n);
Mo=normrnd(0.1,sigma,1,n);
Si=normrnd(0.4,sigma,1,n);
Ms2=520-321*C-50*Mn-30*Cr-20*Ni-20*Mo-5*Si;
sigma=0.1;
n=10000;
C=normrnd(0.3,sigma,1,n);
Mn=normrnd(1.2,sigma,1,n);
Cr=normrnd(0.3,sigma,1,n);
Ni=normrnd(0.2,sigma,1,n);
Mo=normrnd(0.1,sigma,1,n);
Si=normrnd(0.4,sigma,1,n);
Ms3=520-321*C-50*Mn-30*Cr-20*Ni-20*Mo-5*Si;
sigma=0.05;
n=10000;
C=normrnd(0.3,sigma,1,n);
Mn=normrnd(1.2,sigma,1,n);
Cr=normrnd(0.3,sigma,1,n);
Ni=normrnd(0.2,sigma,1,n);
Mo=normrnd(0.1,sigma,1,n);
Si=normrnd(0.4,sigma,1,n);
Ms4=520-321*C-50*Mn-30*Cr-20*Ni-20*Mo-5*Si;
sigma=0.02;
n=10000;
```

```
C=normrnd(0.3,sigma,1,n);
Mn=normrnd(1.2,sigma,1,n);
Cr=normrnd(0.3,sigma,1,n);
Ni=normrnd(0.2,sigma,1,n);
Mo=normrnd(0.1,sigma,1,n);
Si=normrnd(0.4,sigma,1,n);
Ms5=520-321*C-50*Mn-30*Cr-20*Ni-20*Mo-5*Si;
x1=[1:10000];
plot(x1,Ms1,'o')
hold on
x2=[10001:20000];
plot(x2,Ms2,'*')
hold on
x3=[20001:30000];
plot(x3,Ms3,'o')
hold on
x4=[30001:40000];
plot(x4,Ms4,'o')
hold on
x5=[40001:50000];
plot(x5,Ms5,'o')
hold on
```

运行结果如图 10-30 所示。

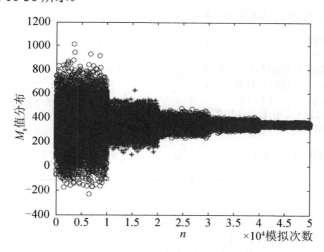

图 10-30　M_s 点随误差控制值的变化趋势

10.3.6　模拟股票价格

人们也用蒙特卡洛法模拟股票价格的变化情况。

MATLAB 程序代码如下：

```
p(1)=5;  % 原始价格
s=500;   % 模拟天数
a=randn(1,s)  % 股价变化
for k=1:s;
p(k+1)=p(k)+a(k);   % 每天的股价
```

```
end
plot(p)
```

运行结果如图 10-31 所示。

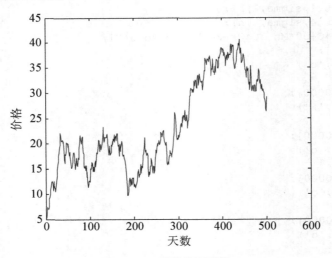

图 10-31　股价发展趋势

编写另一个程序实现，其代码如下：

```
p0=20; % 原始股价
s=100; % 模拟天数
t=1; % 模拟次数，即股价变化的可能性
a=randn(s,t); % 股价变化量
tend=cumsum([p0*ones(1,t)
 a]); % 最新股价(也可用于其他领域，如材料表面喷涂)
plot(tend)
```

运行结果如图 10-32 所示。

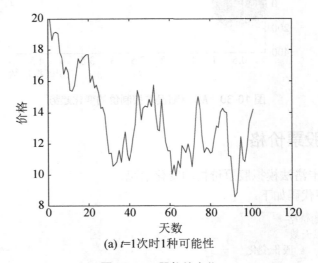

(a) t=1次时1种可能性

图 10-32　股价的变化

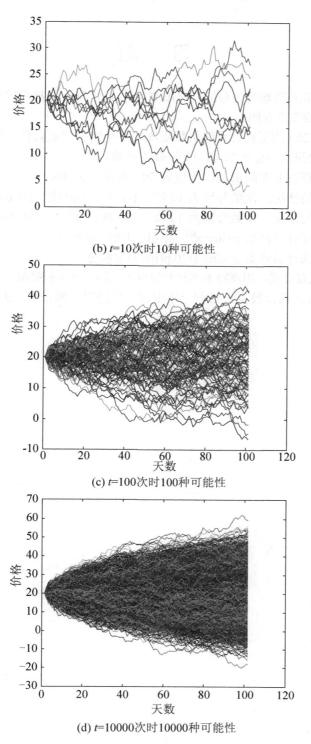

(b) t=10次时10种可能性

(c) t=100次时100种可能性

(d) t=10000次时10000种可能性

图 10-32 股价的变化(续)

习　题

1. 生成一个在(0,1)间均匀分布的 10×10 的随机数矩阵，并把它按列拉长为一个向量，然后绘制出元素的频数直方图。

2. 生成一个 1×200 的正态分布随机数矩阵，并绘制它的频数直方图。

3. 生成在(1:10)间均匀分布的 10×10 整数随机数矩阵。

4. 生成 200 个正态分布随机数，均值为 50，标准差为 10。

5. 模拟掷骰子的情况，次数分别为 10 次、100 次、500 次、1000 次。

6. 模拟轮盘赌的情况，次数分别为 10 次、100 次、500 次、1000 次。

7. 用蒙特卡洛法计算函数 $y = \ln x - x^{0.1}$ 在[0,100]间的定积分。

8. 用蒙特卡洛法计算函数 $y = \sin x$ 在[0,pi]间的定积分。

9. 根据霍尔–佩奇公式，用蒙特卡洛法对材料的晶粒尺寸进行模拟，并预测其屈服强度。

10. 用蒙特卡洛法模拟股票价格在一年中的变化情况。假设第一天的股价是 10 元。

第 11 章　最优化方法与应用

最优化方法指在给定的条件下，寻找问题的最佳方案，获得最优目标。人们把用最优化方法解决的问题叫作最优化问题，也叫作规划问题。近年来，最优化方法广泛应用于多个行业和部门。

11.1　概　　述

在不同的领域中，存在不同类型的最优化问题，每种类型需要采用对应的方法来解决。

11.1.1　类型

按照不同的分类方法，最优化问题可以分为不同的类型，常见的有以下几种。

(1) 按照有无约束条件，分为无约束条件的最优化问题和有约束条件的最优化问题。

(2) 根据目标函数和约束函数的形式，分为线性规划问题和非线性规划问题。在非线性规划问题中，如果最高是二次函数，就称为二次规划问题。

(3) 根据目标变量的数据类型，分为整数规划问题和任意规划问题。在整数规划问题中，如果目标变量只能取 0 或 1，又称为 0-1 规划问题。

另外，还有动态规划(求解多阶段问题)、多目标规划(有多个目标函数)、目标规划(目标的优先级有差别)等类型。

从数学角度来说，最优化方法实际上就是求极值，即在一定的条件下(满足约束函数 $g(x)$、$h(x)$)，求解出决策变量 x，使目标函数 $f(x)$ 取得极值。

11.1.2　主要步骤

用最优化方法解决问题，主要步骤包括以下几个。

1. 建立最优化模型

具体包括以下内容。

(1) 明确决策变量和目标变量。

(2) 写出目标函数表达式。

(3) 写出约束函数表达式。

2. 分析模型

对最优化模型进行分析，选择合适的求解方法。

3．求解

采用适当的方法，求出模型的最优解。

4．检验与应用

获得最优解后，还要进行检验，合格后进行应用。

11.1.3 应用

最优化方法的应用范围十分广泛，包括多个行业和部门。这里只列举几个方面。

(1) 设计，包括化学成分设计、工艺参数设计、结构设计、造型设计等，涉及的领域和行业有机械、车辆、船舶、建筑、航空器、电子线路、化工、新材料等。

(2) 计划或规划，包括经济发展、行业发展、企业经营决策、资源利用等。

(3) 管理调度，包括生产管理、交通管理、人力资源管理、原材料管理等。

(4) 控制，如电力系统、企业生产、设备、生态环境、经济运行等。

11.2 线性规划问题

在 MATLAB 中，线性规划(Linear Programming，LP)问题的标准形式如下。

(1) $\min f^{\mathrm{T}} x$

s.t $\quad Ax \leqslant b$

(2) $\min f^{\mathrm{T}} x$

s.t $\quad Ax \leqslant b$

$\qquad l_{\mathrm{b}} \leqslant x \leqslant u_{\mathrm{b}}$

式中，$f^{\mathrm{T}} x$ 是目标函数；f 是目标系数；x 是目标变量；s.t 是约束函数。

在 MATLAB 中，求解线性规划问题的指令为：linprog。

调用格式：[x,fval] = linprog(f,A,b,Aeq,beq,lb,ub,x0)。其中 x 是目标变量的最优解；fval 是目标函数的最优值；等式约束为 Aeq(x)=beq。lb、ub 是 x 的取值范围；x0 是初始值。

例 11-1　求解 $\min 5x_1 + 2x_2$

$\qquad$ s.t　$-2x_1 + 3x_2 \leqslant -1$

$\qquad\qquad 4x_1 + x_2 \leqslant 3$

$\qquad\qquad x_1, x_2 \geqslant 0$

求解的 MATLAB 程序代码如下：

```
f=[5
   2];
A=[-2 3
   4 1];
b=[-1
   3];
Aeq=[];
beq=[];
```

```
lb=[0
  0];
ub=[];
  [x,fval] = linprog(f,A,b,Aeq,beq,lb,ub)
```

运行结果如下：

```
x = 0.5000
    0.0000
fval = 2.5000
```

例 11-2　求解

$$\min 5x_1 + 4x_2 + 7x_3$$
$$\text{s. t}\quad -2x_1 - 7x_2 + 4x_3 \geqslant 2$$
$$-5x_2 + 2x_3 \geqslant -3$$
$$x_1, x_2, x_3 \geqslant 0$$

MATLAB 程序代码如下：

```
f=[5
   4
   7];
A=[2 7 -4
   0 5 -2];
b=[-2
   3];
Aeq=[];
beq=[];
lb=[0
0
0];
ub=[];
[x,fval] = linprog(f,A,b,Aeq,beq,lb,ub)
```

运行结果如下：

```
x = 0.0000
    0.0000
    0.5000
fval = 3.5000
```

例 11-3　某新材料公司生产甲、乙两种产品，生产 1t 甲需要原料 A 5t、原料 B 2t、原料 C 3t，生产 1t 乙需要原料 B 4t 和原料 C 2t。甲的利润为每吨 10 万元/t，乙的利润为 7 万元/t，3 种原料的供应量分别是 80t、120t 和 90t。甲、乙的产量为多少时利润最大？

解：设甲的产量为 x_1t，乙的产量为 x_2t。根据题意，可以建立最优化模型。

目标函数为：$\max 10x_1 + 7x_2$

约束条件为：$5x_1 \leqslant 80$
$$2x_1 + 4x_2 \leqslant 120$$
$$3x_1 + 2x_2 \leqslant 90$$
$$x_1, x_2 \geqslant 0$$

MATLAB 程序代码如下：

```
f=[-10
  -7];
A=[5 0
   2 4
   3 2];
b=[80
   120
   90];
Aeq=[];
beq=[];
lb=[0
   0 ];
ub=[];
[x,fval] = linprog(f,A,b,Aeq,beq,lb,ub)
```

运行结果为：

```
x = 15.0000
  22.5000
fval = -307.5000
```

所以，甲的产量应该为 15t，乙的产量为 22.5t，公司的利润最高，为 307.5 万元。

例 11-4 某种新材料中含有 4 种化学成分 A、B、C、D，它们分别能提高性能的 46%、24%、32%、17%。要求 C 的含量不能高于另 3 种成分之和，B、D 之和要大于 A。设计最优的成分方案。

解：设 A、B、C、D 的含量分别为 x_1、x_2、x_3 和 x_4。

所以，$x_1 + x_2 + x_3 + x_4 = 1$

目标函数 $\max 0.46x_1 + 0.24x_2 + 0.32x_3 + 0.17x_4$

约束条件：$x_3 \leqslant x_1 + x_2 + x_4$

$x_2 + x_4 > x_1$

x_1、x_2、x_3、x_4 均 $\geqslant 0$

MATLAB 程序代码如下：

```
f=[-0.46;-0.24;-0.32;-0.17];
A=[-1 -1 1 -1
   1 -1 0 -1];
b=[0;
   0];
Aeq=[1 1 1 1];
beq=[1];
lb=[0
   0
   0
   0 ];
ub=[];
[x,fval] = linprog(f,A,b,Aeq,beq,lb,ub)
```

运行结果为:

```
x = 0.5000
    0.5000
    0.0000
    0.0000
fval = -0.3500
```

所以,A、B、C、D 的含量分别为 0.50、0.50、0.00、0.00 时,材料的性能最好,能提高 35%。

例 11-5 某公司要生产 3 种新材料:A 200kg、B 160kg、C 240kg。需要用甲、乙两种添加剂,甲现有 30kg,乙现有 40kg。每千克 A、B、C 各需要甲 0.3kg、0.2kg、0.15kg,需要乙 0.25kg、0.18kg、0.22kg;每千克 A、B、C 添加甲的成本分别为 3 元、2 元、1.5 元,添加乙的成本分别为 2.5 元、4 元、3 元。设计生产方案,使总成本最低。

解:设添加甲的材料 A、B、C 分别为 $x_1$kg、$x_2$kg 和 $x_3$kg,添加乙的材料 A、B、C 分别为 $x_4$kg、$x_5$kg 和 $x_6$kg。

最优化模型为

目标函数为:$\min 3x_1 + 2x_2 + 1.5x_3 + 2.5x_4 + 4x_5 + 3x_6$(总成本最低)

约束条件为

$$0.3x_1 + 0.2x_2 + 0.15x_3 \leqslant 30$$

$$0.25x_4 + 0.18x_5 + 0.22x_6 \leqslant 40$$

$$x_1 + x_4 = 200$$

$$x_2 + x_5 = 160$$

$$x_3 + x_6 = 240$$

MATLAB 程序代码如下:

```
f=[3 2 1.5 2.5 4 3];
A=[0.3 0.2 0.15 0 0 0
   0 0 0 0.25 0.18 0.22];
b=[30
   40];
Aeq=[1 0 0 1 0 0
     0 1 0 0 1 0
     0 0 1 0 0 1];
beq=[200
     160
     240];
lb =[0
     0
     0
     0
     0
     0];
ub=[];
[x,fval] = linprog(f,A,b,Aeq,beq,lb,ub)
```

运行结果如下:

```
x=0.0568
  162.9315
  240.0000
```

```
    200.0759
      0.1666
      0.0000
fval=1.1869e+03
```

例 11-6 制造某种产品需要 6 道工序，工作人员分为 6 组，第 1~5 组每组需要连续工作 2 道工序(第六组负责第 6 道和第 1 道工序)。其中第一道工序需要 10 人，第二道工序需要 15 人，第三道工序需要 12 人，第四道工序需要 18 人，第五道工序需要 16 人，第六道工序需要 8 人。最少需要多少人员？

解： 设各组人数分别为 $x_1, x_2, x_3, x_4, x_5, x_6$。所以，最优化模型为

目标函数：$\min x_1 + x_2 + x_3 + x_4 + x_5 + x_6$

约束条件：

$$x_1 + x_2 \geqslant 15$$
$$x_2 + x_3 \geqslant 12$$
$$x_3 + x_4 \geqslant 18$$
$$x_4 + x_5 \geqslant 16$$
$$x_5 + x_6 \geqslant 8$$
$$x_6 + x_1 \geqslant 10$$
$$x_1, x_2, x_3, x_4, x_5, x_6 \geqslant 0$$

MATLAB 程序代码如下：

```
f=[1 1 1 1 1 1];
A=[ -1 -1 0 0 0 0
     0 -1 -1 0 0 0
     0 0 -1 -1 0 0
     0 0 0 -1 -1 0
     0 0 0 0 -1 -1
    -1 0 0 0 0 -1 ];
b=[-15
   -12
   -18
   -16
   -8
   -10  ];
Aeq=[];
beq=[];
lb=[0
    0
    0
    0
    0
    0 ];
ub=[];
[x,fval] = linprog(f,A,b,Aeq,beq,lb,ub)
```

运行结果如下：

```
x = 7.8141
    7.1859
    5.7323
   12.2677
    4.8602
```

```
    3.1398
fval=41.0000
```

例 11-7　要生产 2000 件产品。有 4 个公司，它们的生产能力、单件成本、原料储存和消耗量如表 11-1 所示。

表 11-1　公司的生产概况

公司	生产能力/件	单件成本/元	原料储存/kg	原料用量/(kg/件)
A	180	30	1000	2
B	150	20	1000	1.5
C	120	15	1000	1.2
D	100	10	1000	1.6

给各公司安排任务，使总成本最低。

解：设各公司的生产任务分别为 x_1、x_2、x_3、x_4。最优化模型为

目标函数：$\min 30x_1+20x_2+15x_3+10x_4$

约束条件：$0 \leqslant x_1 \leqslant 180, 0 \leqslant x_2 \leqslant 150, 0 \leqslant x_3 \leqslant 120, 0 \leqslant x_4 \leqslant 100$

$2x_1 \leqslant 1000, 1.5x_2 \leqslant 1000, 1.2x_3 \leqslant 1000, 1.6x_4 \leqslant 1000,$

$x_1 + x_2 + x_3 + x_4 = 2000$

MATLAB 程序代码如下：

```
f=[30 20 15 10 ];
A=[ 2 0 0 0
   0 1.5 0 0
   0 0 1.2 0
   0 0 0 1.6 ];
b=[ 1000
   1000
   1000
   1000 ];
Aeq=[ 1 1 1 1 ];
beq=[2000 ];
lb=[0 0 0 0];
ub=[180 150 120 100];
[x,fval] = linprog(f,A,b,Aeq,beq,lb,ub)
```

运行结果为：

```
x = 456.4327
   512.2985
   542.7170
   488.5517
fval = 3.6965e+04
```

11.3　二次规划问题

当最优化问题或规划问题的目标函数或约束函数为非线性函数时，称为非线性问题。其中，当目标函数或约束函数为二次函数时，这种问题叫作二次规划问题，在非线性问题

中，二次规划问题的应用比较多，所以本节单独对它进行介绍。

二次规划问题的形式为

$$\min 0.5x'Hx + fx$$

$$\text{subject to:} Ax \leq b$$

在 MATLAB 中，求解二次规划问题的指令为：quadprog。

调用格式：[x,fval]= quadprog(H,f,A,b,Aeq,beq,lb,ub,x0)。其中，H 是目标函数的二次项系数矩阵；f 是目标函数的一次项系数矩阵。

例 11-8　求解二次规划问题

$$\min \quad 6x_1^2 - 5x_2^2 - 2x_1x_2 + 4x_1 - x_2$$

$$\text{s.t} \quad -3x_1 + 2x_2 \leq -8$$

$$\qquad x_1 + x_2 \leq 5$$

MATLAB 程序代码如下：

```
H=[12 -2
  -2 -10];
f=[4
-1];
A=[-3 2
  1 1];
b=[-8
5 ];
[x,fval]= quadprog (H,f,A,b)
```

运行结果如下：

```
x = 1.0e+16 *
  -0.1667
  -1.0000
fval = -5.1667e+32
```

可以绘制目标函数 $s_1 = 6x_1^2 - 5x_2^2 - 2x_1x_2 + 4x_1 - x_2$ 的图形，观察其最优方案。绘图程序代码如下：

```
x=[-10:0.1:10];
y=[-10:0.1:10];
[x,y]=meshgrid(x,y);
z=6*x.^2-5*y.^2-2*x*y+4*x-y;
plot3(x,y,z)
figure(2)
meshc(x,y,z)
figure(3)
surfc(x,y,z)
figure(4)
pcolor(x,y,z)
shading interp
hold on
```

运行结果如图 11-1 所示。

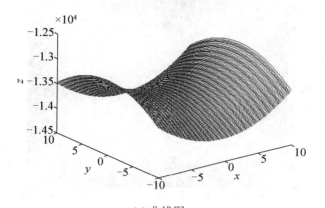

(a) 曲线图

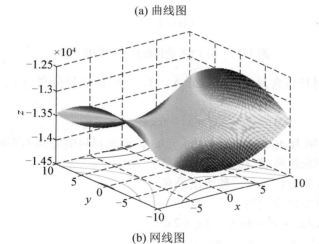

(b) 网线图

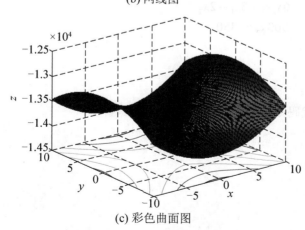

(c) 彩色曲面图

图 11-1　例 11-8 的目标函数的图形

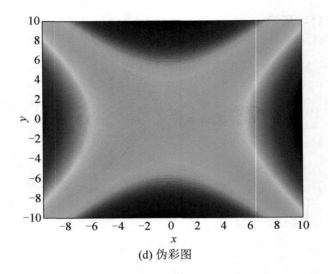

(d) 伪彩图

图 11-1 例 11-8 的目标函数的图形(续)

例 11-9 某种材料包含两种化学成分 A、B，它们的含量分别为 x_1, x_2。材料的强度与成分的关系为

$$s = 2x_1^2 + x_2^2 + 6x_1x_2 + 3x_1 - x_2$$

A、B 的价格分别为 400 元/kg 和 300 元/kg，要求材料的总成本不能高于 350 元/kg。考虑到其他因素，要求每种成分的含量不能高于 70%。

请设计材料成分的最优方案，使强度最高。

解：此问题的最优化模型为

目标函数：$\max 2x_1^2 + x_2^2 + 6x_1x_2 - 3x_1 + 2x_2$

即 $\min -2x_1^2 - x_2^2 - 6x_1x_2 + 3x_1 - 2x_2$

约束函数：$400x_1 + 300x_2 \leqslant 350$

$x_1 + x_2 = 1$

$0 \leqslant x_1 \leqslant 0.70$

$0 \leqslant x_2 \leqslant 0.70$

MATLAB 程序代码如下：

```
H=[ -2 -3
    -3 -1 ];
f=[3
   -2];
A=[400 300];
b=[350 ];
Aeq=[1 1];
beq=[1 ];
lb=[ 0
   0];
ub=[0.70
   0.70];
[x,fval]= quadprog (H,f,A,b,Aeq,beq,lb,ub)
```

运行结果如下：

```
x = 0.3000
    0.7000
fval = -1.4650
```

可以绘制目标函数 $s_1 = -2x_1^2 - x_2^2 - 6x_1x_2 + 3x_1 - 2x_2$ 的图形，观察其最优方案。绘图程序为：

```
x=[-10:0.1:10];
y=[-10:0.1:10];
[x,y]=meshgrid(x,y);
z=-2*x.^2-y.^2-6*x*y+3*x-2*y;
plot3(x,y,z)
figure(2)
meshc(x,y,z)
figure(3)
surfc(x,y,z)
figure(4)
pcolor(x,y,z)
shading interp
hold on
```

运行结果如图 11-2 所示。

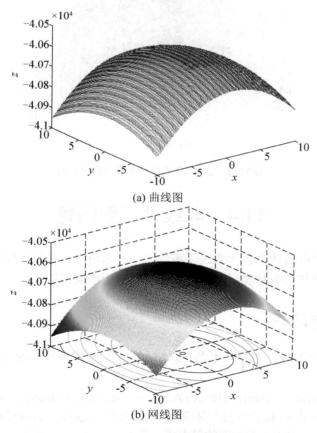

(a) 曲线图

(b) 网线图

图 11-2　例 11-9 的目标函数的图形

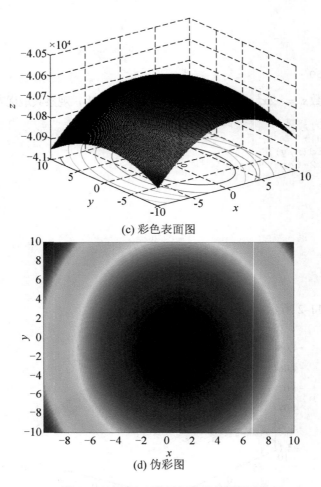

(c) 彩色表面图

(d) 伪彩图

图 11-2　例 11-9 的目标函数的图形(续)

11.4　非线性规划问题

当目标函数或约束函数中包含非线性函数如二次函数时，称为非线性规划问题。
非线性规划问题包括两种类型，即有约束问题和无约束问题。

11.4.1　有约束问题

有约束问题指问题有一定的约束条件。MATLAB 中求解有约束非线性规划问题的指
令为：fmincon。

调用格式：[x,fval] = fmincon(fun,x0,A,b,Aeq,beq,lb,ub,nonlcon)。求多变量有约束非线
性函数的最小值。nonlcon 提供非线性不等式 c(x)或等式 ceq(x)，c(x) $\leqslant 0$，ceq(x) = 0。

例 11-10　求 $x_1 x_2 x_3$ 在[0 0 1]附近的最大值，其中 $6x_1 - 2x_2 + x_3 \leqslant 8, -3x_1 + 4x_2 - 5x_3 \leqslant 2$。

MATLAB 程序代码如下：

```
x0=[0
    0
    1];
A=[6 -2 1
   -3 4 -5];
b=[8
   2];
[x,fval]=fmincon(@(x)  -x(1) * x(2) * x(3) ,x0,A,b)
```

运行结果如下：

```
x =  0
     0
     1
fval = 0
```

例 11-11　求函数 $y = 2x_1^2 + 3x_2^2 + 1$ 在[1 1]附近的最小值，其中 $x_1 - 2x_2 = 4$，$3x_1 + 8x_2 = 12$，$x_1 \geqslant 0, x_2 \geqslant 0, x_1^2 - 3x_2 = 6$。

MATLAB 程序代码如下：

```
x0=[1
    1 ];
A=[1 -2
   3 8 ];
b=[4
   12];
lb=[0
    0];
[x,fval]=fmincon(@(x) 2*x(1)^2+3* x(2)^2+1,x0,A,b,[],[],lb,[],[],@(x)
x(1)^2 -3 *x(2)-6)
```

运行结果如下：

```
x = 1.0e-15 *
     0
0.1110
fval = 1
```

线性规划问题可以认为是一种特殊的非线性规划问题，所以也可以用解非线性问题的方法求解线性规划问题。

例 11-12　用 fmincon 指令求解例 11-2。

$\min 5x_1 + 4x_2 + 7x_3$

s. t　$-2x_1 - 7x_2 + 4x_3 \geqslant 2$

$-5x_2 + 2x_3 \geqslant -3$

$x_1, x_2, x_3 \geqslant 0$

MATLAB 程序代码如下：

```
x0=[0
    0
0];
```

```
A=[2 7 -4
   0 5 -2];
b=[-2
    3];
Aeq=[];
beq=[];
lb=[0
0
0];
ub=[];
[x,fval] = fmincon(@(x) 5*x(1)+4* x(2)+7*x(3),x0,A,b,[],[],lb,ub)
```

运行结果如下：

```
x =    0
       0
    0.5000
fval = 3.5000
```

可以看到，运行结果和用求解线性规划问题的方法完全相同。

例 11-13　从 $100 \times 100mm$ 的正方形 4 个角各剪一个 xmm 的小正方形，剩余部分折成一个盒子。x 为多少时盒子的体积最大？

解：最优化模型为

目标函数：max　盒子体积$=x(100-2x)(100-2x)$。

约束条件：$0<x<50$

MATLAB 程序代码如下：

```
x0=[1];
A=[ ];
b=[ ];
Aeq=[];
beq=[];
lb=[0];
ub=[50];
[x,fval]=fmincon(@(x)  -x*(100-2*x)*(100-2*x) ,x0,A,b, [],[],lb,ub  )
```

运行结果如下：

```
x = 16.6666
fval = -7.4074e+04
```

例 11-14　3 个公司生产同种产品，A 的能耗为 $0.3x^{2.4}$，B 的能耗为 $2x^2$，C 的能耗为 $5x^{1.6}$。现在要生产 1000 件产品，要使总能耗最低，制订最优的分配方案。

解：设 3 个公司各生产 $x_{(1)}$、$x_{(2)}$、$x_{(3)}$ 件产品。根据题意，建立最优化模型为

目标函数：min　$0.3x_{(1)}^{2.4} + 2x_{(2)}^2 + 5x_{(3)}^{1.6}$

约束函数：$x_{(1)} + x_{(2)} + x_{(3)} = 1000$

$0 \leqslant x_{(1)} \leqslant 1000$；

$0 \leqslant x_{(2)} \leqslant 1000$；

$0 \leqslant x_{(3)} \leqslant 1000$ 。

MATLAB 程序代码如下：

```
x0=[ 300
     400
     400];
A=[ ];
b=[ ];
Aeq=[1 1 1];
beq=[1000 ];
lb=[0
0
0];
ub=[1000
1000
1000 ];
[x,fval]=fmincon(@(x)  0.3*x(1)^2.4+2* x(2)^2+5 * x(3)^1.6 ,x0,A,b,Aeq,
beq,lb,[],[] )
```

运行结果如下：

```
x = 97.5955
  109.7678
  792.6367
fval = 2.5947e+05
```

例 11-15　长方体的表面积为 150mm^2，它的边长为多少时体积最大？

解：设长方体的长、宽、高分别为 x_1、x_2 和 x_3。这是一个非线性规划问题，根据题意，建立最优化模型如下。

目标函数：$\max = x_{(1)} x_{(2)} x_{(3)}$ ；

即 $\min = -x_{(1)} x_{(2)} x_{(3)}$ ；

非线性约束函数：

$\text{ceq} = x_{(1)} x_{(2)} + x_{(2)} x_{(3)} + x_{(3)} x_{(1)} - 75$

MATLAB 程序如下。

(1) 非线性约束函数的 MATLAB 程序代码如下：

```
function [c,ceq]=f1(x)
c=[];
ceq=x(1)*x(2)+x(2)*x(3)+x(3)*x(1) -75;
```

保存为 f1.m。

(2) 求解体积最大时的边长及最大体积，MATLAB 程序代码如下：

```
x0=[1
    1
    1];
A=[];
b=[];
Aeq=[];
beq=[];
lb=[0
```

```
    0
    0 ];
ub=[];
nonlcon=@f1;
 [X,FVAL,EXITFLAG,OUTPUT,LAMBDA]=fmincon(@(x)  -x(1) * x(2) *
x(3),x0,[],[],[],[], lb,[],nonlcon )
```

运行结果如下：

```
x = 5.0000
    5.0000
    5.0000
FVAL = -125.0000
EXITFLAG = 5
OUTPUT = iterations: 7
           funcCount: 28
       lssteplength: 1
            stepsize: 4.5544e-06
           algorithm: 'medium-scale: SQP, Quasi-Newton, line-search'
       firstorderopt: 3.2743e-06
     constrviolation: 1.6107e-09
             message: [1x772 char]
LAMBDA = lower: [3x1 double]
         upper: [3x1 double]
         eqlin: [0x1 double]
      eqnonlin: 2.5000
       ineqlin: [0x1 double]
ineqnonlin: [0x1 double]
```

11.4.2 无约束问题

无约束问题指问题没有约束条件。在 MATLAB 中，求解无约束问题有两个指令，即 fminunc 和 fminsearch。

指令 1：fminunc。

调用格式：[x,fval] = fminunc(fun,x0)。

指令 2：fminsearch。

调用格式：[x,fval] = fminsearch(fun,x0)。

说明：一般情况下，当函数的阶数大于 2 时，fminunc 的效果比 fminsearch 好。

例 11-16 材料的性能与某种成分的关系为 $y = -x^2 + 3x - 2$，求成分含量为多少时性能最好？

本题的最优化模型为无约束非线性模型。MATLAB 程序代码如下：

```
x0=0;
[x,fval] = fminunc(@(x) -(-x^2+3*x-2), x0)
```

运行结果如下：

```
x = 1.5000
fval = -0.2500
```

例 11-17 居民区要新建一个超市。周围有 5 个小区，坐标分别为(2,1)、(3,9)、(1,10)、

(9,8)、(5,4)。

超市应该选择在什么位置最合适？

解：超市的最佳位置是到各小区的距离之和最小。这属于一个无约束非线性规划问题。

设超市坐标为(x_1, x_2)。则

目标函数为

$$\min \ \mathrm{sqrt}((x_{(1)}-2)^2+(x_{(2)}-1)^2)+\mathrm{sqrt}((x_{(1)}-3)^2+(x_{(2)}-9)^2)+\mathrm{sqrt}((x_{(1)}-1)^2+(x_{(2)}-10)^2)+$$
$$\mathrm{sqrt}((x_{(1)}-9)^2+(x_{(2)}-8)^2)+\mathrm{sqrt}((x_{(1)}-5)^2+(x(2)-4)^2)$$

MATLAB 程序代码如下：

```
x0=[0
    0];
[x,fval]=fminunc(@(x)  sqrt((x(1)-2)^2+(x(2)-1)^2)+sqrt((x(1)-3)^2+(x(2)
-9)^2)+ sqrt((x(1)-1)^2+(x(2)-10)^2)+ sqrt((x(1)-9)^2+(x(2)-8)^2)
+sqrt((x(1)-5)^2+(x(2)-4)^2),  x0)
```

运行结果如下：

```
x =  3.8553
    6.8674
fval = 21.0454
```

绘出超市的位置图。程序代码如下：

```
x=[2 3 1  9 5];
y=[1 9 10  8 4];
plot(x,y,'ro','markersize',10)
hold on
x1=[3.8553 ];
y1=[ 6.8674 ];
plot(x1,y1,'r*','markersize',15)
hold on
```

超市位置如图 11-3 所示。

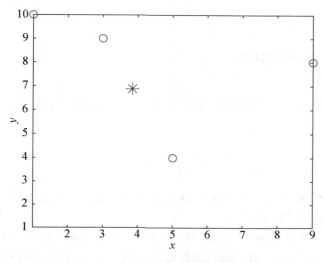

图 11-3 超市的最佳位置

11.5　多目标规划问题

前面介绍的问题都只有一个目标函数，即只要求一个指标具有最优值。但有时在生产和科研中，人们希望多个目标都具有最优值，这类问题就是多目标规划问题或多目标最优化问题。

在 MATLAB 中，求解多目标规划问题的指令为：fgoalattain。

调用格式：[x,fval]= fgoalattain(fun,x0,goal,weight,A,b,Aeq,beq,lb,ub,nonlcon)。其中 Goal 是设定的目标；weight 是参数设定的权重。

例 11-18　实验室需要采购一种化学试剂，它有两个等级，即 A 级 250 元/kg、B 级 150 元/kg。一共需要购买 10kg，其中 A 级不少于 2kg，要求总费用不能超过 2000 元。制定最佳采购方案。

解：这个问题属于多目标规划问题——总费用尽量低，总重量尽量高，A 级试剂尽量高。

设采购 A 级 $x_1$kg，B 级 $x_2$kg。

MATLAB 程序如下：

(1) 目标函数程序，其代码如下：

```
function f=myfun(x)
f(1)=250*x(1)+ 150*x(2);
f(2)=-(x(1)+ x(2));
f(3)=-x(1);
```

保存为 f1.m 文件。

(2) 目标确定后，按一定的比例确定权重值，其代码如下：

```
goal=[2000 -10 -2];   % 分别指要求的 3 个目标，即总费用、总重量、A 的重量
weight=[2000 -10 -2];
x0=[5 5];
A=[250 150
  -1 -1
  -1 0];      % 约束函数系数
b=[2000 -10 -2];
lb=zeros(2,1);
[x,fval]=fgoalattain(@f1,x0,goal,weight,A,b,[],[],lb,[])
```

运行结果为：

```
x = 2    8
fval = 1700      -10        -2
```

结果显示，最佳采购方案是采购 A 级 2kg、B 级 8kg。采购总费用为 1700 元，采购的试剂总重量为 10kg，A 级试剂 2kg。

例 11-19　公司生产两种产品 A、B，单件 A 需要 40kg 原料、单件 B 需要 50kg 原料。现在库存原料 1000kg。两者的利润都是 120 元/件，要求每天的利润不少于 5000 元。

现在需要先生产 5 件 B。制订最佳方案。

　　解：这个问题属于多目标规划问题——要求需要的原料尽量少、产生的利润尽量多、B 的产量尽量多。

　　设 A、B 的产量分别 x_1 和 x_2 件。

　　MATLAB 程序如下：

　　(1) 目标函数程序，其代码如下：

```
function f=myfun(x)
f(1)=40*x(1)+50*x(2);
f(2)=-120*x(1)-120*x(2);
f(3)=-x(2);
```

保存为 f1.m。

　　(2) 确定目标和权重值，其代码如下：

```
goal=[1000  -5000  -5];
weight=[1000  -5000  -5   ];
x0=[10 10];
A=[40 50
  -120 -120
  0 -1];
b=[1000 -5000 -5];
lb=zeros(2,1);
options=optimset('MaxFunEvals',5000);  % 设置函数评价的最大次数为 5000 次
[x,fval,attainfactor,exitflag]
=fgoalattain(@f1,x0,goal,weight,A,b,[],[],lb,[],[],options)
```

运行结果如下：

```
x = 9.6068   10.1691
fval = 1.0e+03 *
   0.8927   -2.3731   -0.0102
attainfactor = -41.7908
exitflag = 0
```

结果显示，A、B 的产量应该各为 10 件。

　　例 11-20　钢厂生产两种钢材 A 和 B，利润分别为 1000 元/t 和 600 元/t，生产成本分别为 800 元/t 和 300 元/t。产能分别为 200t 和 350t，必须供应 500t。钢厂的利润率指标是 400000 元，成本为 120000 元。制订最优生产方案。

　　解：设 A 和 B 的产量分别为 x_1、x_2t。

　　MATLAB 程序如下。

　　目标函数：

function f=myfun(x)

$$f_{(1)} = -(1000x_{(1)} + 600x_{(2)});$$

$$f_{(2)} = 800x_{(1)} + 300x_{(2)};$$

保存为 f1.m 文件。

　　确定目标和权重值，其代码如下：

```
goal=[-400000 120000];
weight=[-400000 120000 ];
x0=[300  300];
A=[1 0
   0 1
  -1 -1];
b=[200 350 -500];   % 约束函数系数
lb=zeros(2,1);
[x,fval,attainfactor,exitflag] =fgoalattain(@f1,x0,goal,weight,A,b,[],[],
lb,[])
```

运行结果如下：

```
x = 150    350
fval = -360000       225000
attainfactor = 0.8750
exitflag = 4
```

结果显示，A 和 B 的产量分别为 150t 和 350t。

例 11-21　研究某种新材料时，计划加入两种成分 A 和 B，它们各能使硬度提高 10 度/g 和 6 度/g，却使韧性下降 3 度/g 和 1.2 度/g。它们的含量上限分别是 18g 和 12g，总含量不低于 20g。希望硬度提高 150 度，韧性下降不多于 35 度。设计最优的成分方案。

解：设 A 和 B 的加入量分别为 x_1、x_2g。

MATLAB 程序如下。

目标函数：

function f=myfun(x)

$f_{(1)} = -(10x_{(1)} + 6x_{(2)})$；

$f_{(2)} = 3x_{(1)} + 1.2x_{(2)}$；

保存为 f1.m 文件。

确定目标和权重值，其代码如下：

```
goal=[-150 35];
weight=[-150 35 ];
x0=[10  10];
A=[1 0
   0 1
  -1 -1];
b=[18 12 -20 ];
lb=zeros(2,1);
[x,fval,attainfactor,exitflag]
=fgoalattain(@f1,x0,goal,weight,A,b,[],[],lb,[])
```

运行结果如下：

```
x = 8    12
fval = -152.0000   38.4000
attainfactor = 0.0971
exitflag = 4
```

结果显示，A 和 B 的加入量分别为 8g 和 12g。

11.6　最小化问题

最小化问题主要指大家熟悉的函数最小值问题。在 MATLAB 中，求有约束的一元函数的最小值的指令为：fminbnd。

调用格式：[x,fval] = fminbnd(f,x1,x2)。其中，x_1、x_2 是自变量的范围；f 是目标函数；fval 为目标函数的最小值。

例 11-22　在(−10,10)范围内，求函数 $y = x^2 - 4x + 10$ 的最小值。

MATLAB 程序如下。

(1) 目标函数程序代码如下：

```
function f=myfun(x)
f=x^2-4*x+10;
```

保存为 f1.m 文件。

(2) 求最小值：

```
[x,fval] = fminbnd(@f1,-10,10)
```

运行结果如下：

```
x = 2
fval = 6
```

结果显示，在(−10,10)范围内，当 x=2 时，函数 $y = x^2 - 4x + 10$ 取得最小值，为 6。

例 11-23　边长 100mm 的正方形铁板，在 4 个角各剪去长为 x 的正方形，然后折叠成一个长方体。x 为多少时长方体的体积最大？

解：长方体的体积

$$v = x(100 - 2x)(100 - 2x)$$

MATLAB 程序如下。

(1) 目标函数程序，其代码如下：

```
function f=myfun(x)
f=-x*(100-2*x)*(100-2*x) ;
```

保存为 f1.m 文件。

(2) 求最小值，其代码如下：

```
[x,fval] = fminbnd(@f1,0,50)
```

运行结果如下：

```
x = 16.6667
fval = -7.4074e+04
```

结果显示，剪去的边长为 16.6667mm 时，长方体的体积最大，为 74074mm^3。

11.7　最大最小化问题

有一类问题叫最大最小化问题，就是需要求解最大值的最小值。最典型的例子是急救中心或消防中心位置的选择：它们的最佳位置是要求到所有目的地的最大距离的最小值。这和前面提到的超市位置的选择不同，它要求到所有目的地的距离之和最小。有人提出，最大最小化问题可以理解为是让多种可能情况中最坏的情况达到最小，这和平时所说的"两害相权择其轻"比较像。

在 MATLAB 中，求解最大最小化问题的指令为：fminimax。

调用格式：[x,fval,maxfval]= minimax(fun,x0,A,b,Aeq,beq,lb,ub,nonlcon)。其中，fval 是目标函数在最优点 x 处的值；maxfval 是目标函数在 x 处的最大值。

例 11-24　有下面几个函数，求出合适的 x 值，使其中的最大值最小。

$$f_{(1)} = x_{(1)}^2 + 3x_{(2)}^2 + 12 ;$$

$$f_{(2)} = 6x_{(1)}^2 - x_{(2)}^2 - 23_{(x_1)} ;$$

$$f_{(3)} = -5x_{(1)} + 12x_{(2)} + 18 ;$$

$$f_{(4)} = x_{(1)} + x_{(2)}^2 ;$$

$$f_{(5)} = -x_{(1)} + 6x_{(2)} ;$$

MATLAB 程序如下。

(1) 目标函数程序，其代码如下：

```
function f=myfun(x)
f(1)=x(1)^2+3*x(2)^2+12;
f(2)=6*x(1)^2 - x(2)^2-23* x (1);
f(3)=-5*x(1) + 12*x(2) +18;
f(4)=x(1)+ x(2)^2;
f(5)=-x(1) + 6*x(2);
```

保存为 f1.m。

(2) 求解最大最小化，其代码如下：

```
x0=[0
    0];
[x,fval] = fminimax(@f1,x0)
```

运行结果如下：

```
x = 0.3818
    -0.3054
fval = 12.4257   -8.0001   12.4257   0.4751   -2.2145
```

例 11-25　要建立一个快递点，为 6 个小区送快递，它们的坐标分别为(1,1)、(9,8)、(5,4)、(8,2)、(2,8)、(3,6)。

要求快递点只能位于横坐标(2,5)、纵坐标(2,5)范围内，设计它的最佳位置。

解：设快递点的坐标为(x_1, x_2)。要求它到最远小区的距离尽量小，所以这是一个最大最小化问题。

MATLAB 程序如下。

(1) 目标函数程序，其代码如下：

高等院校计算机教育系列教材

```
function f=myfun(x)
f(1)=abs(x(1)-1)+abs(x(2)-1);
f(2)=abs(x(1)-9)+abs(x(2)-8);
f(3)=abs(x(1)-5)+abs(x(2)-4);
f(4)=abs(x(1)-8)+abs(x(2)-2);
f(5)=abs(x(1)-2)+abs(x(2)-8);
f(6)=abs(x(1)-3)+abs(x(2)-6);
```

保存为 f1.m。

(2) 求解最大最小化，其代码如下：

```
x0=[3; 3];
A=[-1 0
    1 0
    0 -1
    0 1];
b=[-2
5
-2
5];
[x,fval]=fminimax(@f1,x0,A,b)
```

运行结果如下：

```
x = 4.7500
    4.7500
fval = 7.5000    7.5000    1.0000    6.0000    6.0000    3.0000
```

绘出快递点的位置图。MATLAB 程序代码如下：

```
x=[ 1  9  5  8  2  3];
y=[ 1  8  4  2  8  6 ];
plot(x,y,'ro','markersize',10)
hold on
x1=[4.75 ];
y1=[4.75 ];
plot(x1,y1,'r*','markersize',15)
hold on
```

快递点位置如图 11-4 所示。

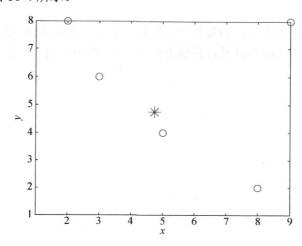

图 11-4　快递点的最佳位置

习　题

1. 求解　$\min 3x_1 + 2x_2 - 5$

s.t　$4x_1 + x_2 \leqslant 2$

$-2x_1 + 3x_2 \leqslant -3$

$x_1, x_2 \geqslant 0$

2. 求解　$\min 2x_1 + 3x_2 + x_3$

s. t　$2x_1 + 3x_2 - x_3 \geqslant -1$

$2x_2 - 5x_3 \geqslant 2$

$x_1, x_2, x_3 \geqslant 0$

3. 某公司生产甲、乙两种产品，甲的利润为 8 万元/t，乙的利润为 5 万元/t；生产 1t 甲需要原料 A 4t、原料 B 2t、原料 C 6t，生产 1t 乙需要原料 A 2t 和原料 B 3t。3 种原料的供应量分别是 100t、60t 和 80t。甲、乙的产量为多少时利润最大？

4. 求解二次规划问题

$\min$　$3x_1^2 + 2x_2^2 + 4x_1x_2 - x_1 + 3x_2$

s.t　$2x_1 - 5x_2 \leqslant 6$

$x_1 + 2x_2 \leqslant -3$

5. 求函数 $y = x_1^2 + x_2^2$ 在[1 1]附近的最小值，其中 $x_1 + x_2 = 3, 5x_1 - 2x_2 = 3, x_1 \geqslant 0, x_2 \geqslant 0$ $3x_1 + x_2^2 = 8$。

6. 某公司生产 3 种产品，A 的利润为 $2x^{2.2}$ 元，B 的利润为 $3x^2$ 元，C 的利润为 $5x^{1.5}$ 元（x 表示产量）。共要生产 500 件产品，使总利润最高，制订最优的生产方案。

7. 要研制一种新材料，加入 3 种成分，其中 A 的价格是 20 元/kg，B 的价格是 50 元/kg，C 的价格是 80 元/kg；每单位质量的 A 能提高性能 5%，每单位质量的 B 能提高性能 15%，每单位质量的 C 能提高性能 20%。要求材料的性能尽量好，而总成本尽量低，制订最佳成分方案。

8. 打算建立一个快递点，为周围 5 个小区服务，它们的坐标分别为(0,0)、(1,8)、(9,0)、(7,6)、(3,4)。能选择的位置只有横坐标 1～5、纵坐标 1～5 范围内，选择快递点的最佳位置。

第 12 章　判别分析和聚类分析

判别分析和聚类分析是目前数据分析领域里常用的两种分类方法：判别分析指按照一定的判别准则，对研究对象的特征值进行分析、判别，从而对它进行分类；聚类分析指根据研究对象的特征，对它们进行分类。

12.1　概　　述

判别分析和聚类分析的特征、采用的方法、步骤、各自的应用领域都有各自的特点。

12.1.1　特征

判别分析属于有监督学习，需要使用一定数量的已经确定类别的样本，按照其中的准则进行分类；而聚类分析属于无监督学习，不使用已经确定类别的样本，事先并没有确定的分类标准，而是根据样本自身的特征，由聚类学习算法自动形成分类准则，对样本进行分类。

所以，聚类属于一种探索性分类方法，进行聚类分析时，分类标准和类别数目不是事先确定的，而是根据对象自身的特征，把某些方面具有相对近似性的样本划分为相同的类别，做到"物以类聚"。这是它和判别分析等其他分类方法的区别。

12.1.2　主要步骤

进行判别分析的步骤包括以下几个。
(1) 搜集一定数量的样本，这些样本应该包括全部类型。
(2) 根据搜集的样本，建立分类的判别准则或标准。
(3) 根据判别准则，对新得到的样本进行判别、分类。
进行聚类分析的步骤主要包括以下几个。
(1) 对原始数据进行预处理，如剔除数据里的异常值。
(2) 采用相关的函数，衡量样本数据间的相似度。
(3) 使用适当的方法对样本进行聚类。
(4) 对聚类结果进行分析，有时需要调整聚类方法，获得更满意的结果。

12.1.3　类型

按照不同的方法，判别分析可以分为不同的类型。
(1) 按照判别组数，分为两组判别和多组判别。

(2) 按照判别函数的类型，分为线性判别和非线性判别。

(3) 按照判别标准或方法，分为距离判别法、朴素贝叶斯(Naive Bayes)判别法、Fisher判别法、K-近邻算法等。

按照采用的方法，聚类分析可以分为系统聚类法、K 均值聚类法、模糊 C 均值聚类法等。

12.1.4 应用领域

判别分析最典型的应用实例是疾病诊断，就是根据患者的症状和一些生化指标的化验结果，诊断他们的疾病。另外，在产品的质量等级评价、安全等级评价、模式识别(如文字识别、指纹识别、其他图像识别等)领域应用也很广泛。

聚类分析属于一种典型的数据挖掘技术，在相关领域里应用很广泛，而且取得了相当大的成功。常见的应用领域包括以下几个。

(1) 生物学。对基因、蛋白质进行分类。

(2) 商业。通过消费者的消费行为、习惯、模式等信息，对客户类型进行划分，从而采取有针对性的营销策略。

(3) 互联网。分析浏览者的浏览行为，以提供个性化服务。

12.2 判别分析方法与实例

进行判别分析采用的方法有距离判别法、朴素贝叶斯(Naive Bayes)判别法、Fisher 判别法、K-近邻算法等。

12.2.1 距离判别法

距离判别法是根据样本与母体间的距离进行分析、归类。在 MATLAB 中，进行距离判别法的指令为：classify。

调用格式包括以下几个。

① CLASS = classify(SAMPLE,TRAINING,GROUP)。其中 CLASS 指分类结果，即类别；SAMPLE 是所有样本；TRAINING 指训练用的样本，作用是确定判别准则；GROUP 是 TRAINING 中每个样本所属类别的集合，所以这两个矩阵的行数相同。

② CLASS = classify(SAMPLE,TRAINING,GROUP,TYPE)。其中 TYPE 指判别函数类型，包括'linear' 'quadratic' 'diagLinear' 'diagQuadratic'或'mahalanobis'，默认类型是'linear'。

③ [CLASS,ERR] = classify(...) 。ERR 指分类错误率。

例 12-1 根据钢中含有的碳元素含量，可以把钢材分为 3 类，即低碳钢、中碳钢或高碳钢，如表 12-1 所示。

表 12-1 钢的碳含量与类型

碳含量	0.10	0.65	0.32	0.08	0.46	0.42	0.70
类型	低碳钢	高碳钢	中碳钢	低碳钢	中碳钢	中碳钢	高碳钢
碳含量	1.1	0.20	0.15	0.80	0.33	1.2	0.12
类型	高碳钢	低碳钢	低碳钢	高碳钢	中碳钢	高碳钢	低碳钢
碳含量	0.45	0.9	0.18	0.26	0.88	0.05	
类型	中碳钢	高碳钢	低碳钢	中碳钢	高碳钢	低碳钢	

对表 12-1 中后面 5 种钢材进行判别分析。

MATLAB 程序代码如下：

```
sample=[0.10 0.65 0.32 0.08 0.46 0.42 0.70 1.1 0.20 0.15 0.80 0.33
1.2 0.12 0.45 0.9 0.18 0.26 0.88 0.05 ]';
training=[0.10 0.65 0.32 0.08 0.46 0.42 0.70 1.1 0.20 0.15 0.80
0.33 1.2 0.12 0.45 ]';
group={ '低碳钢' '高碳钢' '中碳钢' '低碳钢' '中碳钢' '中碳钢' '高碳钢' '高碳钢'
' '低碳钢' '低碳钢' '高碳钢' '中碳钢' '高碳钢' '低碳钢' '中碳钢' }';
[class,err]=classify(sample,training,group)
```

运行结果如下：

```
class = '低碳钢'
    '高碳钢'
    '中碳钢'
    '低碳钢'
    '中碳钢'
    '中碳钢'
    '高碳钢'
    '高碳钢'
    '低碳钢'
    '低碳钢'
    '高碳钢'
    '中碳钢'
    '高碳钢'
    '低碳钢'
    '中碳钢'
    '高碳钢'
    '低碳钢'
    '低碳钢'
    '高碳钢'
    '低碳钢'
err = 0
```

绘制样本分类的散点图，MATLAB 程序代码如下：

```
sample=[0.10 0.65 0.32 0.08 0.46 0.42 0.70 1.1 0.20 0.15 0.80 0.33
1.2 0.12 0.45 ]';
```

```
training=[0.10 0.65 0.32 0.08 0.46 0.42 0.70 1.1 0.20 0.15 0.80
0.33 1.2 0.12 0.45 ]';
group=[ 1 3 2 1 2 2 3 3 1 1 3 2 3 1 2 ]';
[class,err]=classify(sample,training,group)
gscatter(sample,training,group ,'rbg','v^o')
```

结果如图 12-1 所示。

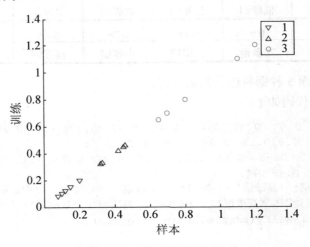

图 12-1　样本判别分析图

可以与样本数据的散点图对比，绘图程序代码如下：

```
x=[1:15];
training=[0.10 0.65 0.32 0.08 0.46 0.42 0.70 1.1 0.20 0.15 0.80
0.33 1.2 0.12 0.45 ];
group=[ 1 3 2 1 2 2 3 3 1 1 3 2 3 1 2 ];
plot3(x,training,group,'r.','markersize',40 )
grid on
```

结果如图 12-2 所示。

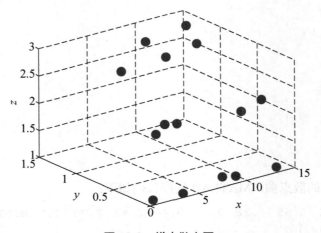

图 12-2　样本散点图

例 12-2　通过表 12-2 所示的相关测试指标，对湖泊富营养化情况进行评级。

表 12-2　湖泊富营养化情况

总 N/(mg/L)	总 P/(mg/L)	叶绿素/(mg/L)	COD/(mg/L)	透明度	富营养化类型
0.5	0.876	0.0098	4.5	0.3	重度
0.034	0.348	0.005	3.3	2.9	中度
0.12	0.789	0.0078	5.6	0.1	重度
0.02	0.467	0.0075	3.6	1.9	中度
0.085	0.666	0.0089	1.3	5.9	轻度
0.67	0.9	0.0075	5	0.8	重度
0.00035	0.0346	0.003	2	7	轻度
0.8	0.899	0.01	3.9	1.1	重度
0.00047	0.0456	0.005	2.1	6.9	轻度
0.00023	0.0125	0.001	1.2	8.5	轻度
0.027	0.232	0.003	4.2	2.2	中度
0.9	0.856	0.0065	4.9	0.6	重度
0.003	0.445	0.0067	4.8	1	中度
0.0005	0.101	0.0012	1.7	7.4	轻度
0.025	0.578	0.008	2.345	2.7	中度

MATLAB 程序代码如下：

```
sample=[ 0.5     0.876    0.0098  4.5 0.3
0.034   0.348    0.005   3.3 2.9
0.12    0.789    0.0078  5.6 0.1
0.02    0.467    0.0075  3.6 1.9
0.085   0.666    0.0089  1.3 5.9
0.67    0.9 0.0075  5    0.8
0.00035 0.0346   0.003   2    7
0.8 0.899    0.01     3.9 1.1
0.00047 0.0456   0.005   2.1 6.9
0.00023 0.0125   0.001   1.2 8.5
0.027   0.232    0.003   4.2 2.2
0.9 0.856    0.0065  4.9 0.6
0.003   0.445    0.0067  4.8 1
0.0005  0.101    0.0012  1.7 7.4
0.025   0.578    0.008   2.345   2.7 ] ;
training=[ 0.5 0.876    0.0098  4.5 0.3
0.034   0.348    0.005   3.3 2.9
0.12    0.789    0.0078  5.6 0.1
0.02    0.467    0.0075  3.6 1.9
0.085   0.666    0.0089  1.3 5.9
0.67    0.9 0.0075  5    0.8
```

```
0.00035 0.0346  0.003   2    7
0.8 0.899   0.01    3.9 1.1
0.00047 0.0456  0.005   2.1 6.9
0.00023 0.0125  0.001   1.2 8.5
0.027   0.232   0.003   4.2 2.2 ];
group={'重度'
'中度'
'重度'
'中度'
'轻度'
'重度'
'轻度'
'重度'
'轻度'
'轻度'
'中度'  };
[class,err]=classify(sample,training,group)
```

运行结果如下：

```
class = '重度'
    '中度'
    '重度'
    '中度'
    '轻度'
    '重度'
    '轻度'
    '重度'
    '轻度'
    '轻度'
    '中度'
    '重度'
    '中度'
    '轻度'
    '中度'
err = 0
```

绘制各个样本的特征曲线，MATLAB 程序代码如下：

```
variable=[1 2 3 4 5];
sample=[ 0.5 0.876  0.0098 4.5 0.3
0.034   0.348   0.005   3.3 2.9
0.12    0.789   0.0078 5.6 0.1
0.02    0.467   0.0075 3.6 1.9
0.085   0.666   0.0089 1.3 5.9
0.67    0.9 0.0075 5   0.8
0.00035 0.0346  0.003   2    7
0.8 0.899   0.01    3.9 1.1
0.00047 0.0456  0.005   2.1 6.9
0.00023 0.0125  0.001   1.2 8.5
0.027   0.232   0.003   4.2 2.2
0.9 0.856   0.0065 4.9 0.6
```

```
0.003   0.445   0.0067  4.8 1
0.0005  0.101   0.0012  1.7 7.4
0.025   0.578   0.008   2.345   2.7 ]' ;
group=[ 3 2 3 2  1 3 1 3 1 1 2 3 2 1 2  ];
plot(variable,sample,'marker','.','markersize',20 )
grid on
```

运行结果如图 12-3 所示。

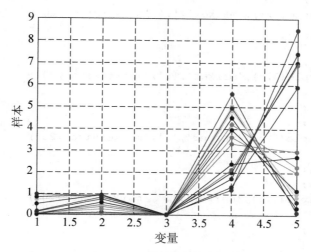

图 12-3　各个样本的特征曲线

还可以观察三维特征曲线，绘制曲线的 MATLAB 程序代码如下：

```
x=[1 2  3  4  5];
y=[1:15];
sample=[ 0.5 0.876   0.0098  4.5 0.3
0.034   0.348   0.005   3.3 2.9
0.12    0.789   0.0078  5.6 0.1
0.02    0.467   0.0075  3.6 1.9
0.085   0.666   0.0089  1.3 5.9
0.67    0.9 0.0075  5   0.8
0.00035 0.0346  0.003   2   7
0.8 0.899   0.01    3.9 1.1
0.00047 0.0456  0.005   2.1 6.9
0.00023 0.0125  0.001   1.2 8.5
0.027   0.232   0.003   4.2 2.2
0.9 0.856   0.0065  4.9 0.6
0.003   0.445   0.0067  4.8 1
0.0005  0.101   0.0012  1.7 7.4
0.025   0.578   0.008   2.345   2.7 ] ;
x=[1 2  3  4  5];
y=[1 1 1 1 1];
plot3(x,y,sample(1,:),'marker','.','markersize',20 )
hold on
x=[1 2  3  4  5];
y=[2 2 2 2 2];
```

```
plot3(x,y,sample(2,:),'marker','.','markersize',20 )
hold on
x=[1 2 3 4 5];
y=[3 3 3 3 3];
plot3(x,y,sample(3,:),'marker','.','markersize',20 )
hold on
x=[1 2 3 4 5];
y=[4 4 4 4 4];
plot3(x,y,sample(4,:),'marker','.','markersize',20 )
hold on
x=[1 2 3 4 5];
y=[5 5 5 5 5];
plot3(x,y,sample(5,:),'marker','.','markersize',20 )
hold on
x=[1 2 3 4 5];
y=[6 6 6 6 6];
plot3(x,y,sample(6,:),'marker','.','markersize',20 )
hold on
x=[1 2 3 4 5];
y=[7 7 7 7 7];
plot3(x,y,sample(7,:),'marker','.','markersize',20 )
hold on
x=[1 2 3 4 5];
y=[8 8 8 8 8 ];
plot3(x,y,sample(8,:),'marker','.','markersize',20 )
hold on
x=[1 2 3 4 5];
y=[9 9 9 9 9];
plot3(x,y,sample(9,:),'marker','.','markersize',20 )
hold on
x=[1 2 3 4 5];
y=[10 10 10 10 10];
plot3(x,y,sample(10,:),'marker','.','markersize',20 )
hold on
x=[1 2 3 4 5];
y=[11 11 11 11 11];
plot3(x,y,sample(11,:),'marker','.','markersize',20 )
hold on
x=[1 2 3 4 5];
y=[12 12 12 12 12];
plot3(x,y,sample(12,:),'marker','.','markersize',20 )
hold on
x=[1 2 3 4 5];
y=[13 13 13 13 13];
plot3(x,y,sample(13,:),'marker','.','markersize',20 )
hold on
x=[1 2 3 4 5];
y=[14 14 14 14 14];
plot3(x,y,sample(14,:),'marker','.','markersize',20 )
hold on
```

```
x=[1 2 3 4 5];
y=[15 15 15 15 15];
plot3(x,y,sample(15,:),'marker','.','markersize',20 )
hold on
grid on
```

运行结果如图 12-4 所示。

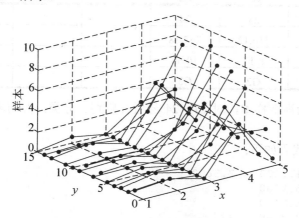

图 12-4　样本分布的三维曲线

12.2.2　朴素贝叶斯判别法

朴素贝叶斯判别法是根据总体的先验概率进行分析、归类。在 MATLAB 中，用朴素贝叶斯法(Naive Bayes)进行判别分析需要使用两个指令。

指令 1：fit。作用是根据搜集的训练样本，建立一个朴素贝叶斯分类器，确立分类的判别准则。

调用格式：nb=NaiveBayes.fit(training,class)。

指令 2：predict。作用是对样本进行判别、分类。

调用格式：pre=nb.predict(sample)。

例 12-3　根据表 12-3 所列的心电图测试指标对患者进行分类。其中，G1 表示健康，G2 表示患有主动脉硬化，G3 表示患有冠心病。

表 12-3　心电图测试指标

序号	1	2	3	4	5	6	7
指标 1	261.01	185.39	249.58	137.13	231.34	347.31	189.56
指标 2	7.36	5.99	6.11	4.35	8.79	11.19	6.94
类型	G1	G1	G1	G1	G1	G3	G3
序号	8	9	10	11	12	13	14
指标 1	259.51	273.84	303.59	231.03	308.90	258.69	355.54
指标 2	9.79	8.79	8.53	6.15	8.49	7.16	9.43
类型	G1	G1	G1	G1	G2	G2	G2

续表

序号	15	16	17	18	19	20	21
指标 1	476.69	331.47	274.57	409.42	330.34	352.50	231.38
指标 2	11.32	13.72	9.67	10.49	9.61	11.00	8.53
类型	G2	G3	G2	G2	G3	G3	G1
序号	22	23	24				
指标 1	260.25	316.12	267.88				
指标 2	10.02	8.17	10.66				
类型	G1	G2	G3				

用 1～20 号作为训练样本，对 21～24 号进行判别、分类，并与表 12-3 中的实际结果进行比较。

MATLAB 程序代码如下：

```
training=[ 261.0100      7.3600
 185.3900      5.9900
 249.5800      6.1100
 137.1300      4.3500
 231.3400      8.7900
 347.3100     11.1900
 189.5600      6.9400
 259.5100      9.7900
 273.8400      8.7900
 303.5900      8.5300
 231.0300      6.1500
 308.9000      8.4900
 258.6900      7.1600
 355.5400      9.4300
 476.6900     11.3200
 331.4700     13.7200
 274.5700      9.6700
 409.4200     10.4900
 330.3400      9.6100
 352.5000     11.0000   ];
class={ 'G1'     'G1'     'G1'     'G1'     'G1'     'G3'     'G3'     'G1'    'G1'
'G1'    'G1'    'G2'    'G2'     'G2'    'G2'    'G3'    'G2'    'G2'    'G3'
'G3'    }' ;
nb=NaiveBayes.fit(training,class )
pre0=nb.predict(training)
x=[ 231.38   8.53
 260.25    10.02
316.12   8.17
267.88  10.66 ];
Pre1=nb.predict(x)
```

运行结果如下：

```
nb = Naive Bayes classifier with 3 classes for 2 dimensions.
Feature Distribution(s):normal
```

```
Classes:G1, G3, G2
pre0 = 'G1'
    'G1'
    'G1'
    'G1'
    'G1'
    'G3'
    'G1'
    'G1'
    'G1'
    'G2'
    'G1'
    'G2'
    'G1'
    'G2'
    'G2'
    'G2'
    'G3'
    'G2'
    'G2'
    'G2'
    'G2'
Pre1 = 'G1'
    'G1'
    'G2'
    'G3'
```

Pre1 的结果显示，对 21~24 号进行判别、分类的结果与表 12-3 中的实际结果完全符合，分类完全正确。

12.3　聚类分析方法与实例

目前，进行聚类分析使用的方法主要包括系统聚类法、K 均值聚类法、模糊 C 均值聚类法等。

12.3.1　系统聚类法

系统聚类法也叫分层聚类法，做法是先把每个样本作为一类，之后把距离最近的两类合并为一个新类，然后计算新类与其他类的距离，再合并两个距离最近的类，……，重复下去，每次减少一类，最后把所有的类合并成一类。

在 MATLAB 中，进行系统聚类分析，需要使用以下几个指令。

(1) 指令：clusterdata

调用格式：T=clusterdata(x,param1,val1,param2,val2,…)。

(2) 指令：pdist。作用是计算样本数据间的欧氏距离。

调用格式：y=pdist(x)。

(3) 指令：linkage。创建系统聚类树。

调用格式：z=linkage(y,method)。

(4) 指令：dendrogram。绘制聚类树形图。

调用格式：h=dendrogram(z,p)。p 是树形图的叶节点数，默认值是 30。

(5) 指令：cophenet。计算系统聚类树的 cophenetic 相关系数。cophenetic 相关系数能够反映聚类效果，它的值越接近 1，说明效果越好。人们经常使用它对不同的聚类方法的效果进行比较。

调用格式：C=cophenet(z,y)。

(6) 指令：inconsistent。计算系统聚类树矩阵中每次并类得到链接的不一致系数。

调用格式：y=inconsistent(z,d)。d 是正整数，表示计算深度，默认值是 2。

(7) 指令：cluster。进行聚类分析。

调用格式① t=cluster(z,'cutoff',c)。cutoff 指正实数，c 是聚类阈值。

调用格式② t=cluster(z,'maxclust',n)。maxclust 指聚类的最大数目，n 是最大数目的值。

例 12-4　测试 60 种材料的两种性能，结果分别用 x、y 向量表示：

```
x=[    2.9939   17.3108    -4.9514     5.7577   15.1899   21.6267   20.3724
17.8839    8.4530   26.7528   15.3430   10.2942   12.5086   14.1592
-0.9031    4.2586   17.3123    4.9647    4.5753   13.0790   79.3363
69.7857   85.9534   46.4500   47.1623   54.7994   88.6510   73.2803
62.2487   81.0734   73.2409   72.4262   35.4751  101.7446  104.5660
74.2053   73.0145   44.7577   52.0316  100.0423   73.8783   60.4705
13.0810   45.6223   41.7744   21.9562   54.3071   43.9559   10.0775
36.3166   67.4005   19.2043    4.1890   32.5048   58.9933   51.6769
73.0539   22.4851   41.0597    9.3062 ];
y=[    6.1114   26.7497   10.4782   17.1282   28.6704   19.0379   24.9839
1.9488    0.4762   10.3773   -3.3927   20.6945    7.8145    3.3802   23.9532
23.2113   20.6423   14.2503   24.9380    3.5803  -28.9907  -46.9091
-17.6121  -13.6610  -15.6570  -36.5697  -29.5485   -2.8756  -33.4082
17.4182   -0.0647  -28.3105  -16.5626   -9.0594  -19.9574  -14.0865
-13.1183   -9.0519  -13.5567   -3.8256   67.2466   88.1837   74.4592
83.6765   31.9991   37.2423   37.3446   74.5668   72.2080   27.3518
81.1856   67.5512   62.1282   39.4144   51.1799   77.2170   71.3589
45.7540   83.8764   48.2246 ].
```

对它们进行聚类。

方法 1：利用 clusterdata 指令进行一步聚类。

MATLAB 程序代码如下：

```
a=[x' y'];
T=clusterdata(a,'maxclust',3)
plot(x,y,'*');
```

运行结果如下：

```
T = 2    2    2    2    2    2    2    2    2    2    2    2    2    2    2
2    2    2    2    2    2    3    3    3    3    3    3    3    3    3
3    3    3    3    3    3    3    3    3    3    3    3    3    3    1    1
2    1    2    2    2    1    2    2    2    1    2    2    2    2    1
1    2    1    2
```

图 12-5 所示为 60 种材料的散点图。

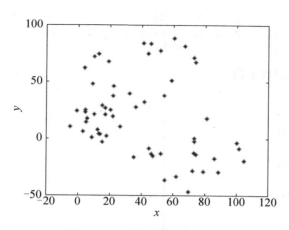

图 12-5　60 种材料的散点图

方法 2：进行分步聚类。

MATLAB 程序代码如下：

```
x1=[    2.9939    17.3108    -4.9514     5.7577    15.1899    21.6267    20.3724
17.8839    8.4530    26.7528    15.3430    10.2942    12.5086    14.1592
-0.9031    4.2586    17.3123    4.9647     4.5753    13.0790    79.3363
69.7857    85.9534    46.4500    47.1623    54.7994    88.6510    73.2803
62.2487    81.0734    73.2409    72.4262    35.4751    101.7446    104.5660
74.2053    73.0145    44.7577    52.0316    100.0423    73.8783    60.4705
13.0810    45.6223    41.7744    21.9562    54.3071    43.9559    10.0775
36.3166    67.4005    19.2043    4.1890    32.5048    58.9933    51.6769
73.0539    22.4851    41.0597     9.3062 ];
y1=[    6.1114    26.7497    10.4782    17.1282    28.6704    19.0379    24.9839
1.9488    0.4762    10.3773    -3.3927    20.6945    7.8145    3.3802    23.9532
23.2113    20.6423    14.2503    24.9380    3.5803    -28.9907    -46.9091
-17.6121    -13.6610    -15.6570    -36.5697    -29.5485    -2.8756    -33.4082
17.4182    -0.0647    -28.3105    -16.5626    -9.0594    -19.9574    -14.0865
-13.1183    -9.0519    -13.5567    -3.8256    67.2466    88.1837    74.4592
83.6765    31.9991    37.2423    37.3446    74.5668    72.2080    27.3518
81.1856    67.5512    62.1282    39.4144    51.1799    77.2170    71.3589
45.7540    83.8764    48.2246 ];
a=[x1' y1'];
y=pdist(a);
z=linkage(y,'average');
h=dendrogram(z,3)
inconsistent0=inconsistent(z,5);
C=cophenet(z,y)
t=cluster(z,'maxclust',3)    % 将聚类数目设为 3 组
```

聚类结果如下：

```
h = 173.0189
    175.0189
C = 0.7975
t = 2    2    2    2    2    2    2    2    2    2    2    2    2
2    2    2    2    2    2    3    3    3    3    3    3    3    3
```

3	3	3	3	3	3	3	3	3	3	3	3	1	1
2	1	2	2	2	1	2	2	1	2	2	2	2	1
1	2	1	2										

图 12-6 所示为聚类树形图。

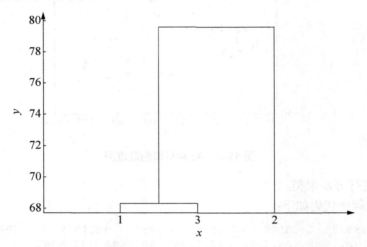

图 12-6　聚类树形图(聚类数目为 3)

把聚类数目设为 2 组时，聚类分析的结果如下：

```
h = 173.0016
C = 0.7975
t =   2   2   2   2   2   2   2   2   2   2   2   2   2
      2   2   2   2   2   2   2   1   1   1   1   1   1
      1   1   1   1   1   1   1   1   1   1   1   1   1   2
      2   2   2   2   2   2   2   2   2   2   2   2   2
      2   2   2   2   2
```

聚类树形图如图 12-7 所示。

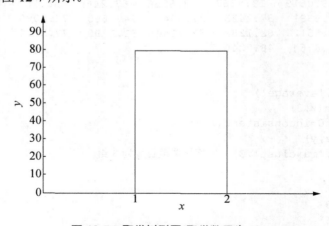

图 12-7　聚类树形图(聚类数目为 2)

把聚类数目设为 4 组时，聚类分析的结果如下：

```
h = 173.0018
  175.0018
  176.0018
C = 0.7975
t = 2   2   2   2   2   2   2   2   2   2   2   2   2   2
2   2   2   2   2   2   4   4   4   4   4   4   4
4   4   4   4   4   4   4   4   4   4   4   3   3
1   3   2   2   2   3   1   2   3   1   1   2   2   3
3   2   3   1
```

聚类树形图如图 12-8 所示。

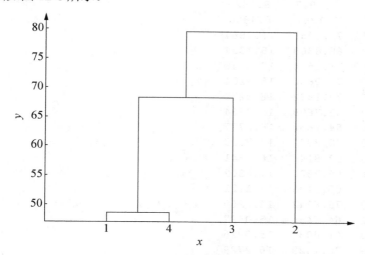

图 12-8　聚类树形图(聚类数目为 4)

12.3.2　K 均值聚类法

K 均值聚类法是由用户指定 K 个类别，然后根据每个样本与 K 个类别中心间的距离，把样本分配给距离最近的类中。

在 MATLAB 中，进行 K 均值聚类分析的指令为：kmeans。

调用格式：Idx=kmeans(x,k,param1,val1,param2,val2,…)。k 是类的数量。

还有一个指令：silhouette。作用是绘制轮廓图。

调用格式：[s,h]=silhouette(x,clust)。clust 是聚类结果；s 是轮廓值向量；h 指图形的句柄。

例 12-5　60 种材料的 3 种性能测试数据如矩阵 x 所示。

```
x=[18.6881    8.9205     9.0438
   19.6880    1.0848     8.6717
   17.1788    3.5422     8.3513
   15.7112   13.2562     8.4179
   10.2675    6.6166     9.8103
    3.5520   17.9697     9.3508
```

7.9718	2.3631	8.9369
2.6786	19.7684	9.8243
0.6178	10.7996	8.2080
18.7828	14.1383	9.4911
6.0261	19.9898	9.4725
5.9107	5.7570	9.1237
6.6587	8.2905	8.3684
9.3414	9.2968	9.1944
12.9640	15.2791	8.5999
0.5046	16.3641	8.2682
16.8441	2.0044	8.4252
11.1807	3.5623	9.7899
17.0820	7.1927	8.1429
6.9576	1.1341	8.4850
57.9434	72.9051	15.7864
59.5422	68.8369	15.1334
53.5764	73.1594	17.2648
78.1949	77.9856	15.7284
69.3666	79.1822	16.3272
64.3839	55.7609	17.0634
69.1795	54.1662	16.0777
66.3415	70.8880	17.2090
69.4193	52.8146	16.1841
66.3166	65.7621	17.0502
71.6314	65.9103	17.1121
65.6749	75.8342	16.3269
79.8111	64.5456	15.0587
56.5603	61.8037	15.9926
53.1739	70.1429	16.2729
53.2909	72.2377	15.8108
51.9077	65.6016	15.5912
62.1374	60.4314	17.4652
63.4512	54.4999	16.2898
60.9745	67.5828	17.6633
47.8237	43.0950	12.0900
55.3823	43.9973	11.7484
47.9358	48.1391	12.4462
56.1703	54.9741	12.6370
55.1015	56.5117	12.9667
47.5479	55.7993	10.0016
44.3204	46.3705	12.5963
55.8081	50.6813	11.8377
58.9861	41.7990	12.9699
46.5513	42.2341	11.5830
53.4253	42.7259	11.4386
48.7729	53.5730	12.4040
56.6700	49.9035	10.6835
55.3771	43.7942	11.4943
43.3451	49.9001	12.7026
57.2396	42.9522	11.7240

```
      59.7974    41.0995    12.5355
      50.2885    57.0143    12.2159
      57.6856    51.2112    11.7580
      51.7605    58.5922    10.7402 ];
```

对这些测试数据进行 K 均值聚类分析。

MATLAB 程序代码如下:

```
load x;
startdata=x([10,30,50],:);    %选择初始凝聚点
idx=kmeans(x,3,'start',startdata);
[s,h]=silhouette(x,idx);
idx1=idx'
s1=s'
h
```

运行结果如下:

```
idx1 = 1      1      1      1      1      1      1      1      1      1      1      1
1      1      1      1      1      1      2      2      2      2      2      2
2      2      2      2      2      2      2      2      2      2      2      3
3      3      3      3      3      3      3      3      3      3      3'     3      3
3      3      3      3      3
s1 = 0.9455      0.9289      0.9511      0.9531      0.9754      0.9389      0.9671
0.9236      0.9561      0.9257      0.9279      0.9717      0.9746      0.9766      0.9550
0.9383      0.9487      0.9692      0.9566      0.9627      0.7008      0.7071      0.5880
0.6916      0.7428      0.0884      0.1626      0.7963      0.0486      0.7586      0.7373
0.7729      0.6157      0.2202      0.5200      0.5599      0.2300      0.4648     -0.1778
0.7330      0.8755      0.8708      0.8848      0.6409      0.5662      0.7331      0.8500
0.8323      0.7957      0.8614      0.8781      0.8094      0.8286      0.8698      0.8167
0.8387      0.7764      0.6606      0.7686      0.5373
h = 1
```

聚类轮廓图如图 12-9 所示。

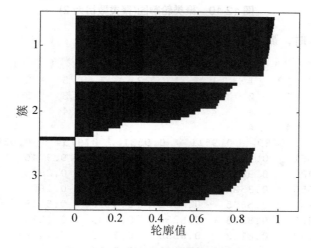

图 12-9 聚类轮廓图(聚类数目为 3)

聚类数目设为 2 时，聚类结果如下：

```
idx1=1     1     1     1     1     1     1     1     1     1     1     1     1
1     1     1     1     1     1     1     2     2     2     2     2     2     2
2     2     2     2     2     2     2     2     2     2     2     2     2     2
2     2     2     2     2     2     2     2     2     2     2     2     2     2
2     2     2     2     2
s1=0.9633     0.9505     0.9660     0.9686     0.9826     0.9564     0.9761
0.9453     0.9679     0.9514     0.9495     0.9795     0.9818     0.9835     0.9695
0.9551     0.9640     0.9781     0.9703     0.9728     0.9295     0.9436     0.9196
0.8882     0.9030     0.9495     0.9369     0.9333     0.9327     0.9447     0.9325
0.9192     0.9066     0.9533     0.9292     0.9230     0.9368     0.9547     0.9490
0.9454     0.7949     0.8750     0.8632     0.9477     0.9486     0.9046     0.7946
0.9300     0.8662     0.7589     0.8467     0.9094     0.9262     0.8722     0.8242
0.8716     0.8599     0.9300     0.9366     0.9374
h = 1
```

聚类轮廓图如图 12-10 所示。

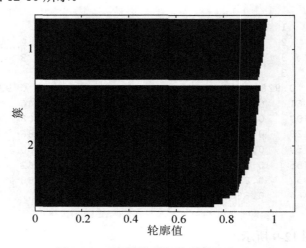

图 12-10　聚类轮廓图(聚类数目为 2)

聚类数目设为 4 时，聚类结果如下：

```
idx1 = 1     1     1     1     1     1     1     1     1     1     1     1     1
1     1     1     1     1     1     1     3     3     3     2     2     3     3
2     3     3     2     2     2     3     3     3     3     3     3     3     4
4     4     4     4     4     4     4     4     4     4     4     4     4     4
4     4     4     4     4
s1 = 0.9455     0.9289     0.9511     0.9531     0.9754     0.9389     0.9671
0.9236     0.9561     0.9257     0.9279     0.9717     0.9746     0.9766     0.9550
0.9383     0.9487     0.9692     0.9566     0.9627     0.2895     0.4811     0.4253
0.7335     0.6555     0.3322     0.2611     0.3265     0.1604     0.0143     0.4264
0.4711     0.5200     0.5805     0.5582     0.4718     0.5308     0.6354     0.1325
0.4790     0.8308     0.8243     0.8338     0.4039     0.2510     0.5921     0.7918
0.7470     0.7348     0.8142     0.8358     0.7033     0.7496     0.8237     0.7391
0.7859     0.7141     0.4411     0.6530     0.2334
h = 1
```

聚类轮廓图如图 12-11 所示。

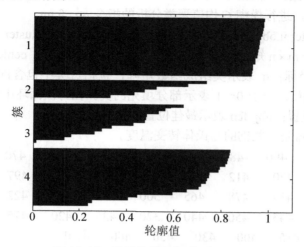

图 12-11　聚类轮廓图(聚类数目为 4)

可以绘制样本数据的散点图，观察其分布特征。绘图程序的代码如下：

```
load x;
x=a(:,1);
y=a(:,2);
z=a(:,3);
scatter3(x,y,z,'r','o','filled' )
axis([0 100 0 100 0 30])
grid on
view(-20,15)
```

散点图如图 12-12 所示。

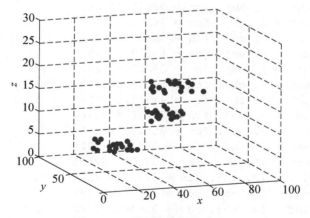

图 12-12　样本数据的散点图

12.3.3　模糊 C 均值聚类法

模糊 C 均值聚类法是把所有样本分为 C 个模糊组，通过优化目标函数，得到每个样本

对各类的隶属度值，最终完成聚类的方法。

在 MATLAB 中，进行模糊 C 均值聚类分析的指令为：fcm。

调用格式：[center,u,obj_fcn]=fcm(data,n_cluster)。其中，n_cluster 表示类的数量；data 指数据样本，是一个 m×n 矩阵，m 指样本数量，n 是变量数目；center 是一个矩阵，它的行表示聚类中心的坐标；u 表示类组成函数矩阵，包括每类中包含的样本数据的等级，0 表示空类，1 表示满员，介于 0～1 表示部分填充的类。在每次循环中，目标函数被最小化以搜索类别的最佳位置；obj_fcn 表示最佳位置的值。

例 12-6 向量 x_0 是一些钢的马氏体转变温度。

x_0=[190   440   490   480   480   488   472   166   470   475   475   480

484   500   360   470   412   446   475   445   428   497   420   403   415

485   488   445   419   478   465   500   355   432   422   435   470   320

486   449   414   443   450   440   320   435   420   475   410   400   478

468   426   355   415   400   430   450   460   410]

对它们进行模糊 C 均值聚类分析。

MATLAB 程序代码如下：

```
load x0;
x=x0';
plot(x0,'k.','markersize',10)
[center,u,obj_fcn]=fcm(x,3)
Id1=find(u(1,:)==max(u))
% 查找隶属度矩阵 u 每列最大值的行标，确定每个样本的类
Id2=find(u(2,:)==max(u))
Id3=find(u(3,:)==max(u))
```

运行结果如下：

```
Iteration count = 1, obj. fcn = 96448.981214
Iteration count = 2, obj. fcn = 76284.168810
Iteration count = 3, obj. fcn = 70365.591335
Iteration count = 4, obj. fcn = 65650.710897
Iteration count = 5, obj. fcn = 59209.851337
Iteration count = 6, obj. fcn = 51519.086315
Iteration count = 7, obj. fcn = 41745.049657
Iteration count = 8, obj. fcn = 37210.437946
Iteration count = 9, obj. fcn = 35516.920125
Iteration count = 10, obj. fcn = 34434.302216
Iteration count = 11, obj. fcn = 33514.782595
Iteration count = 12, obj. fcn = 32532.864274
Iteration count = 13, obj. fcn = 31286.142525
Iteration count = 14, obj. fcn = 29640.208303
Iteration count = 15, obj. fcn = 27889.584692
Iteration count = 16, obj. fcn = 26782.493745
Iteration count = 17, obj. fcn = 26400.509047
Iteration count = 18, obj. fcn = 26300.832450
Iteration count = 19, obj. fcn = 26271.813181
Iteration count = 20, obj. fcn = 26261.991070
```

```
Iteration count = 21, obj. fcn = 26258.448567
Iteration count = 22, obj. fcn = 26257.144759
Iteration count = 23, obj. fcn = 26256.661499
Iteration count = 24, obj. fcn = 26256.481827
Iteration count = 25, obj. fcn = 26256.414920
Iteration count = 26, obj. fcn = 26256.389982
Iteration count = 27, obj. fcn = 26256.380682
Iteration count = 28, obj. fcn = 26256.377213
Iteration count = 29, obj. fcn = 26256.375918
Iteration count = 30, obj. fcn = 26256.375435
Iteration count = 31, obj. fcn = 26256.375255
Iteration count = 32, obj. fcn = 26256.375188
Iteration count = 33, obj. fcn = 26256.375163
Iteration count = 34, obj. fcn = 26256.375153
center = 189.2875
      411.2255
      474.4907
u = 1.0000    0.0077    0.0026    0.0004    0.0004    0.0020    0.0001
0.9855    0.0003    0.0000    0.0000    0.5851    0.0372    0.0064    0.0064
0.0300    0.0017    0.0089    0.0058    0.0001    0.0000    0.4072    0.9602
0.9933    0.9933    0.9680    0.9982    0.0056    0.9939    0.9999    0.0000
0.0004    0.0010    0.0062    0.0698    0.0003    0.0000    0.0073    0.0000
0.0075    0.0001    0.0064    0.0168    0.0758    0.7751    0.0058    0.9998
0.3987    0.0001    0.4294    0.9999    0.9933    0.9822    0.9180    0.1552
0.9939    0.0002    0.5940    0.9999    0.5632    0.0044    0.0050    0.0014
0.0015    0.0003    0.0012    0.0020    0.0075    0.0011    0.0001    0.8810
0.0641    0.9734    0.9855    0.9957    0.0199    0.0300    0.4294    0.9796
0.0028    0.1147    0.9309    0.0252    0.0130    0.0040    0.9789    0.9680
0.5632    0.0192    0.9971    0.0011    0.0062    0.0861    0.0059    0.0021
0.0068    0.0003    0.2653    0.0015    0.0066    0.0302    0.0758    0.7482
0.8023    0.9576    0.7290    0.0058    0.5447    0.0231    0.3108    0.9687
0.9180    0.1657    0.1918    0.0403    0.2642    0.9939    0.1899    0.9754
0.6826    0.0002    0.0077    0.0063    0.0077    0.2653    0.0068    0.0014
0.0000    0.0000    0.0028    0.9977    0.4917    0.2834    0.5851    0.5447
0.7290    0.9734    0.0001    0.9996    0.9751    0.0021    0.5006    0.7103
0.4072    0.1899    0.2642    0.0252    0.9999    0.0004    0.0221    0.0001
0.0005    0.0036    0.0861    0.0003    0.0028    0.0051    0.0063    0.0026
0.0000    0.0028    0.0129    0.9118    0.7482    0.9957    0.9751    0.8445
0.2834    0.0809    0.9996    0.9971    0.9866    0.0846    0.1657    0.0040
0.0221    0.1504    0.7103    0.9165    0.0004
obj_fcn = 1.0e+04 *
    9.6449    7.6284    7.0366    6.5651    5.9210    5.1519    4.1745
3.7210    3.5517    3.4434    3.3515    3.2533    3.1286    2.9640    2.7890
2.6782    2.6401    2.6301    2.6272    2.6262    2.6258    2.6257    2.6257
2.6256    2.6256    2.6256    2.6256    2.6256    2.6256    2.6256    2.6256
2.6256    2.6256    2.6256
Id1 = 1    8
Id2 = 2    15    17    21    23    24    25    29    33    34    35    36    38
41    44    45    46    47    49    50    53    54    55    56    57    60
```

```
Id3 =    3      4      5      6      7      9     10     11    12     13     14     16     18
19      20     22     26     27     28     30     31     32    37     39     40     42     43
48      51     52     58     59
```

数据样本的分布如图 12-13 所示。

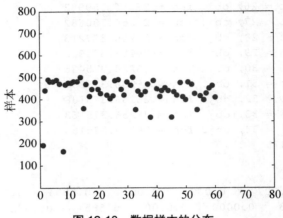

图 12-13 数据样本的分布

如果将聚类数目设为 5 组，各个样本的聚类结果如下：

```
Id1 =    3      4      5      6      7      9     10     11     12     13    14     16     19     22     26
27      30     31     32     37     39     48     51     52
Id2 =    1      8
Id3 =   15     33     38     45     54
Id4 =    2     18     20     28     34     36     40     42     43     44    46     57     58
59
Id5 =   17     21     23     24     25     29     35     41     47     49    50     53     55
56      60
```

例 12-7　测试 60 种材料的两种性能，结果分别用 *x*、*y* 向量表示。对它们进行模糊 *C* 均值聚类分析。

MATLAB 程序代码如下：

```
x=[ 2.9939    17.3108    -4.9514     5.7577    15.1899    21.6267    20.3724
17.8839     8.4530    26.7528    15.3430    10.2942    12.5086    14.1592
-0.9031     4.2586    17.3123     4.9647     4.5753    13.0790    79.3363
69.7857    85.9534    46.4500    47.1623    54.7994    88.6510    73.2803
62.2487    81.0734    73.2409    72.4262    35.4751   101.7446   104.5660
74.2053    73.0145    44.7577    52.0316   100.0423    73.8783    60.4705
13.0810    45.6223    41.7744    21.9562    54.3071    43.9559    10.0775
36.3166    67.4005    19.2043     4.1890    32.5048    58.9933    51.6769
73.0539    22.4851    41.0597     9.3062 ];
y=[ 6.1114    26.7497    10.4782    17.1282    28.6704    19.0379    24.9839
1.9488     0.4762    10.3773    -3.3927    20.6945     7.8145     3.3802    23.9532
23.2113    20.6423    14.2503    24.9380     3.5803   -28.9907   -46.9091
-17.6121   -13.6610   -15.6570   -36.5697   -29.5485    -2.8756   -33.4082
17.4182    -0.0647   -28.3105   -16.5626    -9.0594   -19.9574   -14.0865
-13.1183    -9.0519   -13.5567    -3.8256    67.2466    88.1837    74.4592
```

```
83.6765    31.9991    37.2423    37.3446    74.5668    72.2080    27.3518
81.1856    67.5512    62.1282    39.4144    51.1799    77.2170    71.3589
45.7540    83.8764    48.2246 ];
plot(x, y,'o');
figure(2)
data=[x' y'];
[center,u,obj_fcn]=fcm(data,2);
plot(data(:,1), data(:,2),'o');
hold on;
maxu=max(u);
index1=find(u(1,:)==maxu);
index2=find(u(2,:)==maxu);     %搜索两个类中具有最高等级的样本
line(data(index1,1),data(index1,2),'marker','*','color','g');
line(data(index2,1),data(index2,2),'marker','*','color','r');
plot([center([1 2],1)],[center([1 2],2)],'*','color','k')   % 绘制类别的中心
位置
Id1=find(u(1,:)==max(u))
Id2=find(u(2,:)==max(u))
```

聚类结果如下:

```
Id1 = 21    22    23    24    25    26    27    28    29    30    31    32    33
34    35    36    37    38    39    40
Id2 = 1     2     3     4     5     6     7     8     9     10    11    12    13
14    15    16    17    18    19    20    41    42    43    44    45    46    47
48    49    50    51    52    53    54    55    56    57    58    59    60
```

原始数据样本的分布如图 12-14 所示。

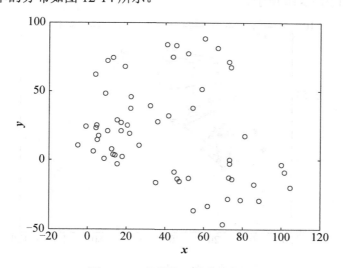

图 12-14   原始数据样本的分布

样本聚类后的示意图如图 12-15 所示。

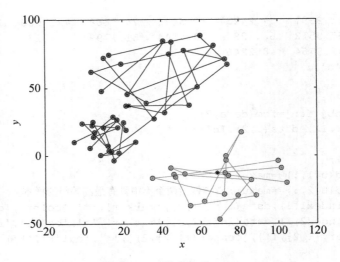

图 12-15　样本聚类示意

如果将聚类类别设为 3，结果如下：

Id1 =	21	22	23	24	25	26	27	28	29	30	31	32	33
34	35	36	37	38	39	40							
Id2 =	41	42	43	44	47	48	49	51	52	53	55	56	57
59													
Id3 =	1	2	3	4	5	6	7	8	9	10	11	12	13
14	15	16	17	18	19	20	45	46	50	54	58	60	

聚类示意图如图 12-16 所示。

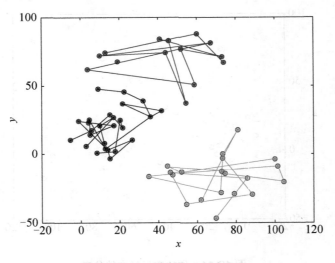

图 12-16　样本聚类示意图

12.3.4　聚类分析的挑战和机遇

聚类分析在互联网、电子商务、科学研究等领域具有巨大的应用价值和广阔的应用前景。但是，它也存在一些难点，需要研究者去克服。这些难点同时也是聚类分析的特点，从前面的例子里可以看出来。

（1）聚类分析的结果不是唯一的，受研究者的主观影响比较大。如果使用不同的聚类方法，即使对相同的研究对象，得到的聚类结果也经常不同。

（2）对一组确定的样本，研究者只要想把它聚类，就能进行聚类，想聚成几类就能聚成几类，而且都有一定的道理，即"公说公有理、婆说婆有理"。

（3）样本数据中的异常值和特殊变量对聚类分析的结果影响比较大。

（4）聚类的结果需要研究者进行后续的相关分析，如研究是否合适以及作用和价值。

（5）在目前，聚类分析技术面临的最大挑战之一是高维数据分析，即对高维数据进行聚类。出现这个挑战的根本原因是"维数灾难"问题——它存在于所有数据分析技术中。这是因为，相对来说，高维数据的相对样本量较少，所以导致数据间的特征趋同，差别不明显。而在电子商务、金融、互联网、生物技术等领域，经常需要进行高维数据聚类分析，所以这是一个很困难同时又很有前景的研究方向。

习　题

1．根据钢中含有的合金元素的含量，可以把钢材分为 3 类，即低合金钢、中合金钢和高合金钢，如表 12-4 所示。

表 12-4　钢材分类

合金含量	3.5	14	8.5	2.5	6.5	9	13
类型	低合金钢	高合金钢	中合金钢	低合金钢	中合金钢	中合金钢	高合金钢
合金含量	12	2	1.5	11	7.5	11.5	1
类型	高合金钢	低合金钢	低合金钢	高合金钢	中合金钢	高合金钢	低合金钢
合金含量	7	11.8	3.2	6.2	12.8	0.5	
类型	中合金钢	高合金钢	低合金钢	中合金钢	高合金钢	低合金钢	

用 1～15 号作为训练样本，对 16～20 号进行判别、分析，并与表 12-4 中的实际结果进行比较。

2．人们经常根据表 12-5 中的指标数据对煤矿安全情况进行评价。

表 12-5　煤矿安全指标

样　本	人	设　备	环　境	管　理	安全等级
1	0.90	0.89	0.83	0.90	高
2	0.85	0.90	0.86	0.87	高
3	0.83	0.84	0.81	0.91	高
4	0.86	0.86	0.82	0.92	高
5	0.84	0.89	0.80	0.85	低

续表

样　本	人	设　备	环　境	管　理	安全等级
6	0.85	0.85	0.80	0.87	低
7	0.85	0.84	0.85	0.93	高
8	0.83	0.87	0.83	0.86	低
9	0.83	0.89	0.80	0.88	低
10	0.90	0.92	0.82	0.90	高

用 1～8 号作为训练样本，对 9、10 号进行判别、分析，并与表 12-5 中的结果进行比较。

3. 测试 20 种钢的强度和韧性，结果分别用 x、y 向量表示：

x =[　264　756　367　189　778　432　390　523　323　709
　　668　435　589　562　287　645　732　478　578　259];

y =[　12.3　8.3　15.8　5.2　6.7　7.2　13.8　8.5　17.6　8.1
　　15.3　16.9　2.4　14.9　4.6　7.5　11.4　14.9　5.5　18.2　　]。

对它们进行 K 均值聚类分析。

4. 对上题进行模糊 C 均值聚类分析。

5. 向量 x 是一些钢的强度测试值：

x=[390　640　1190　780　380　1378　472　866　1270　475　675
1248　384　550　1336　1270　412　846　1275　445　828　397　1420
803　415　845　1488　1345　419　778　465　805　1355]。

对它们进行模糊 C 均值聚类分析。

6. 从网上查阅判别分析的资料，包括它的应用领域和发展前景。

7. 从网上查阅聚类分析的资料，包括应用领域、典型案例、主要方法、面临的挑战和未来的发展趋势。

第 13 章　人工神经网络及应用

　　人工神经网络(Artificial Neural Network，ANN)是人们模仿人脑神经网络的结构和功能，人工构造的信息处理系统或数学模型。它兴起于 20 世纪 80 年代，迄今为止，在函数逼近、预测、模式识别等领域获得了广泛应用，并取得了很好的效果。

13.1　概　　述

　　众所周知，和目前人们使用的信息处理技术如计算机相比，生物对信息的处理具有很多优点。比如：能迅速识别路上的障碍物，并绕开它继续前进；即使一个几岁的孩子，也能很快地从一群人里找到自己的妈妈；对接收的信息有很强的记忆能力，包括图像、声音等；较强的联想能力——根据听到的熟悉的声音，能想象到他的面容。

　　上述这些功能，目前的计算机还无法企及。

　　所以，人们对生物的信息处理机制进行了详细研究。目前，人们已经知道，生物对信息的处理，主要依靠大脑内部的神经网络进行，神经网络的基本单元是神经细胞，也叫神经元，如图 13-1 所示。

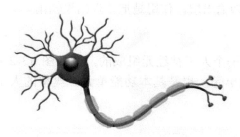

图 13-1　人脑的结构单元——神经细胞或神经元

　　生物神经网络的工作机制：整个网络接收的信息是由各个神经元一起接收的，即每个神经元从外界接收一部分信息，然后各自进行处理，将结果输出；所有神经元的输出结果组合起来就构成了整个神经网络对信息处理的最终结果。

13.1.1　人工神经网络的结构

　　了解到生物神经网络的优点，于是人们就模仿它们的结构构造了人工神经网络。

1. 整体结构

　　典型的人工神经网络一般为层状结构，每层由若干个神经元组成，层与层之间由连接权值相连，如图 13-2 所示。

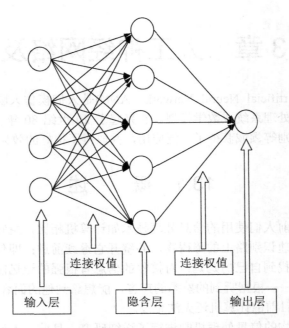

图 13-2　RBF-ANN 模型的结构

模型最左边一层叫作输入层，它的作用是接收外界信息；中间的叫作隐含层，作用是对信息进行处理；右边称为输出层，作用是把处理结果输出。

2. 人工神经元

人工神经网络是由若干个人工神经元组成的，就是图 13-2 中的小圆，人工神经元是人工神经网络的基本结构单元，也是基本功能单元。典型的人工神经元的结构如图 13-3 所示。

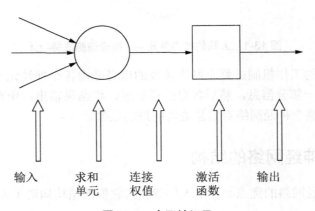

图 13-3　人工神经元

从图 13-3 中可以看到，每个人工神经元由信息的输入、求和单元、连接权值、激活函数、输出等部分构成，各自具有不同的功能。

13.1.2 人工神经网络的特点

由于结构和工作机制与生物神经网络相似，所以，人工神经网络也具有类似于生物神经网络的特点，主要包括以下内容。

(1) 具有自学习能力。人工神经网络可以通过训练进行自学习，优化自己的结构，从而掌握所接收到的信息包含的一些规律。

(2) 高度的非线性全局作用。人工神经网络中的神经元互相连接，每个神经元都会接收其他神经元输入的信息，同时也向其他神经元输出信息，这样，整个神经网络接收的信息分布在几乎每个神经元中，对信息的处理结果也分布在每个神经元中，整个网络对信息的处理是所有神经元共同处理的结果。所以，整个网络的性能取决于每个神经元的性能，表现为一种异常复杂的高度的非线性全局作用。

(3) 良好的容错性。由于人工神经网络的结构和功能具有整体性特征，所以，整个网络对信息的处理就具有较好的容错性，即使有部分神经元出现了错误，但对整体的处理结果影响比较有限。

(4) 高度的并行处理能力。人工神经网络里的神经元以并联方式组成，从而对信息具有很强的并行处理能力，这使得它具有一些独特的优势，比如处理图像或声音等信息时，具有很高的处理速度、高准确率、记忆功能和联想功能等。

(5) 性能优良。和其他数据分析方法(如回归分析)相比，具有预测精度高、成本低等优点。

13.2 人工神经网络数据分析的原理与方法

用人工神经网络进行数据分析，依据的原理、采取的方法和步骤都有自己的特点，和其他方法有很多不同之处。

13.2.1 原理

以材料的成分和性能为例，介绍人工神经网络的工作原理：从数学观点看，材料的成分和性能之间存在一定的函数关系：

性能=f(成分 1 的含量，成分 2 的含量，……)

从形式上看，只要找到函数 f 的表达式，就能了解材料的性能和各种成分间的关系，这样就可以根据材料的成分预测它的性能了。

这个思路虽然很简单，但是实际上，在很多时候，它很难实现，因为材料的成分包含多种，而且多数成分和性能之间存在很复杂的非线性关系。另外，不同的成分之间还经常存在复杂的交互作用。所以，这些因素就导致 f 的表达式异常复杂，在多数情况下根本写不出来。

要解决这个问题，可以采用多项式逼近的方法。实践证明，对任何复杂的函数，都可

以用多项式进行逼近，多项式的项数越多，逼近的精度越高。但在实际应用时，多项式的项数总是有限的，所以精度不容易满足要求。人工神经网络则可以很好地解决这个问题，研究者已经证明，人工神经网络是一个通用的函数逼近模型，通过选择合适的激活函数及适当的结构，包括层数和每层的神经元数量，理论上可以方便、快速地以任意精度逼近任何函数。

所以，可以把人工神经网络看成包含很多项的经验公式，它具有很强的逼近能力，因此特别擅长处理输入与输出元素间存在复杂的非线性关系的问题，尤其是多元、高次问题。

13.2.2　适用范围

人工神经网络最典型的应用包括性能预测、定性和定量影响分析、控制与优化、反向设计、信号处理、模式识别等。这些应用基本都可以归结为"预测型"问题。解决这类问题，人们常用的方法是"试错法"，也常被称为"炒菜式"。比如，设计材料的化学成分时，先按照经验设计一种方案，然后测试其性能，在很多时候，这种方案经常不能满足要求，于是就调整成分，然后再进行性能测试，……，不断重复这个过程，直到最后找出合格的方案。

无疑，这种方法会导致新产品的研制周期很长、成本高，会耗费大量时间和资金。

人们为了克服这个缺点，采用了多种技术，如经验公式、物理模拟等，但经验公式的拟合精度普遍较低、误差较大，而物理模拟经常需要大量数据，在很多时候，获得这些数据的成本特别高。

人工神经网络就适合进行这类工作，特别擅长处理输入与输出因素间存在复杂的多元非线性关系的问题，尤其对其内在规律尚不了解因而不能建立明确的物理和数学模型者，人工神经网络不仅能研究输入因素与输出因素间的定性关系，而且能很方便地研究它们间的定量关系，具有精度高、成本低等优点。

13.2.3　方法和步骤

以预测材料性能为例，介绍用人工神经网络预测材料性能的方法和步骤。

1. 选择人工神经网络模型的类型

人工神经网络模型有多个类型，每种类型的特点、性能和应用领域都不相同。人们一般使用反向传播(Back-Propogation，BP)网络或径向基函数(Radial Basis Function，RBF)模型解决预测问题。

2. 设计网络的结构

人工神经网络的结构主要包括神经元的层数、每层包含的神经元的个数、神经元激活函数的类型、连接权值、偏差值、学习速率、期望误差等。

(1) 层数。人工神经网络模型最少需要 3 层：一个输入层、一个隐含层和一个输出层。隐含层的数量可以增加。一般来说，隐含层的层数越多，预测精度越高，但是需要的训练时间会越长。对一般的问题，用 3 层网络就可以了，对复杂问题需要使用多层网络。

(2) 每层的神经元数量。输入层神经元的数量是由问题的影响因素决定的，比如，要根据材料的化学成分预测它的强度，有几种化学成分，输入层就要设计为几个神经元。同理，输出层的神经元的数量是由要预测的性能数量决定的，如果只预测一个性能，如强度，那输出层就只设计为一个神经元，如果预测 3 个性能，如强度、硬度、韧性，那输出层就设计为 3 个神经元。隐含层的神经元个数是由对预测精度的要求和问题的复杂程度决定的，如果要求预测精度高，隐含层的神经元数量就需要多些，在预测精度要求一致时，越复杂的问题，隐含层需要的神经元数量就越多。

(3) 神经元的激活函数类型。为了逼近非线性函数，隐含层中神经元的激活函数都要设计为非线性类型，而输出层神经元的激活函数采用线性函数。

(4) 模型的初始权值、学习速率和期望误差的设计。初始权值、学习速率会影响人工神经网络的训练时间，期望误差会影响网络的预测精度。

总体来说，设计人工神经网络时，很多方面并没有固定的要求，一般都是根据使用者的要求和问题自身的情况进行设计。

3．人工神经网络的训练

1) 含义

人工神经网络设计好后，并不能马上应用，因为它的结构是设计者随机确定的。前面说过，人工神经网络相当于经验公式，但刚设计出来的人工神经网络只相当于很粗糙的经验公式，比如，这个公式各项的系数被人为地统一规定为 1。可以想象，用它预测的结果精度会怎么样。

所以，为了让人工神经网络具有比较高的精度，就需要调整、优化它的结构(包括层数、隐含层的神经元数量、初始权值等)，也相当于调整、优化经验公式的系数甚至项数、次数。

怎么优化它的结构呢？就需要事先搜集一定数量的训练样本，这些样本的化学成分是已知的，性能也已经测出来了，然后把它们的化学成分输入人工神经网络，网络会按照最初的结构参数进行处理，最后输出对性能的预测结果。把这个结果与实际的测试值进行对比，一般情况下，二者的误差会较大，这就说明网络最初的结构不合理，需进行调整，调整完后再把化学成分的含量输进去，网络按照调整后的结构再进行处理，又输出一个预测结果。然后再把它与实际测试值进行对比，如果二者的误差满足使用者的要求，就说明人工神经网络的结构优化成功，如果误差还是较大，就再次调整结构，再输入化学成分，……，这样反复进行，直到误差满足要求。

这个过程就叫作人工神经网络的训练，也叫学习。

2) 训练样本

要训练人工神经网络，就需要搜集一定数量的训练样本。在多数情况下，训练样本的数量越多，人工神经网络的训练就越充分，它的预测精度也就越高。

4．预测

人工神经网络被训练好并经过验证后，就可以进行预测、解决实际问题了。在预测的基础上，还可以进行更深入的工作，比如，对各个因素的影响进行定性分析和定量分析，包括单因素分析、双因素分析等。

13.3　人工神经网络的 MATLAB 编程及应用

本节通过几个应用实例，介绍人工神经网络的 MATLAB 编程及应用。

13.3.1　材料性能预测

TA15 钛合金的性能与热加工工艺参数间存在重要的联系，然而，它们间的关系很复杂，用回归分析等方法得到的精度较差，所以决定采用人工神经网络来进行。

1. 人工神经网络(ANN)模型类型的选择

在传统上，解决预测问题时人们使用的人工神经网络模型主要是反向传播(BP)型神经网络，但是，这种模型存在收敛速度慢、需要的训练时间长，而且容易陷入局部极小、预测精度不高等缺点。

所以，近年来，作者采用了一种新型的神经网络模型——径向基函数(RBF)人工神经网络，它能够克服 BP 型模型的不足。

2. 径向基函数人工神经网络模型的设计与 MATLAB 编程

在我们的研究中，钛合金的热加工工艺参数包括 4 个，即加热温度、应变量、应变速率、冷却方式，性能只考虑抗拉强度。所以，这里设计的 RBF 型神经网络模型如图 13-4 所示，它包括 3 层，即输入层、输出层及隐含层。其中输入层有 4 个节点，分别代表钛合金的 4 个热加工工艺参数；隐含层的节点数在训练过程中进行调整，得到最佳值；输出层包含 1 个节点，表示抗拉强度。

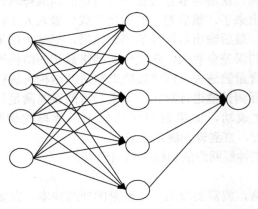

图 13-4　RBF 型神经网络模型

径向基函数人工神经网络模型也有多种，这里使用其中一种，叫广义回归神经网络。在 MATLAB 中，设计广义回归神经网络模型的指令为 newgrnn。可能很多读者感觉很奇怪，甚至不相信：从前面对人工神经网络的介绍可知，它的结构非常复杂，如果编写程序实现，不知道要写多少行代码！

如果使用其他编程语言设计人工神经网络，确实是这样。但用 MATLAB 就不同了，它可能只需要一个指令或短短几行代码就行了，因为专业人士已经写好了那些复杂的代码，输入到 MATLAB 里，以指令的形式保存起来。其他人使用时，只需要直接调用简单的指令即可。这就是 MATLAB 的优势——用户不需要自己花费太多时间去编程。

下面是一个简单的 RBF 型神经网络模型的 MATLAB 编程实例，其代码如下：

```
x=[1 2 3 4 5];
t=[2.2 3.9 6.1 7.9 9.8];
plot(x,t,'o-')
hold on
net=newgrnn(x,t)  % RBF 型神经网络的设计
y=sim(net,x)
plot(x,y,'*-')
```

运行结果如下：

```
net = Neural Network
            name: 'Generalized Regression Neural Network'
      efficiency: .cacheDelayedInputs, .flattenTime,
                  .memoryReduction
        userdata: (your custom info)
    dimensions:
        numInputs: 1
        numLayers: 2
        numOutputs: 1
    numInputDelays: 0
    numLayerDelays: 0
  numFeedbackDelays: 0
  numWeightElements: 15
        sampleTime: 1
    connections:
      biasConnect: [1; 0]
      inputConnect: [1; 0]
      layerConnect: [0 0; 1 0]
      outputConnect: [0 1]
    subobjects:
            inputs: {1x1 cell array of 1 input}
            layers: {2x1 cell array of 2 layers}
            outputs: {1x2 cell array of 1 output}
            biases: {2x1 cell array of 1 bias}
      inputWeights: {2x1 cell array of 1 weight}
      layerWeights: {2x2 cell array of 1 weight}
    functions:
        adaptFcn: (none)
        adaptParam: (none)
        derivFcn: 'defaultderiv'
        divideFcn: (none)
        divideParam: (none)
        divideMode: 'sample'
          initFcn: 'initlay'
```

```
    performFcn: (none)
  performParam: (none)
      plotFcns: {}
    plotParams: {1x0 cell array of 0 params}
      trainFcn: (none)
    trainParam: (none)
weight and bias values:
          IW: {2x1 cell} containing 1 input weight matrix
          LW: {2x2 cell} containing 1 layer weight matrix
           b: {2x1 cell} containing 1 bias vector
methods:
        adapt: Learn while in continuous use
    configure: Configure inputs & outputs
       gensim: Generate Simulink model
         init: Initialize weights & biases
      perform: Calculate performance
          sim: Evaluate network outputs given inputs
        train: Train network with examples
         view: View diagram
  unconfigure: Unconfigure inputs & outputs
y = 2.9063    4.1478    6.0000    7.7977    9.0375
```

图 13-5 所示为神经网络的预测值与实际值的对比。

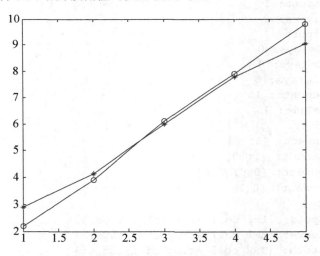

图 13-5　神经网络的预测值与实际值的对比

预测钛合金性能的 RBF 型人工神经网络的 MATLAB 语句为：

```
net=newgrnn(Pi,Ti,spread);
```

其中，Pi 指钛合金的加工工艺参数；Ti 是钛合金的抗拉强度；spread 是 RBF 型人工神经网络的结构参数，可以通过调整它的大小来调整网络的预测性能。

3. 人工神经网络训练样本和检验样本的搜集

本书使用的训练样本和检验样本数据如表 13-1 所示。

表 13-1　TA15 钛合金的热加工工艺参数与力学性能

热处理参数				性　能
$T/℃$	应　变	应 变 率	冷 却 法	抗拉强度/MPa
960	0.916	0.0070	Air	1000
960	0.693	0.0060	Air	990
960	0.511	0.0057	Air	987
960	0.916	0.0070	Water	983
960	0.916	0.0046	Air	1035
925	0.916	0.0070	Air	984
925	0.693	0.0060	Air	996
925	0.511	0.0057	Air	973
925	0.916	0.0070	Water	973
925	0.916	0.0046	Air	1020
850	0.916	0.0070	Air	990
850	0.916	0.0070	Water	978
850	0.916	0.0046	Air	1002
750	0.350	0.0157	Air	935
850	0.350	0.0052	Air	962
850	0.350	0.0024	Air	960
850	0.350	0.0018	Air	962
850	0.350	0.0024	Water	933
900	0.350	0.0052	Air	924
900	0.350	0.0024	Air	948
900	0.350	0.0018	Air	947
900	0.350	0.0024	Water	908
925	0.350	0.0052	Air	943
925	0.350	0.0024	Air	928
925	0.350	0.0018	Air	921
925	0.350	0.0024	Water	915
960	0.350	0.0052	Air	935
960	0.350	0.0024	Air	976
960	0.350	0.0018	Air	943
960	0.350	0.0024	Water	910

4. ANN 模型的训练

1) 原始数据的预处理

在表 13-1 中的热加工工艺参数中，冷却方法有两种，即空冷和水冷。本书中设计的神

经网络模型是用软件实现的，计算机只能识别数字信号，所以必须用数字来表征这两种冷却方法，本书分别用 1 和 2 代表空冷和水冷。

```
data=[ 960 0.916    0.0070   1    1000
     960 0.693    0.0060   1    990
     960 0.511    0.0057   1    987
     960 0.916    0.0070   2    983
     960 0.916    0.0046   1    1035
     925 0.916    0.0070   1    984
     925 0.693    0.0060   1    996
     925 0.511    0.0057   1    973
     925 0.916    0.0070   2    973
     925 0.916    0.0046   1    1020
     850 0.916    0.0070   1    990
     850 0.916    0.0070   2    978
     850 0.916    0.0046   1    1002
     750 0.350    0.0157   1    935
     850 0.350    0.0052   1    962
     850 0.350    0.0024   1    960
     850 0.350    0.0018   1    962
     850 0.350    0.0024   2    933
     900 0.350    0.0052   1    924
     900 0.350    0.0024   1    948
     900 0.350    0.0018   1    947
     900 0.350    0.0024   2    908
     925 0.350    0.0052   1    943
     925 0.350    0.0024   1    928
     925 0.350    0.0018   1    921
     925 0.350    0.0024   2    915
     960 0.350    0.0052   1    935
     960 0.350    0.0024   1    976
     960 0.350    0.0018   1    943
     960 0.350    0.0024   2    910 ];
```

2) 数据的归一化处理

从表 13-1 中可以看到，钛合金的几个热加工工艺参数的范围互不相同，因此需要对它们进行归一化处理，这样有利于训练神经网络模型，保证其训练效果和随后的预测精度。本书采用以下公式进行归一化处理，即

$$x_N = \frac{x - x_{min}}{x_{max} - x_{min}} - 0.5$$

式中，x_N 为归一化处理后的结果；x 为初始数据；x_{max} 和 x_{min} 分别为各个参数的最大

值和最小值。

　　MATLAB 程序代码如下：

```
a=[ 960 0.916    0.0070  1    1000
960 0.693    0.0060  1    990
960 0.511    0.0057  1    987
960 0.916    0.0070  2    983
925 0.916    0.0070  1    984
925 0.693    0.0060  1    996
925 0.511    0.0057  1    973
925 0.916    0.0070  2    973
850 0.916    0.0070  1    990
850 0.916    0.0070  2    978
850 0.916    0.0046  1    1002
750 0.350    0.0157  1    935
850 0.350    0.0024  1    960
850 0.350    0.0018  1    962
850 0.350    0.0024  2    933
900 0.350    0.0052  1    924
900 0.350    0.0018  1    947
900 0.350    0.0024  2    908
925 0.350    0.0052  1    943
925 0.350    0.0024  1    928
925 0.350    0.0024  2    915
960 0.350    0.0052  1    935
960 0.350    0.0024  1    976
960 0.350    0.0018  1    943 ];
C=a(:,1)';
D=a(:,2)';
E=a(:,3)';
F=a(:,4)';
T=a(:,5)';
C1=(C-min(C'))/(max(C')-min(C'))-0.5;
D1=(D-min(D'))/(max(D')-min(D'))-0.5;
E1=(E-min(E'))/(max(E')-min(E'))-0.5;
F1=(F-min(F'))/(max(F')-min(F'))-0.5;
P=[C1
   D1
   E1
   F1 ]'
```

归一化后的结果为：

```
   0.5000     0.5000    -0.1259    -0.5000
   0.5000     0.1060    -0.1978    -0.5000
   0.5000    -0.2155    -0.2194    -0.5000
   0.5000     0.5000    -0.1259     0.5000
   0.3333     0.5000    -0.1259    -0.5000
   0.3333     0.1060    -0.1978    -0.5000
   0.3333    -0.2155    -0.2194    -0.5000
   0.3333     0.5000    -0.1259     0.5000
```

```
   -0.0238      0.5000     -0.1259     -0.5000
   -0.0238      0.5000     -0.1259      0.5000
   -0.0238      0.5000     -0.2986     -0.5000
   -0.5000     -0.5000      0.5000     -0.5000
   -0.0238     -0.5000     -0.4568     -0.5000
   -0.0238     -0.5000     -0.5000     -0.5000
   -0.0238     -0.5000     -0.4568      0.5000
    0.2143     -0.5000     -0.2554     -0.5000
    0.2143     -0.5000     -0.5000     -0.5000
    0.2143     -0.5000     -0.4568      0.5000
    0.3333     -0.5000     -0.2554     -0.5000
    0.3333     -0.5000     -0.4568     -0.5000
    0.3333     -0.5000     -0.4568      0.5000
    0.5000     -0.5000     -0.2554     -0.5000
    0.5000     -0.5000     -0.4568     -0.5000
    0.5000     -0.5000     -0.5000     -0.5000
```

3) 神经网络模型的训练

要使神经网络模型具有可靠的预测性能，首先需要对它进行训练。研究者使用较多的训练方法是"二分法"，即将搜集的所有样本分为两部分：第一部分是训练样本，约占样本总量的 80%；第二部分是预测样本，约占样本总量的 20%。

"二分法"的优点是思路比较简单，所需的训练时间也较短。但训练效果一般不理想，本书采用另一种训练方法："留一法"(Leave-One-Out method)。训练步骤为：第一轮，将第一个样本取出来，用剩余的样本训练神经网络，然后用取出的那个样本测试网络的性能；第二轮，将第一个样本放回数据库，取出第二个样本，再用其余样本训练神经网络，然后用取出的那个样本测试网络的性能，……，这样，用所有的样本均测试一遍网络的性能，对神经网络的结构进行优化。

人工神经网络训练的 MATLAB 程序代码如下：

```
a=[ 960 0.916     0.0070   1    1000
960 0.693     0.0060   1    990
960 0.511     0.0057   1    987
960 0.916     0.0070   2    983
925 0.916     0.0070   1    984
925 0.693     0.0060   1    996
925 0.511     0.0057   1    973
925 0.916     0.0070   2    973
850 0.916     0.0070   1    990
850 0.916     0.0070   2    978
850 0.916     0.0046   1    1002
750 0.350     0.0157   1    935
850 0.350     0.0024   1    960
850 0.350     0.0018   1    962
850 0.350     0.0024   2    933
900 0.350     0.0052   1    924
900 0.350     0.0018   1    947
900 0.350     0.0024   2    908
925 0.350     0.0052   1    943
925 0.350     0.0024   1    928
```

```
925 0.350    0.0024   2    915
960 0.350    0.0052   1    935
960 0.350    0.0024   1    976
960 0.350    0.0018   1    943 ];
C=a(:,1)';
D=a(:,2)';
E=a(:,3)';
F=a(:,4)';
T=a(:,5)';
C1=(C-min(C'))/(max(C')-min(C'))-0.5;
D1=(D-min(D'))/(max(D')-min(D'))-0.5;
E1=(E-min(E'))/(max(E')-min(E'))-0.5;
F1=(F-min(F'))/(max(F')-min(F'))-0.5;
P=[C1
   D1
   E1
   F1  ];
T ;
n=size(P,2);
spread=0.05;
for i=1:n
Pi=[P(:,1:(i-1))  P(:,(i+1):n)    ];
Ti=[T(:,1:(i-1))  T(:,(i+1):n)    ]  ;
net=newgrnn(Pi,Ti,spread);
PPi= P(:,[i]);
Y0005(i)=sim(net,PPi  );
end
T;
Y0005;
Tlie=T(:);
Y0005=Y0005(:);
errorarray=[Tlie Y0005 ]
X=errorarray(:,1)  ;
Y1=errorarray(:,2)  ;
plot(X,Y1,'ko')
hold on
x0=[900 1100];
y1=[900 1100];
Q1=polyfit( x0,y1,3);
f1=polyval(Q1, x0);
plot( x0,y1,x0,f1,'k-','LineWidth',0.25);
hold on
axis('square');
axis('equal');
axis([900,1100,900,1100]);
xlabel('抗拉强度/MPa','Fontsize',15);
ylabel('预测抗拉强度/MPa','Fontsize',15);
```

运行结果如下:

```
errorarray = 1.0e+03 *
   1.0000    0.9840
   0.9900    0.9960
```

0.9870	0.9730
0.9830	0.9730
0.9840	1.0000
0.9960	0.9900
0.9730	0.9870
0.9730	0.9830
0.9900	1.0020
0.9780	0.9730
1.0020	0.9900
0.9350	0.9240
0.9600	0.9620
0.9620	0.9600
0.9330	0.9080
0.9240	0.9430
0.9470	0.9280
0.9080	0.9150
0.9430	0.9242
0.9280	0.9480
0.9150	0.9080
0.9350	0.9439
0.9760	0.9430
0.9430	0.9760

第一列数据表示实际测试值,第二列表示人工神经网络模型的计算值。第二列数据越接近第一列,说明训练效果越好。

如果只是观察数据,不太直观,所以可以用图形的形式表示。常用的一种图形叫散点图:就是把实际测试值和人工神经网络模型的计算值分别作为横坐标和纵坐标绘制到图形中,如图 13-6 所示。

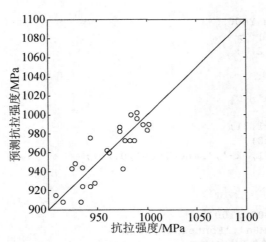

图 13-6　TA15 钛合金训练样本抗拉强度的计算值与测试值的比较

图 13-6 称为散点图。从图中可以看到,散点图中的点基本上都比较接近 45°对角线,说明神经网络对样本的计算精度较高,ANN 模型的训练效果较好。

4) 评价误差的定量指标

虽然散点图比较直观，但是它不能定量地表示出神经网络模型的计算值与实测值的误差。

为了能定量地评价和分析 ANN 模型的计算误差和训练效果，本书采用了 3 个定量指标，即 MSE(均方误差)、MSRE(相对均方误差)和 VOF(拟和值)。它们的计算公式为

$$MSE=\sqrt{\frac{\sum\limits_{i=1}^{N}(V_{calc,i}-V_{meas,i})^2}{N}}$$

$$MSRE=\sqrt{\frac{\sum\limits_{i=1}^{N}\left(\frac{V_{calc,i}-V_{meas,i}}{V_{meas,i}}\right)^2}{N}}$$

$$VOF=1+\frac{\sum\limits_{i=1}^{N}(V_{calc,i}-\overline{V_{calc}})(V_{meas,i}-\overline{V_{meas}})}{\sqrt{(\sum\limits_{i=1}^{N}V_{calc,i}^2-N\overline{V_{calc}}^2)(\sum\limits_{i=1}^{N}V_{meas,i}^2-N\overline{V_{meas}}^2)}}$$

式中：V_{calc} 为计算值；V_{meas} 为测试值；N 为样本数量。

可以证明，均方误差和相对均方误差接近 0、拟合分值接近 2 时，表示神经网络模型的计算误差小，所以训练效果好。

MATLAB 程序代码如下：

```
errorarray0003=[ 1.0000    0.9840
    0.9900    0.9960
    0.9870    0.9730
    0.9830    0.9730
    0.9840    1.0000
    0.9960    0.9900
    0.9730    0.9870
    0.9730    0.9830
    0.9900    1.0020
    0.9780    0.9730
    1.0020    0.9900
    0.9350    0.9240
    0.9600    0.9620
    0.9620    0.9600
    0.9330    0.9080
    0.9240    0.9430
    0.9470    0.9280
    0.9080    0.9150
    0.9430    0.9242
    0.9280    0.9480
    0.9150    0.9080
    0.9350    0.9439
    0.9760    0.9430
    0.9430    0.9760   ];
n=size(errorarray0003,1);
```

```
T=errorarray0003(:,1) ;
Y1=errorarray0003(:,2) ;
mse1=sqrt(sum((Y1-T).^2)/n)
meanrelaerror1=sqrt( sum(((Y1-T)./T).^2)/n)
fitness21=1+(sum((Y1-sum(Y1)/n).*(T-sum(T)/n)))/sqrt((sum(Y1.^2)-
n*((sum(Y1)/n)^2))*(sum(T.^2)-n*((sum(T)/n)^2)))
```

表 13-2 是 ANN 模型对训练样本进行计算的 3 个定量指标，从数据上可以看到，ANN 模型的误差比较小，受到了较好的训练。

表 13-2　ANN 模型对训练样本的计算误差

统计误差	MSE	MSRE/%	VOF
计算值	15.9	1.67	1.8505

5. ANN 模型预测钛合金的抗拉强度

ANN 模型经过训练后，就可以用来预测钛合金的抗拉强度了。

MATLAB 程序代码如下：

```
a=[ 960 0.916   0.0070   1   1000
    960 0.693   0.0060   1   990
    960 0.511   0.0057   1   987
    960 0.916   0.0070   2   983
    925 0.916   0.0070   1   984
    925 0.693   0.0060   1   996
    925 0.511   0.0057   1   973
    925 0.916   0.0070   2   973
    850 0.916   0.0070   1   990
    850 0.916   0.0070   2   978
    850 0.916   0.0046   1   1002
    750 0.350   0.0157   1   935
    850 0.350   0.0024   1   960
    850 0.350   0.0018   1   962
    850 0.350   0.0024   2   933
    900 0.350   0.0052   1   924
    900 0.350   0.0018   1   947
    900 0.350   0.0024   2   908
    925 0.350   0.0052   1   943
    925 0.350   0.0024   1   928
    925 0.350   0.0024   2   915
    960 0.350   0.0052   1   935
    960 0.350   0.0024   1   976
    960 0.350   0.0018   1   943  ];
C=a(:,1)';
D=a(:,2)';
E=a(:,3)';
F=a(:,4)';
T=a(:,5)';
C1=(C-min(C'))/(max(C')-min(C'))-0.5;
```

```
D1=(D-min(D'))/(max(D')-min(D'))-0.5;
E1=(E-min(E'))/(max(E')-min(E'))-0.5;
F1=(F-min(F'))/(max(F')-min(F'))-0.5;
P=[C1
   D1
   E1
   F1 ];
T ;
spread=0.05;
net=newgrnn(P,T,spread);
a1=[ 960   0.916   0.0046   1   1035
  925    0.916    0.0046   1   1020
  850    0.350    0.0052   1   962
  900    0.350    0.0024   1   948
  925    0.350    0.0018   1   921
  960    0.350    0.0024   2   910        ];
C0=a1(:,1)';
D0=a1(:,2)';
E0=a1(:,3)';
F0=a1(:,4)';
C10=(C0-min(C'))/(max(C')-min(C'))-0.5;
D10=(D0-min(D'))/(max(D')-min(D'))-0.5;
E10=(E0-min(E'))/(max(E')-min(E'))-0.5;
F10=(F0-min(F'))/(max(F')-min(F'))-0.5;
P0=[C10
D10
E10
F10 ];
hv=sim(net,P0) ;
hv1=hv';
t00=a1(:,5);
b=[hv1 t00]
plot(hv1,t00,'ko')
 hold on
x0=[900 1100];
y1=[900 1100];
Q1=polyfit( x0,y1,3);
f1=polyval(Q1, x0);
plot( x0,y1,x0,f1,'k-','LineWidth',0.25);
hold on
axis('square');
axis('equal');
axis([900,1100,900,1100]);
xlabel('Measured tensile strength (MPa)','Fontsize',15);
ylabel('Predicted tensile strength (MPa)','Fontsize',15);
```

运行结果如下:

```
b = 1.0e+03 *
   1.0000   1.0350
   0.9840   1.0200
```

0.9596	0.9620
0.9464	0.9480
0.9286	0.9210
0.9150	0.9100

图 13-7 是 ANN 模型对几个样本的抗拉强度进行预测的预测值与实测值的比较。

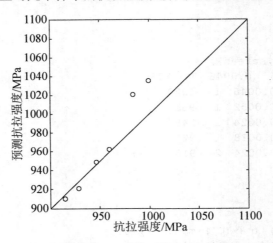

图 13-7 TA15 钛合金抗拉强度的预测值与测试值的比较

表 13-3 是 ANN 模型预测结果的统计指标值。

表 13-3 ANN 模型计算值的统计误差

统计误差	MSE	MSRE/%	VOF
返回值	20.9	2.11	1.9895

无论从散点图还是统计指标都可以看出，ANN 模型的预测性能均令人满意。

13.3.2 影响因素的定量分析

各个热加工工艺参数对 TA15 钛合金抗拉强度的影响大小不同，有的影响较大，而有的影响较小。了解各参数的作用，就可以采取有针对性的措施，对工艺参数进行有效的控制。本部分即采用经过训练的神经网络模型分析各个热加工工艺参数对 TA15 钛合金抗拉强度的定量影响。

分析各参数的定量影响前，需要先确定其基准值，分析某个参数的影响时，其他参数的值固定不变。本书根据表 13-1 中各个参数的取值范围选择了各自的基准值，如表 13-4 所示。

表 13-4 热加工工艺参数的基准值

热处理参数	$T/℃$	应　变	应变率/s^{-1}	冷却法
返回值	900	0.60	0.0040	1

1. 单因素影响分析

单因素影响分析即分析单个因素对性能的定量影响。

MATLAB 程序代码如下：

```
a=[ 960       0.916     0.0070  1    1000
960 0.693    0.0060  1    990
960 0.511    0.0057  1    987
960 0.916    0.0070  2    983
960 0.916    0.0046  1    1035
925 0.916    0.0070  1    984
925 0.693    0.0060  1    996
925 0.511    0.0057  1    973
925 0.916    0.0070  2    973
925 0.916    0.0046  1    1020
850 0.916    0.0070  1    990
850 0.916    0.0070  2    978
850 0.916    0.0046  1    1002
750 0.350    0.0157  1    935
850 0.350    0.0052  1    962
850 0.350    0.0024  1    960
850 0.350    0.0018  1    962
850 0.350    0.0024  2    933
900 0.350    0.0052  1    924
900 0.350    0.0024  1    948
900 0.350    0.0018  1    947
900 0.350    0.0024  2    908
925 0.350    0.0052  1    943
925 0.350    0.0024  1    928
925 0.350    0.0018  1    921
925 0.350    0.0024  2    915
960 0.350    0.0052  1    935
960 0.350    0.0024  1    976
960 0.350    0.0018  1    943
960 0.350    0.0024  2    910    ];
C=a(:,1)';
D=a(:,2)';
E=a(:,3)';
F=a(:,4)';
T=a(:,5)';
C1=(C-min(C'))/(max(C')-min(C'))-0.5;
D1=(D-min(D'))/(max(D')-min(D'))-0.5;
E1=(E-min(E'))/(max(E')-min(E'))-0.5;
F1=(F-min(F'))/(max(F')-min(F'))-0.5;
P=[C1
   D1
   E1
   F1 ];
T;
spread=0.05;
net=newgrnn(P,T,spread);
a1=[ 780 0.6 0.0040 1
  820 0.6 0.0040 1
  860 0.6 0.0040 1
  900 0.6 0.0040 1
  940 0.6 0.0040 1
  900 0.5 0.0040 1
  900 0.6 0.0040 1
```

```
    900 0.7 0.0040 1
    900 0.8 0.0040 1
    900 0.9 0.0040 1
    900 0.6 0.0030 1
    900 0.6 0.0040 1
    900 0.6 0.0050 1
    900 0.6 0.0060 1
    900 0.6 0.0070 1
    900 0.6 0.0040 1
    900 0.6 0.0040 2 ];
C0=a1(:,1)';
D0=a1(:,2)';
E0=a1(:,3)';
F0=a1(:,4)';
C10=(C0-min(C'))/(max(C')-min(C'))-0.5;
D10=(D0-min(D'))/(max(D')-min(D'))-0.5;
E10=(E0-min(E'))/(max(E')-min(E'))-0.5;
F10=(F0-min(F'))/(max(F')-min(F'))-0.5;
P0=[C10
D10
E10
F10 ];
hv=sim(net,P0)
```

运行结果如下:

```
hv = 1.0e+03 *
   0.9617   0.9617   0.9752   0.9752   0.9783   0.9730   0.9752
0.9960   1.0193   1.0200   0.9740   0.9752   0.9777   0.9817   0.9865
0.9752   0.9081
```

但从这些数字不容易看出各个因素对抗拉强度的影响趋势，所以可以绘成图形。
MATLAB 程序代码如下:

```
subplot(2,2,1);
x0=[ 780 820 860 900 940 ];
y1=[ 961.7    961.7    975.2    975.2    978.3    ];
P1=polyfit(x0,y1,4);f1=polyval(P1,x0); plot(x0,y1,'ko',x0,f1,'k-',
'LineWidth',1.25);hold on
axis([750,950,960,980]);
xlabel('T','Fontsize',15); ylabel('Predicted tensile strength
(MPa)','Fontsize',15);
subplot(2,2,2);
x0=[ 0.5 0.6 0.7 0.8 0.9 ];
y1=[ 973.0    975.2    996.0    1019.3    1020.0 ];
P1=polyfit(x0,y1,6);f1=polyval(P1,x0); plot(x0,y1,'ko',x0,f1,'k-',
'LineWidth',1.25);hold on
axis([0.5,1.0,970,1070]);
xlabel('Strain','Fontsize',15); ylabel('Predicted tensile strength
(MPa)','Fontsize',15);
subplot(2,2,3);
x0=[ 0.003 0.004 0.005 0.006 0.007 ];
y1=[ 974.0    975.2    977.7    981.7    986.5 ];
P1=polyfit(x0,y1,6);f1=polyval(P1,x0); plot(x0,y1,'ko',x0,f1,'k-',
'LineWidth',1.25);hold on
axis([0.002,0.008,970,990]);
xlabel('Strain rate','Fontsize',15); ylabel('Predicted tensile strength
(MPa)','Fontsize',15);
subplot(2,2,4);
```

```
x0=[ 1 2 ];
y1=[ 975.2  908.1 ];
P1=polyfit(x0,y1,6);f1=polyval(P1,x0); plot(x0,y1,'ko',x0,f1,'k-',
'LineWidth',1.25);hold on
axis([1,2,900,1000]);
xlabel('Cooling methods','Fontsize',15); ylabel('Predicted tensile
strength (MPa)','Fontsize',15);
```

运行结果如图 13-8 所示。

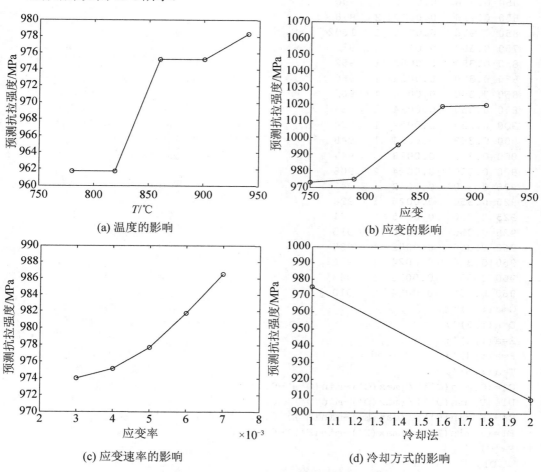

(a) 温度的影响

(b) 应变的影响

(c) 应变速率的影响

(d) 冷却方式的影响

图 13-8　热加工工艺参数与抗拉强度间的定量关系

2. 双因素影响分析

人工神经网络还可以对两个因素的影响进行定量分析，即双因素影响分析。主要步骤分为两步。以加热温度和应变量为例，先用人工神经网络预测在不同水平的性能，然后绘制三维图形。

预测性能的 MATLAB 程序代码如下：

```
a=[ 960    0.916    0.0070  1   1000
960 0.693    0.0060   1    990
960 0.511    0.0057   1    987
```

```
960 0.916   0.0070  2   983
960 0.916   0.0046  1   1035
925 0.916   0.0070  1   984
925 0.693   0.0060  1   996
925 0.511   0.0057  1   973
925 0.916   0.0070  2   973
925 0.916   0.0046  1   1020
850 0.916   0.0070  1   990
850 0.916   0.0070  2   978
850 0.916   0.0046  1   1002
750 0.350   0.0157  1   935
850 0.350   0.0052  1   962
850 0.350   0.0024  1   960
850 0.350   0.0018  1   962
850 0.350   0.0024  2   933
900 0.350   0.0052  1   924
900 0.350   0.0024  1   948
900 0.350   0.0018  1   947
900 0.350   0.0024  2   908
925 0.350   0.0052  1   943
925 0.350   0.0024  1   928
925 0.350   0.0018  1   921
925 0.350   0.0024  2   915
960 0.350   0.0052  1   935
960 0.350   0.0024  1   976
960 0.350   0.0018  1   943
960 0.350   0.0024  2   910 ];
C=a(:,1)';
D=a(:,2)';
E=a(:,3)';
F=a(:,4)';
T=a(:,5)';
C1=(C-min(C'))/(max(C')-min(C'))-0.5;
D1=(D-min(D'))/(max(D')-min(D'))-0.5;
E1=(E-min(E'))/(max(E')-min(E'))-0.5;
F1=(F-min(F'))/(max(F')-min(F'))-0.5;
P=[C1
   D1
   E1
   F1 ];
T;
spread=0.05;
net=newgrnn(P,T,spread);
a1=[ 780 0.5 0.0040 1
  820 0.5 0.0040 1
  860 0.5 0.0040 1
  900 0.5 0.0040 1
  940 0.5 0.0040 1
  780 0.6 0.0040 1
  820 0.6 0.0040 1
```

高等院校计算机教育系列教材

```
    860 0.6 0.0040 1
    900 0.6 0.0040 1
    940 0.6 0.0040 1
    780 0.7 0.0040 1
    820 0.7 0.0040 1
    860 0.7 0.0040 1
    900 0.7 0.0040 1
    940 0.7 0.0040 1
    780 0.8 0.0040 1
    820 0.8 0.0040 1
    860 0.8 0.0040 1
    900 0.8 0.0040 1
    940 0.8 0.0040 1
    780 0.9 0.0040 1
    820 0.9 0.0040 1
    860 0.9 0.0040 1
    900 0.9 0.0040 1
    940 0.9 0.0040 1 ];
C0=a1(:,1)';
D0=a1(:,2)';
E0=a1(:,3)';
F0=a1(:,4)';
C10=(C0-min(C'))/(max(C')-min(C'))-0.5;
D10=(D0-min(D'))/(max(D')-min(D'))-0.5;
E10=(E0-min(E'))/(max(E')-min(E'))-0.5;
F10=(F0-min(F'))/(max(F')-min(F'))-0.5;
P0=[C10
D10
E10
F10 ];
hv=sim(net,P0)
```

运行结果如下：

```
hv = 1.0e+03 *
0.9617    0.9617    0.9617    0.9730    0.9765    0.9617    0.9617    0.9752
0.9752    0.9783    1.0020    1.0020    0.9960    0.9960    0.9945    1.0020
1.0020    1.0020    1.0193    1.0229    1.0020    1.0020    1.0020    1.0200
1.0237
```

绘制三维图形的 MATLAB 程序代码如下：

```
x=[780 820 860 900   940];
y=[0.5 0.6 0.7 0.8 0.9 ];
z=1.0e+03 *[ 0.9617     0.9617     0.9617     0.9730     0.9765
  0.9617     0.9617     0.9752     0.9752     0.9783
  1.0020     1.0020     0.9960     0.9960     0.9945
  1.0020     1.0020     1.0020     1.0193     1.0229
  1.0020     1.0020     1.0020     1.0200     1.0237 ];
mesh(x,y,z)
figure(2)
surf(x,y,z)
```

运行结果如图 13-9 所示。

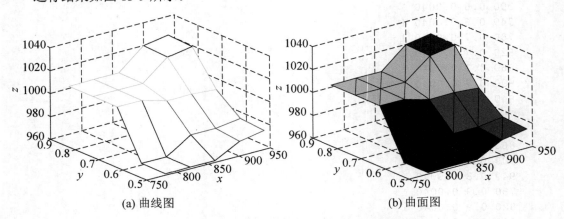

(a) 曲线图　　　　　　　　　　　(b) 曲面图

图 13-9　钛合金的双因素同时变化对性能的影响

数据还可以加密，得到的图形能够更光滑，读者可以自己尝试。

13.3.3　用人工神经网络进行判别分析

人工神经网络也可以进行分类，如判别分析。

以第 12 章中介绍的湖泊营养化分级为例加以介绍(参见表 12-2 和表 13-5)。

表 13-5　湖泊富营养化情况

总氮/(mg/L)	总磷/(mg/L)	叶绿素/(mg/L)	化学需氧量/(mg/L)	透明度	富营养化类型
0.5	0.876	0.0098	4.5	0.3	重度
0.034	0.348	0.005	3.3	2.9	中度
0.12	0.789	0.0078	5.6	0.1	重度
0.02	0.467	0.0075	3.6	1.9	中度
0.085	0.666	0.0089	1.3	5.9	轻度
0.67	0.9	0.0075	5	0.8	重度
0.00035	0.0346	0.003	2	7	轻度
0.8	0.899	0.01	3.9	1.1	重度
0.00047	0.0456	0.005	2.1	6.9	轻度
0.00023	0.0125	0.001	1.2	8.5	轻度
0.027	0.232	0.003	4.2	2.2	中度
0.9	0.856	0.0065	4.9	0.6	重度
0.003	0.445	0.0067	4.8	1	中度
0.0005	0.101	0.0012	1.7	7.4	轻度
0.025	0.578	0.008	2.345	2.7	中度

训练人工神经网络的 MATLAB 程序代码如下：

```
a=[ 0.5 0.876    0.0098   4.5 0.3
0.034    0.348    0.005    3.3 2.9
0.12     0.789    0.0078   5.6 0.1
0.02     0.467    0.0075   3.6 1.9
0.085    0.666    0.0089   1.3 5.9
0.67     0.9      0.0075   5   0.8
0.00035 0.0346    0.003    2   7
0.8      0.899    0.01     3.9 1.1
0.00047 0.0456    0.005    2.1 6.9
0.00023 0.0125    0.001    1.2 8.5
0.027    0.232    0.003    4.2 2.2 ];
T=[ 3
2
3
2
1
3
1
3
1
1
2 ]';      % 分别用数字 1、2、3 代表轻度、中度和重度
C=a(:,1)';
D=a(:,2)';
E=a(:,3)';
F=a(:,4)';
G= a(:,5)';
C1=(C-min(C'))/(max(C')-min(C'))-0.5;
D1=(D-min(D'))/(max(D')-min(D'))-0.5;
E1=(E-min(E'))/(max(E')-min(E'))-0.5;
F1=(F-min(F'))/(max(F')-min(F'))-0.5;
G1=(G-min(G'))/(max(G')-min(G'))-0.5;
P=[C1
   D1
   E1
   G1  ];
T ;
n=size(P,2);
spread=0.05;
for i=1:n
Pi=[P(:,1:(i-1))  P(:,(i+1):n)     ];
Ti=[T(:,1:(i-1))  T(:,(i+1):n)     ]  ;
net=newgrnn(Pi,Ti,spread);
PPi=P(:,[i]);
Y0005(i)=sim(net,PPi   );
end
T ;
Y0005;
Tlie=T(:);
Y0005=Y0005(:);
errorarray=[Tlie Y0005 ]
```

```
X=errorarray(:,1);
Y1=errorarray(:,2) ;
plot(X,'k.','markersize',25)
hold on
plot(Y1,'ko','markersize',15)
```

运行结果如下：

```
errorarray = 3.0000    3.0000
    2.0000    2.0000
    3.0000    2.0000
    2.0000    2.0000
    1.0000    2.0000
    3.0000    3.0000
    1.0000    1.0000
    3.0000    3.0000
    1.0000    1.0000
    1.0000    1.0000
    2.0000    2.0000
```

图 13-10 是图形对比。

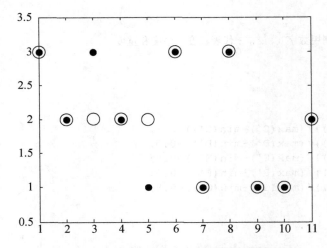

图 13-10　人工神经网络预测的等级与实际等级对比

在图中，黑点表示实际等级，圆圈表示人工神经网络预测的等级。可以看出，第 3 和第 5 样本的预测结果不正确，其他样本的预测结果正确，和实际等级相同。

人工神经网络经过训练后，可以对新样本进行分级。MATLAB 程序代码如下：

```
a=[ 0.5      0.876   0.0098   4.5 0.3
0.034   0.348    0.005    3.3 2.9
0.12    0.789    0.0078   5.6 0.1
0.02    0.467    0.0075   3.6 1.9
0.085   0.666    0.0089   1.3 5.9
0.67    0.9 0.0075   5    0.8
0.00035 0.0346   0.003    2    7
0.8 0.899    0.01     3.9 1.1
0.00047 0.0456   0.005    2.1 6.9
```

```
0.00023 0.0125  0.001   1.2 8.5
0.027   0.232   0.003   4.2 2.2 ];
T=[ 3
2
3
2
1
3
1
3
1
1
2 ]';
C=a(:,1)';
D=a(:,2)';
E=a(:,3)';
F=a(:,4)';
G= a(:,5)';
C1=(C-min(C'))/(max(C')-min(C'))-0.5;
D1=(D-min(D'))/(max(D')-min(D'))-0.5;
E1=(E-min(E'))/(max(E')-min(E'))-0.5;
F1=(F-min(F'))/(max(F')-min(F'))-0.5;
G1=(G-min(G'))/(max(G')-min(G'))-0.5;
P=[C1
   D1
   E1
   F1
   G1 ];
T ;
spread=0.05;
net=newgrnn(P,T,spread);
a1=[ 0.9     0.856  0.0065 4.9 0.6
0.003   0.445   0.0067  4.8 1
0.0005  0.101   0.0012  1.7 7.4
0.025   0.578   0.008   2.345   2.7  ];
C0=a1(:,1)';
D0=a1(:,2)';
E0=a1(:,3)';
F0=a1(:,4)';
G0=a1(:,5)';
C10=(C0-min(C'))/(max(C')-min(C'))-0.5;
 D10=(D0-min(D'))/(max(D')-min(D'))-0.5;
E10=(E0-min(E'))/(max(E')-min(E'))-0.5;
 F10=(F0-min(F'))/(max(F')-min(F'))-0.5;
 G10=(G0-min(G'))/(max(G')-min(G'))-0.5;
 T0=[3
    2
    1
    2 ];
P0=[C10
```

```
D10
E10
F10
G10];
hv=sim(net,P0) ;
th=[ T0'
    hv ]
plot(T0,'k.','markersize',25)
hold on
plot(hv,'ko','markersize',15)
axis([0,5,0,5]);
```

运行结果如下：

```
th = 3.0000     2.0000     1.0000     2.0000
     3.0000     2.0000     1.0000     2.0000
```

第一行表示预测样本的实际等级，第二行表示用人工神经网络判别得到的等级。

散点图如图 13-11 所示。

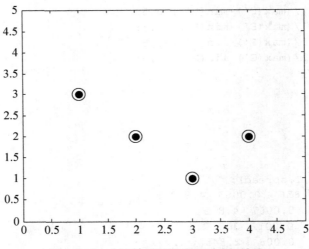

图 13-11　人工神经网络的判别分析结果

数字结果和散点图都表明，人工神经网络对 4 个样本的判别分析结果完全正确。

习　　题

1. 已知向量 x = [1 2 3 4 5]，y = [1.1　7.8　25.5　62.4　121]。设计人工神经网络，并用它预测 x=1.5、2.5、3.5、4.5 时 y 的值。

2. 已知向量

x = [0	0.2000	0.4000	0.6000	0.8000	1.0000	1.2000	1.4000
1.6000	1.8000	2.0000	2.2000	2.4000	2.6000	2.8000	3.0000
3.2000	3.4000	3.6000	3.8000	4.0000	4.2000	4.4000	4.6000

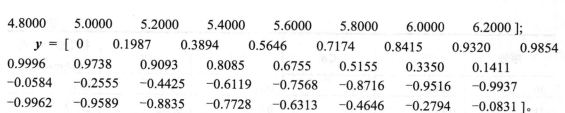

设计人工神经网络，并用它预测 x=0.1、0.3、0.5、0.7、0.9、1.1、…、6.1 时 y 的值。

3. 某种材料中的硅含量与硬度间存在表 13-6 所示的关系。

表 13-6　硅含量与硬度的关系

硅含量	0.5	1.0	1.5	2.0	2.5	3.0	3.5
硬度	22	26	35	46	52	65	76

设计人工神经网络，并用它预测硅含量分别为 0.8、1.2、1.8、2.2、2.8、3.2 时的硬度值。

4. 用人工神经网络分析第 3 题中硅含量对硬度的定量影响。

5. 某种储氢合金的化学成分与性能(初始放电容量)间存在表 13-7 所示的关系。

表 13-7　储氢合金的化学成分与性能的关系

序号	La	Ce	Nd	Pr	初始放电容量 C_0/(mAh/g)
1	0.317	0.135	0.223	0.325	239.4
2	0.176	0.206	0.124	0.494	240.5
3	0.528	0.029	0.372	0.071	244.7
4	0.433	0.04	0.433	0.095	246.4
5	0.27	0.135	0.27	0.325	233.7
6	0.15	0.206	0.15	0.494	234.3
7	0.45	0.029	0.45	0.071	226.9
8	0.649	0.04	0.216	0.095	244.2
9	0.405	0.135	0.135	0.325	243.4
10	0.225	0.206	0.075	0.494	247.2
11	0.675	0.029	0.225	0.071	248.1
12	0.288	0.04	0.577	0.095	228
13	0.18	0.135	0.36	0.325	239.8
14	0.1	0.206	0.2	0.494	228.8
15	0.3	0.029	0.6	0.071	220.8
16	0.794	0.066	0.109	0.031	255.6
17	0.831	0.069	0.078	0.022	270.7
18	0.277	0.023	0.545	0.155	218.3
19	0.272	0.272	0.355	0.101	248.2

续表

序号	La	Ce	Nd	Pr	初始放电容量 C_0/(mAh/g)
20	0.43	0.43	0.109	0.031	258
21	0.45	0.45	0.078	0.022	256.3
22	0.15	0.15	0.545	0.155	234.1
23	0.181	0.36	0.355	0.101	233.2
24	0.287	0.573	0.109	0.031	257.7
25	0.3	0.6	0.078	0.022	259.2
26	0.1	0.2	0.545	0.155	255.6
27	0.518	0.026	0.355	0.101	229.5
28	0.819	0.041	0.109	0.031	247.8
29	0.857	0.043	0.078	0.022	259
30	0.286	0.014	0.545	0.155	223.5

设计人工神经网络，以 1～25 号作为训练样本，预测 26～30 号样本的性能，并与表 13-4 中的测试数据进行比较，分析人工神经网络的预测性能。

6. 用人工神经网络分析第 5 题中每种化学成分的含量对初始放电容量的定量影响。

7. 用人工神经网络分析第 5 题中两种化学成分的含量同时变化时，对初始放电容量的定量影响。

8. 用人工神经网络分析湖泊富营养化分级的例子中，每个指标的数据变化对富营养化类型的定量影响。

9. 用人工神经网络分析湖泊富营养化分级的例子中，每两个指标的数据同时变化时，对富营养化类型的定量影响。

10. 人工神经网络在模式识别领域也有广泛的应用，如英文字符识别、数字识别、汉字识别等。从网上查阅这方面的资料，了解它的原理和方法。

11. 从网上查阅人工神经网络的资料，包括发展历史、应用领域、典型案例、面临的挑战和未来的发展趋势。